PLC 高级应用技术

主　编　陈白宁　王　海

北京理工大学出版社
BEIJING INSTITUTE OF TECHNOLOGY PRESS

图书在版编目（CIP）数据

PLC 高级应用技术/陈白宁，王海主编．—北京：北京理工大学出版社，2018.1
ISBN 978 -7 -5682 -5239 -3

Ⅰ．①P…　Ⅱ．①陈…　②王…　Ⅲ．①PLC 技术 - 高等学校 - 教材　Ⅳ．①TB4

中国版本图书馆 CIP 数据核字（2018）第 010884 号

出版发行／北京理工大学出版社有限责任公司
社　　址／北京市海淀区中关村南大街 5 号
邮　　编／100081
电　　话／（010）68914775（总编室）
（010）82562903（教材售后服务热线）
（010）68948351（其他图书服务热线）
网　　址／http：//www. bitpress. com. cn
经　　销／全国各地新华书店
印　　刷／涿州市新华印刷有限公司
开　　本／787 毫米 ×1092 毫米　1/16
印　　张／15
字　　数／360 千字
版　　次／2018 年 1 月第 1 版　2018 年 1 月第 1 次印刷
定　　价／56.00 元

责任编辑／陈莉华
文案编辑／陈莉华
责任校对／周瑞红
责任印制／施胜娟

图书出现印装质量问题，请拨打售后服务热线，本社负责调换

前　言

可编程序控制器（PLC）是集计算机技术、自动控制技术、通信技术于一体的新型自动控制装置，由于其性能优越，已被广泛用于工业控制的各个领域。现在，PLC 已经成为工业自动化的三大支柱（PLC、工业机器人、CAD/CAM）之一，应用 PLC 已经成为世界潮流，PLC 也必将在我国得到更全面的推广应用。

CP1H 系列 PLC 是 OMRON 公司于 2005 年推出的一款具有高度扩展性的小型一体化可编程序控制器，其在推出后即引起业界的广泛关注。CP1H 定位于小型机，但它却是基于 CS/CJ（CJ 是中型 PLC 平台）平台，因此具备了很多中型机的功能，如脉冲输出和模拟量输出等。CP1H 还扩展了多种 I/O 功能，如集成的高速脉冲输出功能，可标准搭载 4 轴；计数器功能可标准搭载 4 轴相位差方式；配备的通用 USB 端口也可实现标准搭载；具有串行通信端口，可自由选择 RS－232 和 RS－485。

S7－200 是西门子公司生产的小型 PLC，具有指令丰富、指令功能强、易于掌握、操作方便等特点，可用于复杂的自动化控制系统。

本书系统阐述了 CP1H PLC 的硬件组成和指令系统，重点介绍了 CP1H 的高级功能，如任务编程方式、模拟量输入/输出单元的使用、中断的相关功能指令、高速计数器的相关功能指令、位置控制的相关功能指令；同时安排一章内容专门针对 S7－200 的位置控制功能进行了详细的介绍，包括中断处理、高速计数器、高速脉冲输出、运动控制库、向导生成的 PTO/PWM。

本书内容新颖，语言通俗易懂，理论联系实际。为了便于教学与自学，各章节都提供了相应的应用实例，每章还配备了大量的习题。

本书参考了 SYSMAC CP 系列 CP1H CPU 单元的编程手册和操作手册以及 S7－200 可编程序控制器系统手册。

全书共分 4 章。第 1 章由张玉璞编写，第 2 章由王海、李岩编写，第 3 章由陈白宁编写，第 4 章由王海编写，全书由陈白宁、王海统稿。主编为陈白宁、王海。

由于编者水平有限，错误和疏漏之处在所难免，敬请读者批评指正。

编　者

目　　录

第 1 章　CP1H 的基本功能

1.1　CP1H 的基本构成和功能介绍

1.1.1　主机的规格

CP1H 主机有以下几种分类方法：

（1）按照输出方式分类：继电器输出型、晶体管输出型；

（2）按照使用电源的类型分类：交流供电型（AC 型）、直流供电型（DC 型）；

（3）按照 CPU 单元的类型分类：X 型（基本型）、XA 型（带内置模拟量输入/输出端子型）、Y 型（带脉冲输入/输出专用端子型）。

各类常见的 CP1H 单元类型之间的关系参见表 1.1。

表 1.1　CP1H CPU 单元类型分类简表

类型	型号	输出形式	电源电压	凹点数	最大扩展 I/O 点数
X（基本型）	CP1H－X40DR－A	继电器	AC 100～240 V	24/16	320
	CP1H－X40DT－D	晶体管（漏型）	DC 24 V		
	CP1H－X40DT1－D	晶体管（源型）	DC 24 V		
XA（带内置模拟量输入/输出端子型）	CP1H－XA40DR－A	继电器	AC 100～240 V	24/16	
	CP1H－XA40DT－D	晶体管（漏型）	DC 24 V		
	CP1H－XA40DT1－D	晶体管（源型）	DC 24 V		
Y（带脉冲输入/输出专用端子型）	CP1H－Y20DT－D	晶体管（漏型）	DC 24 V	12/8	300

1.1.2　主机的面板和基本功能

CP1H 为整体式结构，除了中央处理单元（CPU）、存储器、输入单元、输出单元、电源等基本配置之外，还设置有外设端口、通信端口，另外还可以加选通信板和扩展存储器板。

下面以 OMRON（欧姆龙）公司的整体式的 CP1H－XA40DR－A 型 PLC 为例说明主机面板的布置以及各个接线端子和接口的作用，面板结构如图 1.1 所示。

CP1H－XA40DR－A 型 PLC 各部分的功能说明如下。

1）电池盖

内部空腔中可放入电池，以用作 RAM 后备电源。

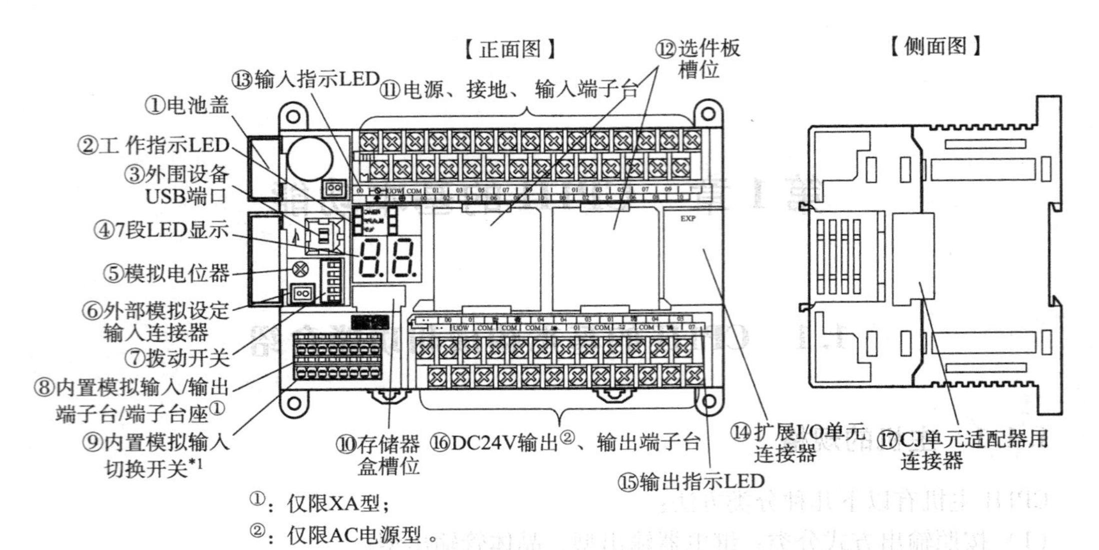

图 1.1　CP1H－XA40DR－A 型 PLC 主机面板图

2）工作指示 LED

用于指示 CP1H 的工作状态。主机面板中部设置有 6 个工作状态显示 LED，如图 1.2 所示；其各自的作用参见表 1.2。

POWER　RUN
ERR/ALM　INH
BKUP　PRPHL

图 1.2　主机面板指示灯

3）外围设备 USB 端口

可以与计算机连接，进而使用安装在上位机中的软件 CX－Programmer 对 PLC 进行编程及监视。

表 1.2　工作状态显示 LED 的含义

名称	状态	含义
POWER（绿）电源通或断指示	灯亮	通电
	灯灭	未通电
RUN（绿）PLC 工作状态指示	灯亮	CP1H 正在运行或在监视模式下执行程序
	灯灭	PLC 处在运行或监控状态时亮，处在编程状态或运行异常时灭
ERR/ALM（红）错误指示	灯亮	严重错误指示。发生运行停止异常（包含 FAL 指令执行），或发生硬件异常（WDT 异常）时，CP1H 停止运行，所有的输出都切断
	闪烁	警告性错误指示。发生异常时 CP1H 继续运行（包含 FAL 指令执行）
	灯灭	正常
INH（黄）输出禁止指示	灯亮	输出禁止特殊辅助继电器（A500.15）为 ON 时灯亮，所有输出都切断
	灯灭	正常
BKUP（黄）内置闪存访问指示	灯亮	正在向内置闪存（备份存储器）写入用户程序、参数、数据或访问中。此外 PLC 的电源变 ON 时，用户程序、参数、数据复位过程中灯也亮
	灯灭	上述情况以外
PRPHL（黄）USB 端口通信指示	闪烁	外围设备 USB 端口处于通信中时
	灯灭	不通信时

4）7 段 LED 显示

使用 2 位的 7 段 LED，显示 CP1H CPU 单元的状态，主要是异常信息及模拟电位器操作时的当前值。

5）模拟电位器

通过操作旋转电位器，可以使 A642CH 的值在 0 ~ 255 范围内任意变化。

6）外部模拟设定输入连接器

通过在外部施加 0 ~ 10 V 电压，可使 A643CH 的值在 0 ~ 255 范围内任意变化。

7）拨动开关

设置有 6 个拨动开关，其各自的作用如表 1.3 所示。

表 1.3　拨动开关的作用

NO.	设定	设定内容	用途	初始值
SW1	ON	不可写入用户存储器	在需要防止由外围工具导致的不慎改写程序的情况下使用	OFF
	OFF	可写入用户存储器		
SW2	ON	电源为 ON 时，将存储盒的内容自动传送到 CPU	在电源为 ON 时，可将保存在存储盒内的程序、数据内存（存储）、参数自动传送到 CPU 单元	OFF
	OFF	不执行		
SW3	—	未使用	—	OFF
SW4	ON	用工具总线情况下使用	需要通过工具总线来使用选件板槽位 1 上安装的串行通信选件板时置于 ON	OFF
	OFF	根据 PLC 系统设定		
SW5	ON	用工具总线情况下使用	需要通过工具总线来使用选件板槽位 2 上安装的串行通信选件板时置于 ON	OFF
	OFF	根据 PLC 系统设定		
SW6	ON	A395. 12 为 ON	通过 SW6 将继电器 A395. 12 置于 ON 或 OFF	OFF
	OFF	A395. 12 为 OFF		

8）内置模拟输入/输出端子台（仅限 XA 型）

模拟输入 4 点、模拟输出 2 点。模拟量输入/输出端子台排列及引脚功能如图 1.3 所示。详细使用将在后续内容中介绍。

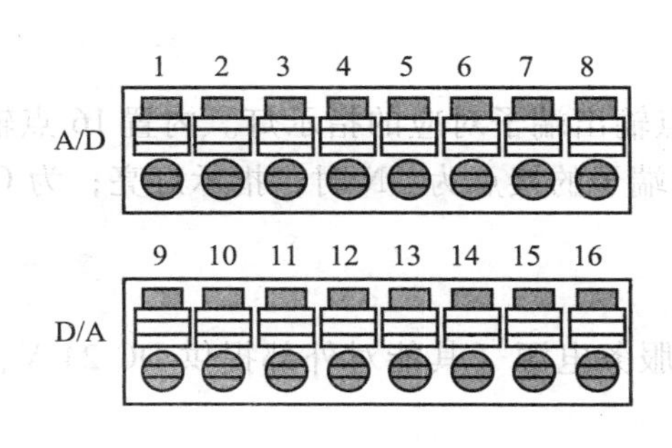

引脚No.	功能	引脚No.	功能
1	IN1+	9	OUT V1+
2	IN1-	10	OUT I1+
3	IN2+	11	OUT1−
4	IN2-	12	OUT V2+
5	IN3+	13	OUT I2+
6	IN3-	14	OUT2−
7	IN4+	15	IN AG*
8	IN4-	16	IN AG*

图 1.3　模拟输入/输出端子台排列及引脚功能

9）内置模拟输入切换开关（仅限 XA 型）

切换各模拟输入状态，选择其在电压输入下使用或者是在电流输入下使用。切换开关 1～4分别用来设定模拟输入 1～4 的电流或电压输入（出厂设定为电压输入），如图 1.4 所示。若某一切换开关状态为 ON，则其相应的模拟输入为电流输入；若该切换开关状态切换为 OFF，则其为电压输入。

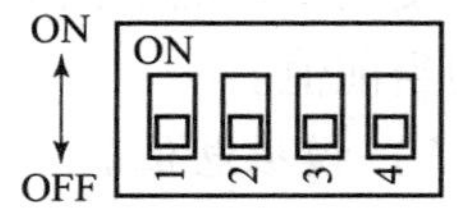

图 1.4　内置模拟输入切换开关

10）存储器盒槽位

可将 CP1H CPU 单元的梯形图程序、参数、数据内存（DM）等传送并保存到存储器盒（需要先安装 CP1W－ME05M（512 KB）存储器卡）。

11）电源、接地、输入端子台

其具体作用参见表 1.4。

表 1.4　电源、接地、输入端子台的作用

名称	作用
电源端子	供给电源（AC 100～240 V 或 DC 24 V）
接地端子	功能接地：为了强化抗干扰性、防止电击，必须接地； 保护接地：为了防止触电，必须进行 D 种接地（第 3 种接地）
输入端子	连接输入设备。内置 24 点输入端子：00.00～00.11，01.00～01.11

12）选件板槽位

其用于将选件板分别安装到槽位 1 和槽位 2 上。其中：RS－232C 选件板为 CP1W－CIF01，RS－422A/485 选件板为 CP1W－CIF11。

13）内置输入端子的指示灯 LED

内置输入端子的指示灯 LED 是与内置 24 点输入端子对应的指示灯。内置 24 点输入端子为：00.00～00.11，01.00～01.11。输入端子的接点为 ON 时，指示灯亮；为 OFF 时指示灯灭。

14）扩展 I/O 单元连接器

用于连接 CPM1A 系列的扩展 I/O 单元（输入/输出 40 点、输入/输出 20 点、输入 8 点/输出 8 点）及扩展单元（模拟输入/输出单元、温度传感器单元、CompoBus/S I/O 连接单元、DeviceNet I/O 连接单元），最大为 7 台。

15）内置输出端子的指示灯 LED

内置输出端子的指示灯 LED 是与内置 16 点输出端子对应的指示灯。内置 16 点输出端子为 100.00～100.07 和 101.00～101.07。输出端子的接点为 ON 时，指示灯亮；为 OFF 时指示灯灭。

16）外部电源供给、输出端子台

外部电源可作为输入设备或现场传感器的服务电源（其能对外部提供 DC 24 V、最大 300 mA 的电源）。

17）CJ 单元适配器用连接器

通过 CJ 单元适配器 CP1W－EXT01，连接 CJ 系列特殊 I/O 单元或 CPU 总线单元。位于

CP1H CPU 单元的侧面，最多合计可连接两个单元（注意：不可以连接 CJ 系列的基本 I/O 单元）。

1.1.3 CP1H 的其他功能

1. 内置模拟量输入/输出功能

针对 CP1H - XA40DR - A 型 CPU 单元，在一般的内置规格之外，还设置有内置模拟量输入/输出功能（XA 型的 CP1H CPU 单元中内置模拟输入 4 点及模拟输出 2 点）；内置模拟量输入/输出功能见表 1.5。

表 1.5 内置模拟量输入/输出功能

项目		电压输入/输出①	电流输入/输出①
模拟输入	模拟输入点数	4 点（占用 200CH ~ 203CH，共 4CH）	
	输入信号量程	0 ~ 5 V、1 ~ 5 V、0 ~ 10 V、 - 10 ~ 10 V	0 ~ 20 mA、4 ~ 20 mA
	最大额定输入	±15 V	±30 mA
	外部输入阻抗	1 MΩ 以上	约 250 Ω
	分辨率	1/6 000 或 1/12 000（FS：满量程）②	
	综合精度	25 ℃时为 ±0.3% FS；0 ℃ ~ 55 ℃时为 ±0.6% FS	25 ℃时为 ±0.4% FS； 0 ℃ ~ 55 ℃时为 ±0.8% FS
	A/D 转换数据	- 10 ~ 10 V 时：满量程值为 F448（E890）~ 0BB8（1770）Hex 上述以外：满量程值为 0000 ~ 1770（2EE0）Hex	
	平均化处理	有（通过 PLC 系统设定来设定各输入）	
	断线检测功能	有（断线时的值为 8000Hex）	
模拟输出	模拟输出点数	2 点（占用 210CH、211CH，共 2CH）	
	输出信号量程	0 ~ 5 V、1 ~ 5 V、0 ~ 10 V、 - 10 ~ 10 V	0 ~ 20 mA、4 ~ 20 mA
	外部输出允许负载电阻	1 kΩ 以上	600 Ω 以下
	外部输出阻抗	0.5 Ω 以下	—
	分辨率	1/6 000 或 $\frac{1}{12\ 000}$（FS：满量程）②	
	综合精度	25 ℃时为 ±0.4% FS；0 ℃ ~ 55 ℃时为 ±0.8% FS	
	D/A 转换数据	- 10 ~ 10 V 时：满量程值为 F448（E890）~ 0BB8（1770）Hex； 上述以外：满量程值为 0000 ~ 1770（2EE0）Hex	
转换时间		1 ms/点③	
隔离方式		模拟输入/输出与内部电路间通过光电耦合器隔离（但模拟输入/输出间为不隔离）	

注：①电压输入/电流输入的切换由内置模拟输入切换开关来完成，出厂时设定为电压输入；

②分辨率 1/6 000、1/12 000 的切换由 PLC 系统设定来进行，限定所有输入/输出通道用同一个分辨率设定；

③合计转换时间为所使用的点数的转换时间的合计值，当使用模拟输入 4 点和模拟输出 2 点时为 6 ms。

2. 中断功能和快速响应功能

CP1H CPU 单元执行下述的周期性任务：公共处理→程序执行→I/O 刷新→外设端口服务。CP1H 还可以根据特定事件的发生，在周期执行任务的中途中断，使其能够执行特定的程序，这称为中断功能。

因为 PLC 的输出对输入的响应速度受扫描周期的影响，所以在某些特殊情况下可能会使一些瞬间的输入信号被遗漏。为了应对此类情况，CP1H 设计了快速响应输入功能。目的是为了保证 PLC 不受扫描周期的影响而能随时接收最小脉冲信号宽度为 30 μs 的瞬间脉冲。其中：X 型和 XA 型最大可使用 8 点，Y 型最大可使用 6 点。

输入中断和快速响应输入的规格参见表 1.6。

表 1.6 输入中断和快速响应输入（X/XA 型）

项目		规格
中断输入和快速响应输入点数		共用内置输入端子，共 8 点
输入中断	输入中断直接模式	在输入信号的上升沿或下降沿，中断循环程序，并且执行相应的中断任务
	输入中断计数器模式	输入信号的上升（沿）或下降（沿）的次数被增量或减量计数，当计数值达到时，相应的中断任务开始执行，输入响应频率为 5 kHz 以下
快速响应输入		小于循环时间（最小为 30 μs）的信号可作为此信号的一个周期处理

3. 高速计数器功能

CP1H 系列 PLC 共设置有 4 个高速计数器。其中，高速计数器计数模式有两种：线形模式、循环模式。高速计数器的输入模式有 4 种：递增模式、相位差模式、增/减模式（又称加/减模式）、脉冲 + 方向模式。

CP1H 系列 PLC 在使用高速计数器时，部分内容要求必须预先在 CX – Programmer 编程软件上设置，否则高速计数器不工作。高速计数器的规格见表 1.7。

表 1.7 高速计数器的规格

项目		规格			
高速计数器点数		4 点（高速计数器 0 ~ 3）			
输入模式		递增模式	相位差模式	增/减（加/减）模式	脉冲 + 方向模式
响应频率	24 V DC 输入	100 kHz	50 kHz	100 kHz	100 kHz
计数模式		线形模式或循环模式			
计数范围		线形模式：80000000 ~ 7FFFFFFFHex 循环模式：00000000 ~ 环形计数器设定值			
高速计数器当前值存储通道		高速计数器 0：A271（高 4 位）/A270（低 4 位） 高速计数器 1：A273（高 4 位）/A272（低 4 位） 高速计数器 2：A317（高 4 位）/A316（低 4 位） 高速计数器 3：A319（高 4 位）/A318（低 4 位） 这些值用于与目标值比较表或区域比较表中的值进行比较			

续表

项目		规格
控制方式	目标值比较	最多可登录48个目标和中断任务编号
	区域比较	最多可登录8个高限、低限和中断任务编号
计数器的复位方式		(1) Z相信号+软件复位：当复位位为ON及Z相输入转为ON时，计数器复位； (2) 软件复位：当复位位为ON时，计数器复位； (3) Z相信号+软件重启（比较）； (4) 软件重启（比较）。软件复位位：A531.00（高速计数器0）；A531.01（高速计数器1）；A531.02（高速计数器2）；A531.03（高速计数器3）

4. 脉冲输出功能

CP1H系列PLC可从CPU单元内置输出中发出固定占空比脉冲输出信号，并通过脉冲输入的伺服电动机驱动器进行定位/速度控制，此即脉冲输出功能。具体参见表1.8和表1.9。

表1.8 脉冲输出功能

项目	规格
输出模式	连续模式（速度控制用）或独立模式（位置控制用）
输出频率	X/XA型：1 Hz~100 kHz，脉冲输出0、1； 1 Hz~30 kHz，脉冲输出2、3； Y型：1 Hz~1 MHz，脉冲输出0、1；1 Hz~30 kHz，脉冲输出2、3
频率加速/减速	X/XA/Y型：1~65 535 Hz（每4 ms），以1 Hz为单位设定每4 ms的频率增（减）量
指令执行中改变设定值	可以改变目标频率、加速/减速速率及目标位置的变更
脉冲输出方式	CW/CCW或脉冲+方向，固定占空比为50%
输出脉冲数	相对坐标范围：00000000~7FFFFFFF Hex（2 147 483 647）； 绝对坐标范围：80000000~7FFFFFFF Hex（-2 147 483 648~2 147 483 647）
原点搜索/复位	ORG（ORIGIN SEARCH）：用于执行原点搜索或按设定值复位
定位及速度控制指令	PLS2（PULSE OUTPUT）：用于分别设定加速和减速速率进行梯形定位控制的输出脉冲； PLUS（SET PULSES）：用于设定输出脉冲数； SPED（SPEED OUTPUP）：用于无加速或减速作用时以某一频率的脉冲输出； ACC（ACCELERATION CONTROL）：用于控制加速/减速速率； INI（MODE CONTROL）：用于停止脉冲输出
脉冲输出当前值存储区	脉冲输出0：A277（高4位数）/A276（低4位数）； 脉冲输出1：A279（高4位数）/A278（低4位数）； 脉冲输出2：A323（高4位数）/A322（低4位数）； 脉冲输出3：A325（高4位数）/A324（低4位数）； I/O刷新时被更新

5. I/O扩展单元功能

CP1H系列PLC能够通过单元连接器连接各种扩展单元，或者通过CJ单元适配器

CP1W－EXT01连接高功能单元（特殊 I/O 单元、CPU 总线单元），但不可以连接 CJ 的基本 I/O 单元。

表 1.9　占空比可变的脉冲（PWM）输出功能

项目	规格
占空比	0.0%～100.0%，设定单位为 0.1%
频率	0.1～6 553.5 Hz，设定单位为 0.1 Hz
PWM 用指令	PWM（可变占空比的脉冲）：用于输出指定占空比的脉冲
输出点数	2 点。PWM 输出 0：位地址为 101.00；PWM 输出 1：位地址为 101.01

CP1H CPU 单元扩展时最多可连接 7 台 CPM1A 系列的各种扩展单元，最多可连接 2 台 CJ 系列的高功能单元。

1.2　CP1H 内部存储器地址分配与访问

1.2.1　CP1H 的 I/O 存储器区域地址的表示方法

CP1H 存储区域地址包括位地址和通道（CH）地址。每个通道（CH）包括 00～15 共 16 个位。

1. 位地址的表示方法

位地址由通道（CH）地址、点、位位置构成，如图 1.5 所示。

例如：0001CH 的 03 位表示为图 1.6 所示，其在存储器中的位置如图 1.7 所示。

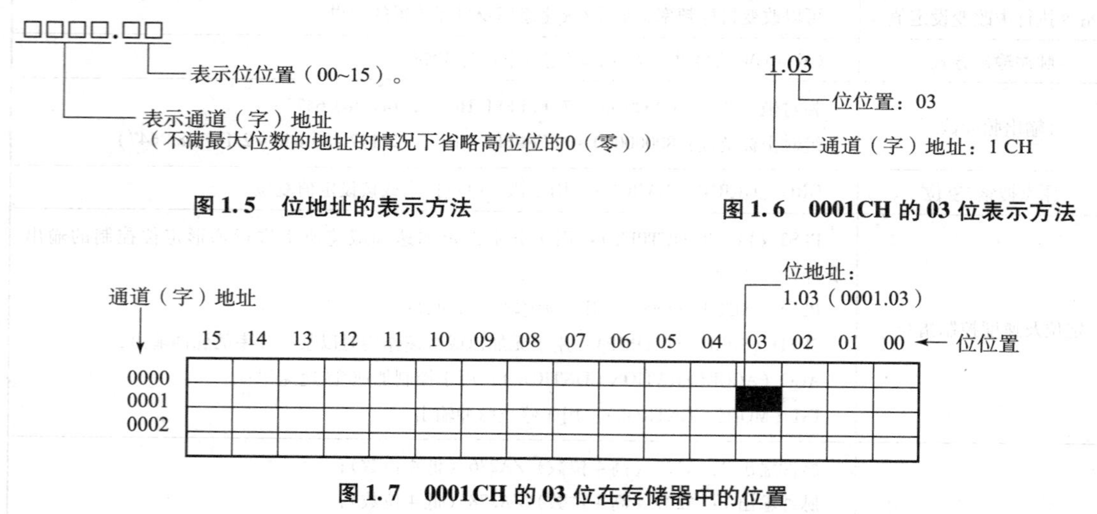

图 1.5　位地址的表示方法

图 1.6　0001CH 的 03 位表示方法

图 1.7　0001CH 的 03 位在存储器中的位置

2. 通道地址的表示方法

每个通道由 16 位二进制组成，也称为字。不同类型的存储器，通道的数据范围不同，一般由 4 位数字组成，数据存储器（DM）由 5 位数字组成，高位的 0 可以省略。如 0010CH 可以表示为 10CH，W005CH 可以表示为 W5CH，D00200CH 可以表示为 D200CH。一个通道（CH）即为一个字。

3. 数据类型

CP1H 的数据类型包括无符号 BIN 数据、有符号 BIN 数据、BCD 数据、单精度浮点数、双精度浮点数等。

1.2.2　CP1H 内部存储器地址分配与访问

CP1H 系列 PLC 的内部继电器和数据区以通道形式（通道号用 3 ~ 5 位数表示）进行编号。一个继电器的编号由两部分组成，前一部分是通道号，后一部分是该继电器在通道中的位序号。每个通道内有 16 个继电器，每一个继电器对应通道中的一位，16 个位的序号分别为 00 ~ 15。

CP1H 系列 PLC 的 I/O 存储区（也称为 I/O 存储器、I/O 存储器区）是指通过指令的操作数可以进入的区域。I/O 存储器区主要用来存储输入、输出数据和中间变量，提供定时器、计数器、寄存器等，还包括系统程序所使用和管理的系统状态和标志信息。I/O 存储器区的分配见表 1.10。

表 1.10　CP1H 的 I/O 存储器区的分配

<table>
<tr><th colspan="3">区域</th><th>大小（范围）</th><th>注释</th></tr>
<tr><td rowspan="12">通道 I/O 区（CIO）</td><td rowspan="4">开关量输入/输出继电器（可直接对外输入/输出）</td><td rowspan="2">内置开关量输入/输出继电器</td><td>24 个输入点（0.00 ~ 0.11，1.00 ~ 1.11）</td><td>内置输入继电器为 CPU 主机单元带有的内置输入继电器，可直接对外输入</td></tr>
<tr><td>16 个输出点（100.00 ~ 100.07，101.00 ~ 101.07）</td><td>内置输出继电器为 CPU 主机单元带有的内置输出继电器，可直接对外输出</td></tr>
<tr><td rowspan="2">扩展开关量输入/输出继电器</td><td>15CH（2CH ~ 16CH）</td><td>扩展输入继电器区，可直接对外输入</td></tr>
<tr><td>15CH（102CH ~ 116CH）</td><td>扩展输出继电器区，可直接对外输出</td></tr>
<tr><td colspan="2" rowspan="2">内置模拟量输入/输出继电器（限 XA 型）</td><td>4CH（200CH ~ 203CH）</td><td>内置模拟输入继电器，可直接对外输入</td></tr>
<tr><td>2CH（210CH ~ 211CH）</td><td>内置模拟输出继电器，可直接对外输出</td></tr>
<tr><td colspan="2">数据链接继电器</td><td>3 200 位，200CH（1000CH ~ 1199CH）</td><td>用于 Controller Link 的数据链接</td></tr>
<tr><td colspan="2">CJ 系列 CPU 总线单元继电器</td><td>6 400 位，400CH（1500CH ~ 1899CH）</td><td>连接 CJ 系列 CPU 总线单元时使用，每单元 25CH，最多 16 单元</td></tr>
<tr><td colspan="2">CJ 系列特殊 I/O 单元继电器</td><td>15 360 位，960CH（2000CH ~ 2959CH）</td><td>连接 CJ 系列特殊 I/O 单元时使用，每单元 10CH，最多 96 单元</td></tr>
<tr><td colspan="2">串行 PLC 链接继电器</td><td>1 440 位，90CH（3100CH ~ 3189CH）</td><td>串行 PLC 链接中使用的区域，用于与其他 PLC CP1H CPU 单元或 CJ1M CPU 单元进行的数据链接</td></tr>
<tr><td colspan="2">DeviceNet 继电器</td><td>9 600 位，600CH（3200CH ~ 3799CH）</td><td>使用 CJ 系列 DeviceNet 单元的远程 I/O 主站功能时，各从站被分配的继电器区域</td></tr>
<tr><td colspan="2">内部辅助继电器（工作位）</td><td>4 800 位，300CH（1200CH ~ 1499CH）
37 504 位，2344CH（3800CH ~ 6143CH）</td><td>这些位用于编程中，不能直接对外输入/输出。作为内部辅助继电器优先使用下一行的 W 区</td></tr>
</table>

续表

区域	大小（范围）	注释
内部辅助继电器（WR）	8 192 位，512CH （W000CH～W511CH）	用于编程，不能直接对外输入/输出；作为内部辅助继电器优先使用该区
保持继电器（HR）	8 192 位，512CH （H000CH～H511CH）	保持继电器具有断电保持功能
特殊辅助继电器（AR）	只读：7 168 位，448CH： （A000CH～A447CH）； 读/写：8 192 位，512CH： （A448CH～A959CH）	系统中被分配特定的功能的继电器
暂存继电器（TR）	16 位（TR00～TR15）	在电路的分支点，暂时存储 ON/OFF 状态的继电器
定时器（TIM）	4 096 个（T0000～T4095）	作定时用
计数器（CNT）	4 096 个（C0000～C4095）	作计数用
数据存储器（DM）	D00000～D32767（除右列的用途外，其他区域作为普通 DM）	D20000～D29599（100CH×96 单元）：CJ 系列特殊 I/O 单元用； D30000～D31599（100CH×16 单元）：CJ 系列 CPU 总线单元用； Modbus－RTU 简易主站用固定分配区域：D32200～D32299（串行端口 1）、D32300～D32399（串行端口 2）
变址寄存器（IR）	16 个，IR0～IR15	储存间接寻址的 PLC 存储器的地址，一个寄存器有 32 位
数据寄存器（DR）	16 个，DR0～DR15	储存用于间接寻址的偏移值，一个寄存器有 16 位
任务标志（TK）	32 个，TK00～TK31	任务标志是只读标志，当相应的循环任务在执行时，则标志为 ON；当对硬任务没有执行或为待机状态时，标志为 OFF
状态标志（CF）	14 位	反映指令执行结果的专用标志，如出错（ER）标志、进位（CY）标志等
时钟脉冲（CF）	5 个（P_0_02s，P_0_1s，P_0_2s，P_1s，P_1m）	是系统产生的脉冲，在 CX－Programmer 软件的全局符号中可查找到

注：CIO 区不使用的继电器编号可以作为内部辅助继电器使用。

I/O 存储器区构成部分包括：通道 I/O 区（CIO）、内部辅助继电器（WR）、保持继电器（HR）、特殊辅助继电器（AR）、暂存继电器（TR）、计数器（CNT）、定时器（TIM）、数据存储器（DM）、变址寄存器（IR）、数据寄存器（DR）、任务标志（TK）、状态标志/时钟脉冲（CF）等。

CP1H在对数据区进行操作时，DM区和DR区只能读取字，但不能定义其中的某一位。在CIO、H、A和W区中可以存取数据的字或位，这取决于操作数的指令。

对于各区的访问，CP1H系列PLC采用字（也称为通道）和位的寻址方式，前者是指各个区可以划分为若干个连续的字，每个字包含16个二进制位，用标识符及3~5个数字组成字号来标识各区的字；后者是指按位进行寻址，需在字号后面再加00~15二位数字组成位号来标识某个字中的某个位。这样整个数据存储区的任意一个字、任意一个位都可用字号或位号唯一表示。

注意：在CP1H系列PLC的I/O存储区中，TR区、TK区只能进行位寻址；而DM区和DR区只能进行字寻址，除此以外的其他区域既支持字寻址又支持位寻址方式。

1. 输入/输出通道继电器（CIO）

其地址前面不必加英文字母符号。例如：零通道记为0000CH或0000，而不是CIO0000。但是，其他继电器区通道的前面要求一定要加相应区域的符号。

具体地，CIO区分为以下几个部分：

1）内置开关量输入/输出继电器和扩展开关量输入/输出继电器

输入：0CH~16CH；输出：100CH~116CH。

内置开关量输入/输出继电器区是可以直接对外输入/输出的继电器区域，是CP1H CPU主机单元固有的输入/输出点，共40点；其中有24个输入点，占输入的2个通道：0.00~0.11，1.00~1.11；还有16个输出点，占输出的2个通道：100.00~100.07，101.00~101.07。

扩展开关量输入/输出继电器区：当CP1H CPU主机单元连接CPM1A的扩展单元时，扩展单元所占的通道号。

扩展输入继电器，可占用的输入通道为：15CH（2CH~16CH）；

扩展输出继电器，可占用的输出通道为：15CH（102CH~116CH）。

注：不使用的继电器编号可作为内部辅助继电器使用。

2）内置模拟量输入/输出继电器（仅限XA型）

输入占用4CH：200CH~203CH；输出占用2CH：210CH~211CH。内置模拟量输入/输出继电器区用于分配CP1H CPU单元XA型的内置模拟量输入/输出的继电器区域。

3）数据链接继电器

占用3 200位（200CH）：1000CH~1199CH。用于Controller Link中的数据链接，或PLC链接系统中的PC链接。

数据链接是指通过安装在各PLC上的Controller Link单元所构成的网络，自动地访问网络中其他PLC，实现链接区的数据共享。数据链接可以自动创建或人工创建。相关的详细内容可参见Controller Link单元操作手册。

注：不使用的继电器编号可作为内部辅助继电器使用。

4）CJ系列CPU总线单元继电器

占用6 400位（400CH）：1500CH~1899CH。连接CJ系列CPU总线单元时使用，每单元25CH，最多16单元。

5）CJ系列特殊I/O单元继电器

占用15 360位（960CH）：2000CH~2959CH。

连接 CJ 系列特殊 I/O 单元时使用，用于传送单元操作状态等数据。每单元分配 10 字，最多 96 单元。

6）串行 PLC 链接继电器

占用 1 440 位（90CH）：3100CH ~ 3189CH，是串行 PLC 链接中使用的区域，进行两个相同或不同 PLC 之间的数据链接，例如，CP1H 之间或者 CP1H 与 CJ1M 之间的数据链接。串行 PLC 链接通过 RS－232C 端口进行 CPU 单元之间的数据交换。串行 PLC 链接区的通道分配需根据主站中的 PLC 系统设定而自动设定。

7）DeviceNet 继电器

占用 9 600 位（600CH）：3200CH ~ 3799CH。

使用 CJ 系列 DeviceNet 单元的远程 I/O 主站功能时，各从站被分配的继电器区域不使用时，该区域可作为内部辅助继电器使用。

8）内部辅助继电器

内部辅助继电器占用两部分：一部分是 1200CH ~ 1499CH，共 300 个通道 4 800 位；另一部分是 3800CH ~ 6143CH，共 2 344 个通道 37 504 位。

仅可在程序上使用的继电器区域，不可以直接对外输入/输出。内部辅助继电器有两部分，相比该区域，优先使用下面的 WR 区域。因为该区域可能根据将来 CPU 单元的版本升级被分配特定的功能。

2. 内部辅助继电器（WR）

占用 8 192 位（512CH）：W000CH ~ W511CH。

内部辅助继电器区是指不可以直接对外输入/输出的继电器区域；这些字只能在程序内使用，它们不能用于与外部 I/O 端子的 I/O 信息交换，可作为程序中的中间继电器使用。

3. 保持继电器（HR）

占用 8 192 位（512CH）：H000CH ~ H511CH。

保持继电器用于存储/操作各种数据并可按字或按位存取，在字号首需冠以“H”字符，以区别于其他区。当系统操作方式改变、电源中断或 PLC 操作停止时，保证继电器能够保持其状态。

H512CH ~ H1535CH 为功能块专用保持继电器。仅可在功能块 FB 实例区域（变量的内部分配范围）设定。

4. 特殊辅助继电器（AR）

占用 15 360 位（960CH）：A000CH ~ A959CH。

特殊辅助继电器包括系统自动设定的继电器和用户进行设定操作的继电器。由自诊断发现的异常标志、初始设定标志、操作标志、运行状态监视数据等构成。

特殊辅助继电器区用来存储 PLC 的工作状态信息，如特殊 I/O 单元的错误标志、链接系统操作错误标志、远程 I/O 主单元错误标志、从站机架错误标志、特殊 I/O 单元重启动、链接系统操作重启动、远程 I/O 单元重启动、时钟设置位及数据跟踪标志等。

5. 暂时存储继电器（TR）

占用 16 位：TR00 ~ TR15。

在电路的分支点，暂时存储 ON/OFF 状态的继电器。关于其使用方法，请参见其他相关资料。

6. 计数器（TIM）/定时器（CNT）

CP1H 共有定时器 4 096 个：T0000 ~ T4095；计数器 4 096 个：C0000 ~ C4095。

CP1H 定时器用于需要定时、延时 ON 及延时 OFF 等场合。其计数器用于记录外部输入脉冲信号。

7. 数据存储器（DM）

CP1H 的数据存储器区（DM 区）是一个只能以字为单位存取的多用途数据区。其用于内部数据的存储和处理，如数据传送、数值运算、数据转换、数值比较的结果、逻辑指令、特殊指令、网络指令、串行通信指令、模拟量输入单元、模拟量输出单元、高速计数单元及定位控制单元的参数设定、处理结果等。数据存储器区只能进行字操作，不能用于位操作。

CP1H 系列 PLC 的数据存储器分为 4 个区：普通 DM、CJ 系列特殊 I/O 单元用区、CJ 系列 CPU 总线单元用区、Modbus - RTU 简易主站用区。

CJ 系列特殊 I/O 单元占用：D20000 ~ D29599（100CH ×96 单元）；

CJ 系列 CPU 总线单元占用：D30000 ~ D31599（100CH × l6 单元）。

Modbus - RTU 简易主站固定分配区域：D32200 ~ D32299（串行端口 1）、D32300 ~ D32399（串行端口 2）。

普通 DM：D00000 ~ D32767 中，除上面已用区域之外的部分。

8. 变址寄存器（IR）

变址寄存器有 16 个，为 IR0 ~ IR15。

每 1 个寄存器有 32 位。变址寄存器（IR）用于间接寻址一个字，每个变址寄存器存储一个 PLC 存储地址，该地址是在 I/O 存储区中一个字的绝对地址。

9. 数据寄存器（DR）

数据寄存器（DR）有 16 个，为 DR0 ~ DR15。

数据寄存器只能进行字操作，不能用于位操作。每 1 个寄存器有 16 位。数据寄存器（DR）能储存用于间接寻址的偏移值。间接寻址中利用 16 个数据寄存器（DR0 ~ DR15）来偏移变址寄存器的 PLC 存储地址。

将数据寄存器中的值加到变址寄存器的 PLC 存储地址上，来指定一个位或字在 I/O 存储区中的绝对地址，数据寄存器中的数据取值范围为 - 32 768 ~ 32 767，偏移量的范围由此确定。

10. 任务标志（TK）

任务标志（TK）有 32 个，为 TK00 ~ TK31。

任务标志（TK）是只读标志；当相应的循环任务在执行时，标志为 ON；当对应任务没有执行或为待机状态时，标志为 OFF。

11. 状态标志/时钟脉冲（CF）

状态标志/时钟脉冲的地址都是以 CF 开始。

状态标志是根据指令的执行结果更新的标志。

时钟脉冲是由系统产生的，有 5 个时钟脉冲，分别为 P_0_02s（0. 02 s），P_0_1s（0. 1 s），P_0_2s（0. 2 s），P_1s（1 s），P_1m（1 min），可以用于编程。

1.3 CX－ONE Programmer 编辑环境及仿真过程

1.3.1 CX 简介

CX－ONE 是一种综合性软件包，是欧姆龙 PLC 编程软件集成的支持软件，可对包括网络、可编程终端、伺服系统、变频器、电子温度控制器等进行设置。其最新版本 CX－ONE 4.3 已经支持 Windows 8 的32 位和64 位，集成了 CX－Programmer V9.5，当然也是多语言版本（内置简体中文）。表1.11 说明了 CX－ONE 的系统要求。

表1.11 CX－ONE 的系统要求

项目	要求
操作系统（OS）	Microsoft Windows XP（Service Pack 3 或更高版本）、Vista、Windows 7 和 Windows 8
CPU	微软推荐的处理器
存储器	微软推荐的内存
硬盘	CX－ONE 完整版安装包需要至少4 GB 空间
显示	XGA（1 024×768）、至少16 位增强色
通信端口	RS－232C 端口、USB 端口或 Ethernet 端口
其他	在线用户注册时需要因特网连接，可以是调制解调器或者其他硬件连接方法

另外，可以从 CX－ONE 安装的支持软件简要说明如下。

CX－Programmer：为 SYSMAC CS/CJ/CP/NSJ 系列、C 系列和 CVM1/C 系列 CPU 单元创建和调试程序的应用软件。可为高速型位置控制单元创建和监视数据。

CX－Integrator：构建和设定 FA 网络的应用软件，例如，Controller Link、DeviceNet、CompoNet、CompoWay 以及 Ethernet 网络。可以从这里启动路由模式组件和数据链接组件。DeviceNet 配置功能也被包括了。

Switch Box Utility：帮助调试 PLC 的实用程序软件。它有助于监视 I/O 状态，并且可以监视/改变 PLC 中的当前值。

CX－Protocol：用于创建 SYSMAC CS/CJ/CP/NSJ 系列或 C200HX/HG/HE 串行通信板/单元与通用外部设备之间的协议（通信时序）的应用软件。

CX－Simulator：在计算机上模拟 SYSMAC CS/CJ/CP/NSJ 系列 CPU 单元操作，以在没有 CPU 单元的情况下调试 PLC 程序。

CX－Position：为 SYSMAC CS/CJ 系列位置控制单元创建和监视数据的应用软件（高速类型除外）。

CX－Motion－NCF：为 SYSMAC CS/CJ 系列支持 MECHATROLINK－II 通信的位置控制单元和伺服驱动器监视设定参数的应用软件。

CX－Motion－MCH：为 SYSMAC CS/CJ 系列 MCH 单元创建数据，创建运动程序，并进行监视的应用软件。

CX－Motion：为 SYSMAC CS/CJ 系列、C200HX/HG/HE&CVM1/CV 系列运动控制单元

创建数据，并且创建和监视运动控制程序的应用软件。

CX - Drive：用于设定和控制变频器和伺服数据的应用软件。

CX - Process Tool：用于创建和调试 SYSMAC CS/CJ 系列回路控制器（回路控制单元/板、过程控制 CPU 单元和回路控制 CPU 单元）的功能块程序的应用软件。

Faceplate Auto - Builder for NS：针对 NS 系列 PT，自动将使用 CX - Process Tool 创建的功能块程序中的标签信息的屏幕数据输出为项目文件的应用软件。

CX - Designer：创建 NS 系列 PT 屏幕数据的应用软件。

NV - Designer：创建 NV 系列小型 PT 屏幕数据的应用软件。

CX - Configurator FDT：通过安装 DTM 模块对各单元进行设置的应用软件。

CX - Thermo：用于设定和控制组件（例如，温度控制单元）的参数的应用软件。

CX - FLnet：用于 SYSMAC CS/CJ 系列 FLnet 单元系统设定及监视的应用软件。

Network Configurator：为 CJ2（内置 EtherNet/IP）CPU 单元和 EtherNet/IP 单元设定和监视数据链接的应用软件。

CX - Server、CX - ONE：应用程序与欧姆龙组件（如 PLC、显示设备和温度控制单元）进行通信所需的中间固件。

Communications Middleware：CP1L 系列 CPU 单元使用内置以太网端口进行通信所需的中间固件。

PLC 工具（自动安装）：与 CX - ONE 应用（如 CX - Programmer 和 CX - Integrator）共同使用的一组器件。具体包括以下内容：I/O 表、PLC 存储器、PLC 设置、数据追溯/时间表监控、PLC 错误日志、文件存储器、PLC 时钟、路由表和数据链接表。

1.3.2　仿真

CX - ONE 的仿真方法和步骤简略介绍如下：

（1）首先需要成功安装 CX - ONE 软件，然后打开 CX - Programmer 软件，新建工程，进行控制程序的编写工作。

（2）在程序编写完成后，通过 CX - Programmer 软件的“编程 - 编译”命令检查程序是否有错误。如果程序有错误，在编译窗口会提示错误位置等信息，根据提示信息修改程序之后需要再编译，直至编译结果无错误为止。

（3）编译完成后，进行“在线模拟”的仿真工作。如果选择需要“强制”的点位，单击鼠标右键，弹出选框，选择“强制 - On”命令即强制了需要强制的点位了。需要取消强制点时，亦可操作。

（4）通过切换查看窗口或者使用快捷键“Alt”+“3”调出查看窗口，输入需要查看的地址即可查看到相应地址的状态值。

欧姆龙 CX - ONE PLC 编程软件仿真的具体使用方法请参见专门的仿真软件使用教程。

1.4　CP1H 指令系统介绍

在 PLC 应用中，在理解指令含义、掌握其使用方法的基础上恰当地使用丰富的指令系统是非常重要的。CP1H 虽然是一种小型机，其指令系统的内容却非常丰富。本部分将具体介绍 CP1H 系列 PLC 指令的功能和使用方法。

1.4.1 指令基本格式

CP1H 系列 PLC 指令的常用表示方式是梯形图和语句表，且二者并重。

1. 指令的分类

CP1H 系列 PLC 指令根据指令功能分为基本指令和应用指令两大类。

基本指令指的是直接对输入和输出点进行操作的指令。此处的“操作”主要指的是输入/输出操作和“与”“或”“非”等逻辑操作。

应用指令指的是进行数据处理、数据运算、数据传送、程序控制等类操作的指令，其指令的多少表征了 PLC 功能的强弱。

2. 指令的格式

指令格式表示形式为：助记符（指令码）　操作数 1
　操作数 2
　操作数 3

指令格式中各部分内容解释如下：

助记符：通常用英文或者英文缩写表示，助记符指明该指令所完成的操作，以表示指令的功能。不同厂家的 PLC 助记符各有不同。

指令码：是使用 3 位十进制数表示（000 ~ 999）的指令的代码。基本指令大多没有指令码，应用指令大多都有指令码。

操作数：用于指明指令执行的对象或数据。指令的操作数可以带 1 ~ 3 个，不同指令的操作数内容和个数均各有不同。现将操作数的一些特点说明如下。

（1）操作数可能是通道号、继电器号、常数。如果操作数是通道号，则通道号前不使用前缀。如果操作数为常数，常数前使用前缀“#”或“&”；作为操作数的常数可为 BCD 码数据、十进制或十六进制数，具体取决于指令的具体要求。最常用的 BCD 码是 8421BCD 码，其基于十进制且每一位十进制数据用 4 位二进制数（即 BIN 数据）表示。十进制数直接用常规数学表示形式即可。使用十六进制数时数字后跟 Hex 或者简要记号 H。

举例说明如下：CNT
N
SV

上例中的 N 为计数器编号，SV 是计数器设定值。若 V、SV 取值分别为 0000、200，意即 0000 号计数器的设定值为 200 通道中的数据。若 V、SV 取值分别为 0000、#200，则意即 0000 号计数器的设定值为 BCD 数据 200。

（2）间接寻址的操作数，用 ∗D ××××× 表示或者@D ××××× 表示，且其中的内容分别为 BCD 码或者 BIN 码。此时操作数是以 DM 中数据位地址的另一个 DM 通道中的数据。

3. 执行指令对状态标志位的影响

执行指令对状态标志位不一定存在影响，在具体的指令内容中会分别加以说明。“状态标志位”是根据指令执行结果更新的标志。执行指令将影响的状态标志位的名称和地址分配参见表 1.12。标志位的开始符“P”可以省略。

表 1.12　状态标志位的名称和地址分配

名称	变量名	地址
出错标志	P_ER	CF003
存取出错标志	P_AER	CF011
进位标志	P_CY	CF004
>标志	P_GT	CF005
<标志	P_LT	CF007
=标志	P_EQ	CF006
负标志	P_N	CF008
上溢出标志	P_OF	CF009
下溢出标志	P_UF	CF010
≥标志	P_GE	CF000
≠标志	P_NE	CF001
≤标志	P_LE	CF002
常 ON 标志	P_On	CF113
常 OFF 标志	P_Off	CF114

4. 指令的执行条件

在 PLC 编程应用中，指令和线圈一般都有执行条件，二者都不能与梯形图左侧母线直接相连，而是与继电器触点相连。因此，指令的执行条件是：继电器触点闭合。只有极少数特殊指令（例如 END）是没有执行条件的。对于特殊的没有执行条件要求的指令可以通过特殊辅助继电器 P_On 触点（常 ON 触点）连接。

1.4.2　基本位操作、定时、计数指令

1. 基本指令

CP1H 系列 PLC 有 10 条基本指令，几乎所用程序都必须使用它们。

（1）读（LD）、读非（LDNOT）、与（AND）、与非（ANDNOT）、或（OR）、或非（ORNOT）、输出（OUT）、输出非（OUTNOT）指令：常用基本指令的关键信息参见表 1.13。

需要特别注意的是：常开触点或常闭触点的状态 ON 或者 OFF 是由其对应的继电器的状态确定的，这是分析梯形图程序时的一个重要原则。

（2）块与（ANDLD）、块或（ORLD）。

“块”：PLC 中某一具有整体特性的触点组称为“块”。块与（ANDLD）、块或（ORLD）是进行块与块之间整体操作的基本指令。这两个指令相关的关键信息参见表 1.13。

表 1.13 CP1H 系列 PLC 常用基本指令

格式/名称	梯形图符号	操作数的范围及含义	指令功能及执行指令对标志位的影响
LD N（读）	N	范围：CIO、W、H、A、T/C、TK 或 TR 等。以位为单位进行操作	常开触点与左侧母线相连接的指令。指令执行结果不影响标志位
LDNOT N（读非）	N	范围：CIO、W、H、A、T/C 或 TK 等。以位为单位进行操作	常闭触点与左侧母线相连接的指令。指令执行结果不影响标志位
AND N（与）	N	范围：CIO、W、H、A、T/C 或 TK 等。以位为单位进行操作	常开触点与其他程序段相串联的指令。指令执行结果不影响标志位
ANDNOT N（与非）	N		常闭触点与左侧母线相连接的指令。指令执行结果不影响标志位
OR N（或）	N		常开触点与其他程序段相串联的指令。指令执行结果不影响标志位
ORNOT N（或非）	N		常闭触点与左侧母线相连接的指令。指令执行结果不影响标志位
OUT N（输出）	N	范围：CIO、W、H、A、T/C 或 TR 等。以位为单位进行操作	把运算结果输出到某个继电器的指令。指令执行结果不影响标志位
OUTNOT N（输出非）	N		把运算结果求反后输出到某个继电器的指令。指令执行结果不影响标志位
ANDLD（块与）		无操作数	并联触点组间串联连接的指令。指令执行结果不影响标志位
ORLD（块或）			串联触点组间并联连接的指令。指令执行结果不影响标志位

2. SET指令/RSET指令

SET指令是置位指令，RSET指令为复位指令；二者经常成对使用。二者的执行条件常使用脉冲信号。这两个指令相关的关键信息参见表1.14。

表1.14　SET和RSET指令

格式/名称	梯形图符号	操作数的范围及含义	指令功能和执行指令对标志位的影响
SET　N （置位指令）	——[SET　N]	范围：CIO、W、H、A等。 以位为单位进行操作	当执行条件为ON时，将指定的继电器置为ON且保持。 指令执行结果不影响标志位
RSET　N （复位指令）	——[RSET　N]		当执行条件为ON时，将指定的继电器置为OFF且保持。 指令执行结果不影响标志位

【例1.1】　图1.8（a）为使用SET和RSET指令的梯形图，图1.8（b）为时序图，图1.8（c）为对应的语句表。

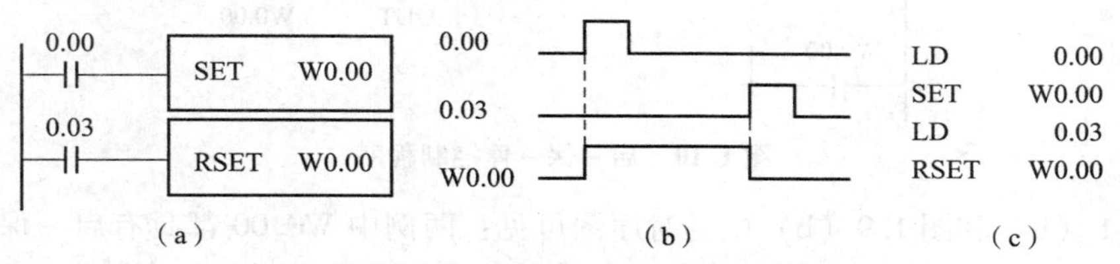

图1.8　SET、RSET指令典型样例

分析：当SET指令执行条件0.00为ON时，W0.00被置为ON并保持（此时即便0.00变为OFF，W0.00也不变化）。RSET的执行条件0.03为ON时，W0.00被置为OFF并保持（此时即便0.00变为ON，W0.00也不变化）。如果操作数是保持继电器HR，则SET或RSET指令具有掉电保持功能。

3. KEEP指令

KEEP为保持指令，其作用和前面讲的SET和RSET功能类似，具体参见表1.15。

表1.15　KEEP指令

格式/名称	梯形图符号	操作数的范围及含义	指令功能和执行指令对标志位的影响
KEEP　N 保持指令	S、R——[KEEP　N] S为置位端 R为复位端	范围：CIO、W、H、A等。 以位为单位进行操作	具有锁存继电器的功能。 当S端为ON时，继电器N被置为ON且保持；当R端为ON时，继电器N被置为OFF且保持；当S、R同时为ON时，N为OFF；N为HR区继电器时具有掉电保持功能。 指令执行结果不影响标志位

【例1.2】　图1.9为使用KEEP指令的例子，图1.9（a）为梯形图，图1.9（b）为时序图，图1.9（c）为对应的语句表。

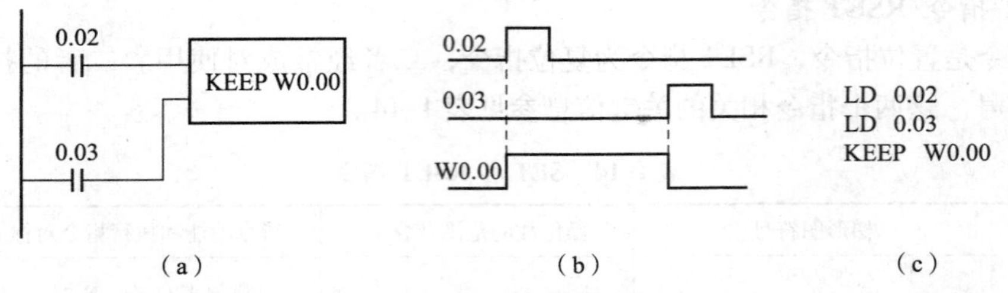

图 1.9　KEEP 指令典型样例

分析： KEEP 指令有两个输入端，上面是置位输入端，下面是复位输入端。置位端输入条件和复位端输入条件分别是 0.02 和 0.03。当 0.02 由 OFF 变为 ON 即处于上升沿时，W0.00 被置为 ON 并保持；当 0.03 由 OFF 变为 ON 即处于上升沿时，W0.00 被置为 OFF 并保持。

图 1.10 提供了一种启 - 保 - 停控制程序。

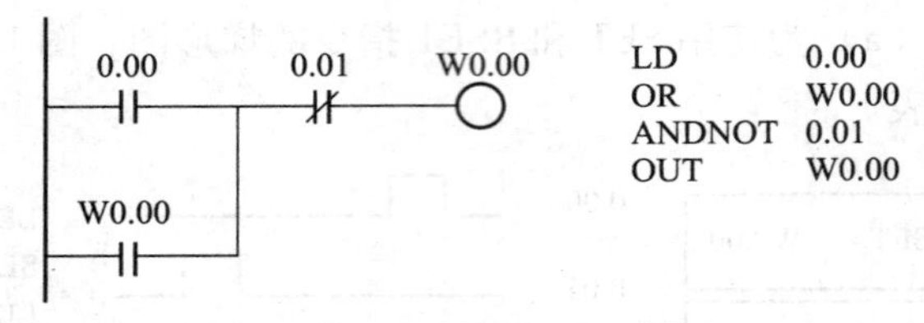

图 1.10　启 - 保 - 停控制程序

由图 1.8（b）和图 1.9（b）中的时序图可见：两例中 W0.00 都具有启 - 保 - 停功能。其中：图 1.9（c）所示用 KEEP 指令编程实现启 - 保 - 停控制需要 3 条语句；使用保持继电器 HR 作为输出时具有掉电保护功能（SET 指令操作数为保持继电器 HR 时也有掉电保护功能）。图 1.8（c）所示使用 SET 和 RSET 指令需要 4 条语句，且 SET 与 RSET 之间可以插入其他控制语句，因此使用灵活。而图 1.10 所示用 OUT 指令输出时没有掉电保持功能。

4. 微分类指令

微分类指令指的是条件满足时，通过微分指令只让其后面的继电器位接通一个扫描周期。微分类指令包括：上升沿微分 DIFU、下降沿微分 DIFD、条件上升沿微分 UP、条件下降沿微分 DOWN。

微分类指令参见表 1.16。

表 1.16　微分类指令

格式/名称	梯形图符号	操作数的范围及含义	指令功能和执行指令对标志位的影响
DIFU　N （上升沿微分指令）	DIFU　N	范围：CIO、W、H、A 等。 以位为单位进行操作	当执行条件由 OFF 变为 ON 时，将指定的继电器 ON 一个扫描周期。 指令执行结果不影响标志位
DIFD　N （下降沿微分指令）	DIFD　N		当执行条件由 ON 变为 OFF 时，将指定的继电器 ON 一个扫描周期。 指令执行结果不影响标志位

续表

格式/名称	梯形图符号	操作数的范围及含义	指令功能和执行指令对标志位的影响
UP（条件上升沿微分指令）	UP	无	当执行条件由 OFF 变为 ON 时，输出 ON 一个扫描周期，连接到下一段。指令执行结果不影响标志位
DOWN（条件下降沿微分指令）	DOWN		当执行条件由 ON 变为 OFF 时，输出 ON 一个扫描周期，连接到下一段。指令执行结果不影响标志位

微分类指令在使用时的注意事项说明如下：

只有在第 n 次扫描时检测到输入条件为 OFF、第 $n+1$ 次扫描检测到输入条件为 ON 时，即处于上升沿时，DIFU 指令才会被执行。因此对于开机时就 ON 的 DIFU 指令不执行，或者开机时就 OFF 的 DIFD 指令不执行。

【例 1.3】 图 1.11 为 DIFU 和 DIFD 指令的应用实例，图 1.11（a）为梯形图，图 1.11（b）为时序图，图 1.11（c）为对应的语句表，T_S 是扫描周期，0.00 是 DIFU 和 DIFD 指令的执行条件。

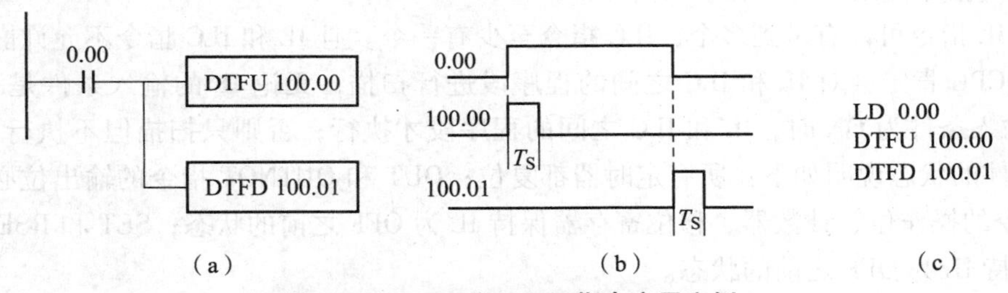

图 1.11　DIFU 和 DIFD 指令应用实例

分析： 当 0.00 由 OFF 变为 ON 时，100.00 只 ON 一个扫描周期；从 0.00 由 ON 变为 OFF 时，100.01 只 ON 一个扫描周期。当然还可以利用 DIFU 和 DIFD 产生脉冲信号。

上例中，若将图 1.11（a）中的 DIFU 和 DIFD 分别由条件上升沿微分指令 UP 和条件下降沿微分指令 DOWN 替代，功能完全相同，如图 1.12 所示。

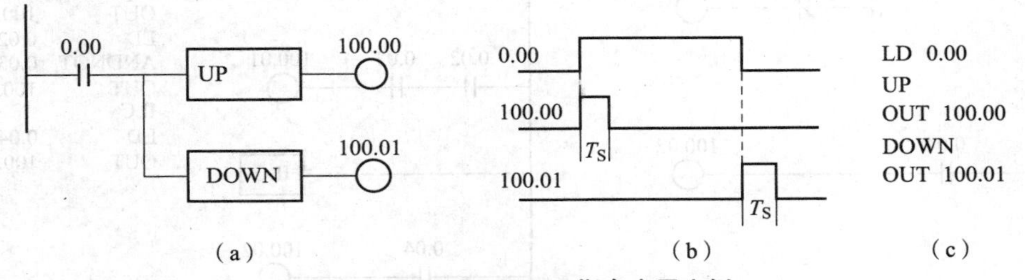

图 1.12　UP 和 DOWN 指令应用实例

5. 结束指令 END、空指令 NOP

1）结束指令 END

END 是程序结束指令，其作用不可或缺。当 CPU 扫描到 END 指令时即会认为程序到此已经结束，程序进程即返回程序起始处再次扫描程序。END 之后如果还有程序也不会再执行。借助于前述的特性，END 指令可以灵活应用于程序的分段调试中。

2）空指令 NOP

空指令 NOP 不具备任何功能，当 CPU 扫描到 NOP 指令时不会进行任何程序处理。空指令 NOP 通常用于程序修改时的删除内容位置标注，以确保后续语句的地址保持不变。

6. 互锁 IL 指令/互锁解除 ILC 指令

互锁 IL 指令/互锁解除 ILC 指令参见表 1.17。其通常用作控制程序的流向。

表 1.17 互锁 IL 指令/互锁解除 ILC 指令

格式/名称	梯形图符号	操作数的范围及含义	指令功能和执行指令对标志位的影响
IL：互锁指令 ILC：互锁解除指令	─[IL] ─[ILC]	无操作数	当 IL 的输入条件为 ON 时，IL 和 ILC 之间的程序正常执行；当 IL 的输入条件为 OFF 时，IL 和 ILC 之间的程序不执行。 指令执行结果不影响标志位

IL/ILC 指令使用时的注意事项简介如下：

（1）IL 指令可以有 1 到多个，ILC 指令至少有一个。且 IL 和 ILC 指令不允许嵌套使用。

（2）CPU 肯定会对 IL 和 ILC 之间的程序段进行扫描，无论 IL 的输入条件是否为 ON。当 IL 的输入条件为 ON 时，IL 和 ILC 之间的程序段才执行；否则只扫描但不执行，且此时各内部器件的状态说明如下：所有定时器都复位；OUT 和 OUTNOT 指令的输出位必为 OFF；KEEP 指令的操作位、计数器、移位寄存器保持 IL 为 OFF 之前的状态；SET 和 RSET 指令的操作位保持 IL 为 OFF 之前的状态。

【例 1.4】 图 1.13 为 IL/ILC 指令典型样例。

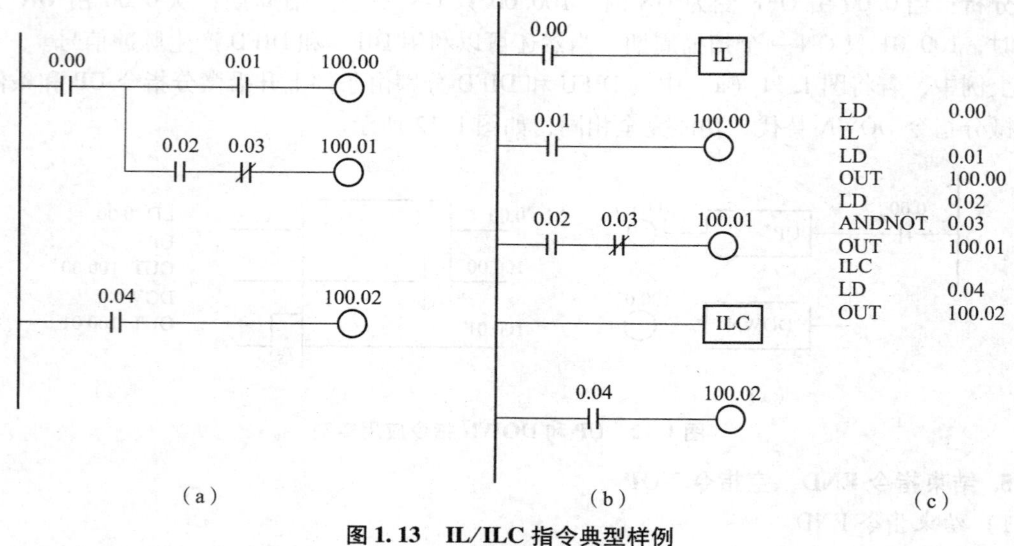

图 1.13 IL/ILC 指令典型样例

分析：对于图1.13（a）的梯形图，0.00是100.00和100.01接通的必要条件，可以通过插入IL/ILC控制程序流向，如图1.13（b）所示，图1.13（c）为对应的语句表。

7. 暂存继电器TR

CP1H系列PLC有16个暂存继电器，TR0～TR15。需要特别说明的是，暂存继电器TR不是指令，是继电器；故只能配合LD或者OUT指令一起使用。暂存继电器TR用于存储当前指令执行的结果，其多用于处理梯形图的分支。还应注意，在同一指令块中，同一个暂存继电器TR位不能重复使用。

【例1.5】 图1.14、图1.15为TR和IL/ILC处理分支程序相比较的典型样例。

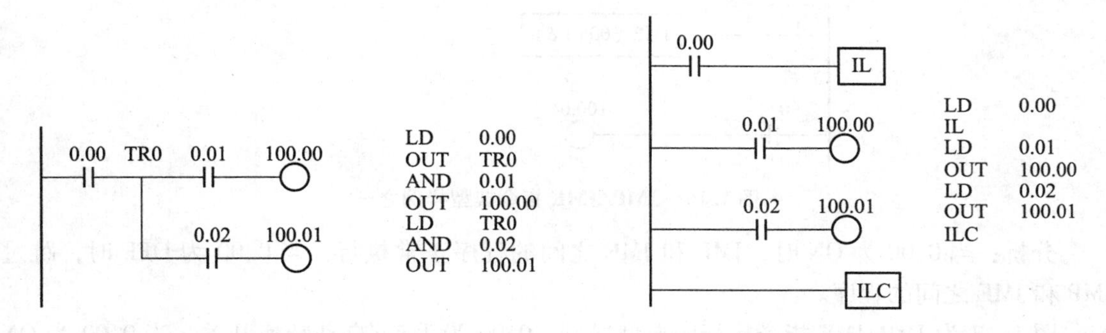

图1.14 用TR指令处理分支样例 **图1.15 用IL/ILC指令处理分支样例**

分析：图1.14用暂存继电器TR处理分支，指令中分别使用了“LD TR0”和“OUT TR0”，图1.15用IL/ILC指令处理分支，注意ILC指令没有执行条件。两种方法效果完全相同。

8. 跳转JMP指令/跳转结束JME指令

跳转JMP指令/跳转结束JME指令用于控制程序的流向。发生跳转时，在JMP和JME之间的程序不占用扫描时间（当然也不执行），同时发生跳转时，定时器定时继续，但是定时器、继电器、计数器均保持跳转前的状态不变。允许JMP/JME嵌套使用，但是跳转号必须不同；不允许出现编号相同的JMP/JME指令。JMP/JME指令常用于两段程序之间的切换。具体参见表1.18。

表1.18 JMP/JME指令

格式/名称	梯形图符号	操作数的范围及含义	指令功能和执行指令对标志位的影响
JMP N （跳转指令）	JMP N	N为跳转号，范围为#0000～00FF或&0～255 JMP的N可取的继电器区域：CIO、W、H、A、T/C、D、@D、*D、DR、IR等。 JME的N只能取常数	当JMP的输入条件为OFF时，跳过JMP和JME之间的程序，去执行JME之后的程序；当JMP的输入条件为ON时，JMP和JME之间的程序被执行。 对标志位的影响： ①N不在0～255之间时ER为ON； ②JMP与没有同一编号的JME对应； ③JMP与同一编号的JME不在同一任务内
JME N （跳转结束指令）	JME N		

【例 1.6】 图 1.16 为 JMP/JME 应用的典型样例。

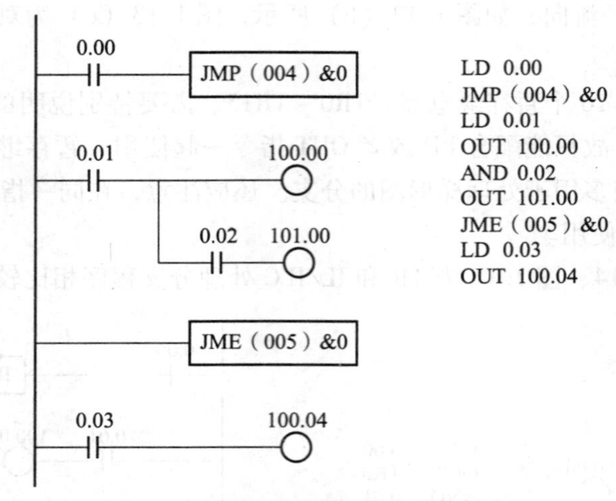

图 1.16 JMP/JME 指令典型样例之一

分析：当 0.00 为 ON 时，JMP 和 JME 之间的程序正常执行，当 0.00 为 OFF 时，跳过 JMP 和 JME 之间的程序。

图 1.17 为 JMP/JME 指令执行的典型样例。0.00 为手动/自动转换开关，当 0.00 为 ON 时，为手动状态，执行手动程序，跳过自动程序；当 0.00 为 OFF 时，为自动状态，此时跳过手动程序，执行自动程序。

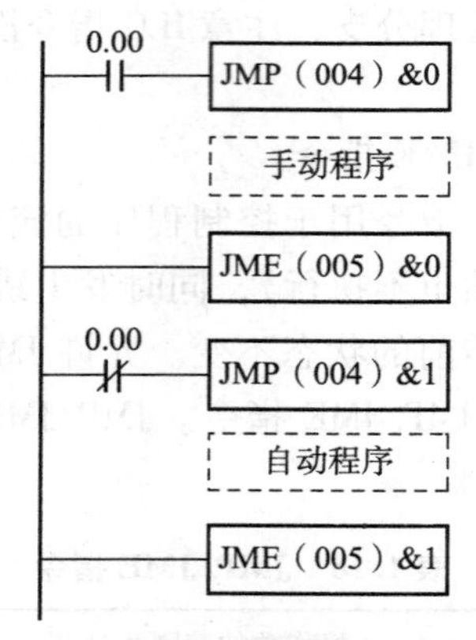

图 1.17 JMP/JME 指令典型样例之二

9. 定时器指令 TIM/TIMH/TIMX

TIM 为十进制定时器指令，TIMH 为十进制高速定时器指令，TIMX 为十六进制定时器指令。详细说明参见表 1.19。

定时器 TIM/TIMH/TIMX 指令使用时的常见问题说明如下：

（1）定时器无掉电保持功能。

（2）定时器的编号 0000 ~ 4095 由 TIM、TIMH、TIMX 等指令共同占有，因此同一程序中不同的指令不宜使用同一个编号。

（3）当 SV 为通道时，可以通过改变通道内的数据来改变其设定值；当然也可以通过外部设备拨码器来改变其设定值。

表1.19 定时器TIM/TIMH/TIMX指令

格式/名称	梯形图符号	操作数的范围及含义	指令功能和执行指令对标志位的影响
TIM N SV （十进制定时器指令）	TIM N SV	N是定时器编号，范围为0～4095（十进制）。 SV是定时器设定值（BCD#0000～9999）。 SV范围：CIO、W、H、A、T/C、D、@D、＊D、#、DR等	输入条件为ON时，定时开始，当前值从设定值开始每0.1s减1，直到为0时，定时器输出（完成标志）为ON且保持； 输入条件为OFF时，定时器复位，定时器完成标志为OFF，并停止定时，当前值PV恢复为SV。 对标志位的影响：当SV不是BCD数时，ER为ON
TIMH N SV （十进制高速定时器指令）	TIMH N SV		定时器分辨率为0.01s，其余同TIM
TIMX N SV （十六进制定时器指令）	TIMHX N SV	设定值SV改为BIN方式，十六进制数#0000～FFFF（相当于十进制&0000～65 535）。其余同上	设定值为十六进制数，其余同TIM。 需做以下设置：在CX－Programmer编程软件的工程工作区的项目“PLC”的下拉菜单的“属性”窗口中，选以二进制的形式执行定时器/计数器

（4）扫描时间$T_S>0.1$ s时，定时器TIM会不准确；当$T_S>0.01$ s时，定时器TIMH会不准确。这是由硬件特性决定的。

（5）若间接寻址DM通道不存在，意即以DM的内容为地址的通道不存在。

【例1.7】 图1.18为TIM使用样例，其中图1.18（a）为梯形图，图1.18（b）为时序图，图1.18（c）为对应的语句表。

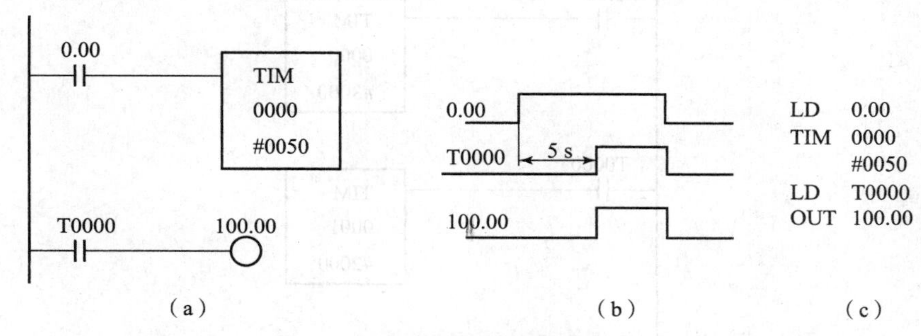

图1.18 定时器TIM应用典型样例一

分析：其中定时器TIM0000的设定值SV为#0050，当0.00为OFF时，TIM0000为复位状态，当前值PV＝#0050；自0.00为ON起TIM0000开始定时，其PV值从0050开始每隔0.1 s减去1；当减1操作累计进行50次（5 s）时，PV值减为0000，此时定时完成；完成标志位T0000为ON，定时器的常开触点闭合，使100.00为ON。

需要强调的是：若 0.00 一直为 ON，则 T0000 的位也一直保持 ON。若 0.00 变为 OFF，则 TIM0000 复位，PV 值恢复为设定值#0050，T0000 的位为 OFF，100.00 变为 OFF。

定时器编程可以实现接通延时 ON，接通延时 OFF、断开延时 ON、断开延时 OFF 等多种控制。

【例 1.8】 图 1.19 为 IL/ILC 指令之间有定时器 TIM 指令的例子。

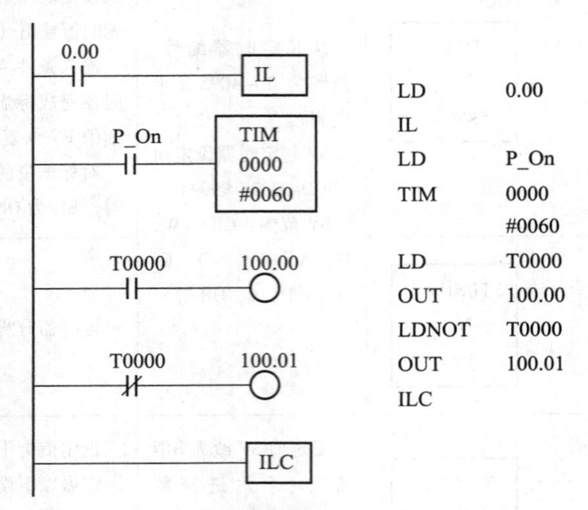

图 1.19 定时器 TIM 应用样例二

分析：当 0.00 为 ON 时，IL/ILC 之间的程序正常执行，定时器开始定时，同时 100.01 为 ON，当定时器定时时间到时，100.00 为 ON，100.01 为 OFF；当 0.00 为 OFF 时，IL/ILC 之间的程序不执行，定时器复位。

定时器可以通过多个定时器串接或者定时器与计数器混用实现定时时间的扩展。

【例 1.9】 两个定时器串接，可以扩展定时时间容量，延长定时时间，如图 1.20 所示。

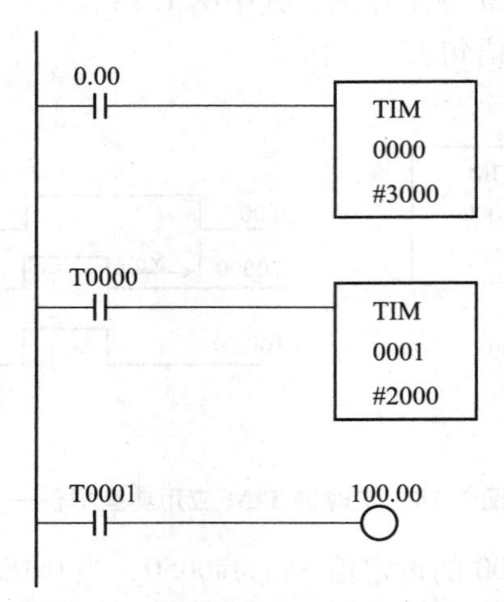

图 1.20 定时器 TIM 应用样例三

分析：当 0.00 为 ON 时，TIM0000 开始定时，当 TIM0000 定时时间到，TIM0000 的位为 ON，TIM0001 开始定时，TIM0001 定时时间到时，100.00 接通。总的定时时间是 TIM0000

和 TIM0001 定时时间的和。

10. 计数器指令 CNT/CNTR

计数器指令包括 CNT 和 CNTR，CNT 为十进制计数器指令，CNTR 为十进制可逆循环计数器指令，详见表 1.20。

表 1.20　CNT/CNTR 指令

格式/名称	梯形图符号	操作数的范围及含义	指令功能和执行指令对标志位的影响
CNT　N SV （十进制计数器指令）	CP R CNT N SV	N 是计数器编号，范围为 0 ~ 4 095（十进制）。 SV 是定时器设定值（BCD #0000 ~ 9999）	R 端为 OFF 时，当前值从设定值开始记录 CP 端的脉冲，来一个脉冲减 1，直到为 0 时，计数器输出（完成标志）为 ON 且保持； R 端为 ON 时，计数器复位，计数器完成标志为 OFF，并停止计数，当前值 PV 恢复为 SV。 对标志位的影响：当 SV 不是 BCD 数时，ER 为 ON
CNTR　N SV （十进制可逆循环计数器指令）	ACP SCP R CNTR N SV	N 是计数器编号，范围为 0 ~ 4 095（十进制）。 SV 是定时器设定值（BCD #0000 ~ 9999）。 SV 范围：CIO、W、H、A、T/C、D、@ D、＊D、#、DR 等	R 端为 OFF 时，当前值从设定值开始记录脉冲，ACP 来一个脉冲加 1，SCP 来一个脉冲减 1；加（或减）计数有进位（或借位）时，输出计数标志为 ON，同时再来脉冲，从 SV（或 0）重新计数。 可逆计数器有掉电保持功能。 对标志位的影响：当 SV 不是 BCD 数时，ER 为 ON

【例 1.10】　图 1.21 为使用 CNT 指令的一个典型实例。其中图 1.21（a）为梯形图，图 1.21（b）为时序图，图 1.21（c）为对应的语句表。

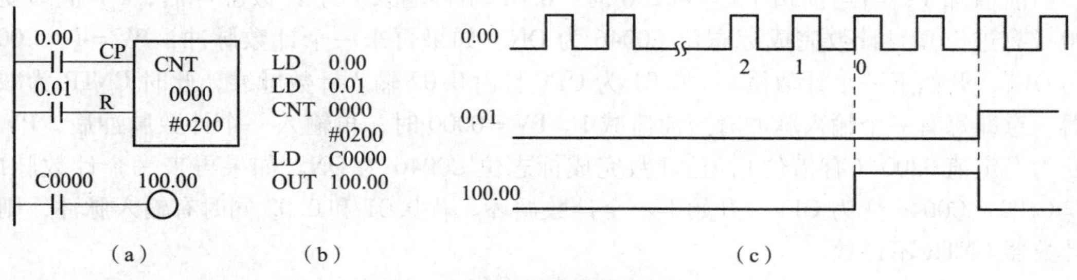

图 1.21　CNT 指令应用实例之一

分析：CNT0000 设定值为#0200，复位端 0.01 为 ON 时计数器处于复位状态，计数器 C0000 的位为 OFF。计数器在复位端由 ON 变 OFF 后开始进行计数，0.00 由 OFF 变 ON 再变 OFF 则进行一次计数，即在脉冲上升沿，CNT0000 当前值 PV 减 1，直至当前值 PV 减至 0000 时停止计数，且计数完成标志位 C0000 变为 ON 并保持；C0000 常开触点闭合，使得

100.00 为 ON 且保持。在计数完成后或者在计数过程中，如果复位端 0.01 由 OFF 变为 ON，则计数器复位并停止计数；此时 C0000 和 100.00 都为 OFF。

在例 1.10 中，如果使用秒脉冲，则计数器可作为定时器使用，且用作定时器的计数器 CNT 具有掉电保护功能。

1 个计数器 CNT 的计数容量为 9 999，两个或者多个计数器连用（其一的常开触点作为另一计数器的计数输入）能够实现计数器的容量扩展，总的容量 SV 为两个计数器本身设定值的乘积值。

【例 1.11】 使用秒脉冲作为计数器的计数脉冲，使计数器当定时器使用，如图 1.22 所示。

分析：计数器的输入端接入秒脉冲，则计数器每隔1 s 输入一个脉冲信号，计数器的设定值即为定时时间，总计数值（即总定时时间）为 SV1 与 SV2 的乘积。

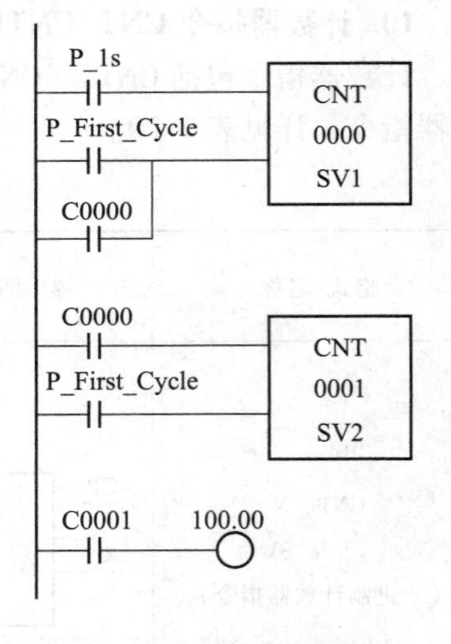

图 1.22 CNT 指令应用实例之二

【例 1.12】 图 1.23 中给出了使用 CNTR 指令计数的一个典型实例。

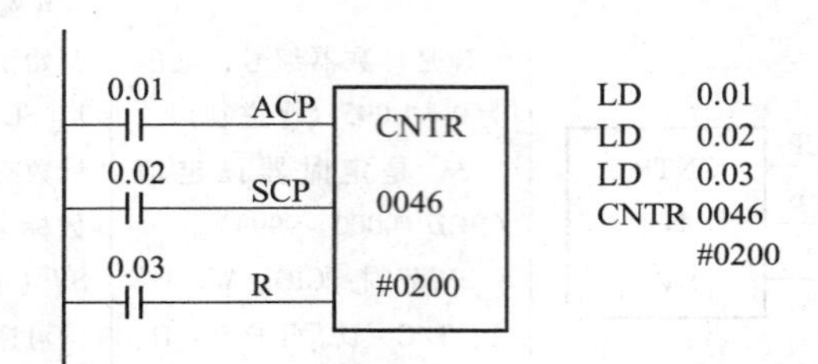

图 1.23 CNTR 指令应用实例之一（计数功能）

分析：ACP 为加计数脉冲输入端，SCP 为减计数脉冲输入端，当复位端 0.03 为 ON 时，CNTR0046 复位（此时不能进行加/减计数），当前值为 0000；当 0.03 变为 OFF 时计数器开始计数；当 0.02 为 OFF 且由 0.01 输入计数脉冲时，CNTR 为加计数器，即每来一个输入脉冲，当前值加 1；当当前值 PV = #0200 时，0.01 端再输入一个计数脉冲后，PV 值即变为 0000（有进位）且计数完成标志位 C0046 为 ON。如果再来一个计数脉冲，PV = 1，C0046 变为 OFF，开始下一个计数循环。0.01 为 OFF 且由 0.02 输入计数脉冲，此时 CNTR 为减计数器，意即每有一个输入脉冲时当前值减 1。PV =0000 时，再输入一个计数脉冲后，PV 值即变为设定值 0200（有借位），且计数完成标志位 C0046 为 ON。如果再来一个计数脉冲，PV =0199，C0046 变为 OFF，开始下一个计数循环。若 0.01 和 0.02 同时有输入脉冲，则可逆计数器 CNTR 不计数。

【例 1.13】 用可逆计数器 CNTR 作为定时器，梯形图如图 1.24 所示。

分析：SCP 端以 P_Off（常 OFF）为输入条件时，可逆计数器 CNTR 作为加计数器使用；ACP 端以 P_1s 与 W0.00 串联作为输入条件，由 P_1s 产生的秒脉冲作为脉冲输入，即可将其作为定时器使用。注意：为保证 CNTR 0000 在 PLC 上电后第一个扫描周期就被复位，R 端以 0.01 和 P_First_Cycle 并联作为复位条件。

```
LD        0.00
OR        W0.00
ANDNOT    0.01
OUT       W0.00
LD        W0.00
AND       P_1s
LD        P_Off
LD        0.01
OR        P_First_Cycle
CNTR      0000
          #0200
LD        C0000
OUT       100.00
```

图 1.24　CNTR 指令应用实例之二（循环定时功能）

【例 1.14】　将可逆计数器 CNTR 进行容量扩展，梯形图如图 1.25 所示。其中 0.00 外接启动按钮，0.01 外接停止按钮。

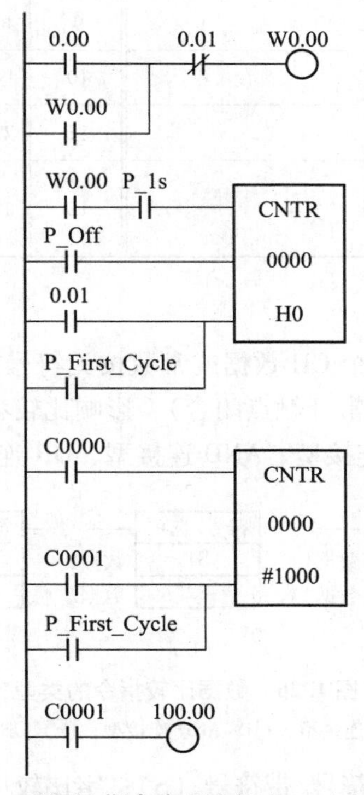

图 1.25　CNTR 指令应用实例之三（容量扩展）

分析：按下启动按钮 0.00 后，W0.00 接通，此时秒脉冲作为计数器 CNTR0000 的计数脉冲，而 CNTR0000 的触点则作为 CNTR0001 的计数脉冲，这样，CNTR0000 每完成一次计数，CNTR0001 计数一次，因此，总的计数值为两个计数器计数值的乘积，可得到大容量的循环计数器。

CNT 和 CNTR 二者的区别：

CNT 达到设定值后，如果不复位则其输出（计数完成标志）一直为 ON。与之区别的是，CNTR 是循环计数器。CNTR 达到设定值后，其输出（计数完成标志）为 ON，如果不复位，新的计数脉冲到来时输出即变为 OFF 自动开始下一轮计数。

1.4.3　数据比较指令

数据比较包括符号比较、无符号字/双字比较、带符号字/双字 BIN 比较和多通道比较等指令，详见表 1.21。

表 1.21　数据比较指令

序号	指令名称	助记符	序号	指令名称	助记符
1	符号比较	=/ < >/ </ < =/ >/ > =/ =L/ < >L/ <L/ < =L/ > L/ > =L	7	表比较	TCMP
2	无符号字比较	CMP	8	块比较	BCMP
3	无符号双字比较	CMPL	9	扩展表比较	BCMPL
4	带符号字 BIN 比较	CPS	10	区间比较	ZCP
5	带符号双字 BIN 比较	CPSL	11	双字区间比较	ZCPL
6	多通道比较	MCMP	12	时刻比较	=DT/ < >DT/ <DT/ < =DT/ >DT/ > =DT

1. 符号比较指令

符号比较指令的功能：对 2 个 CH 数据或常数按无符号或带符号（BIN）进行比较，比较结果为真时，则接通（相当于常开触点闭合），影响比较状态标志位。

符号比较指令的类型：LD 连接型、AND 连接型、OR 连接型如图 1.26 所示。

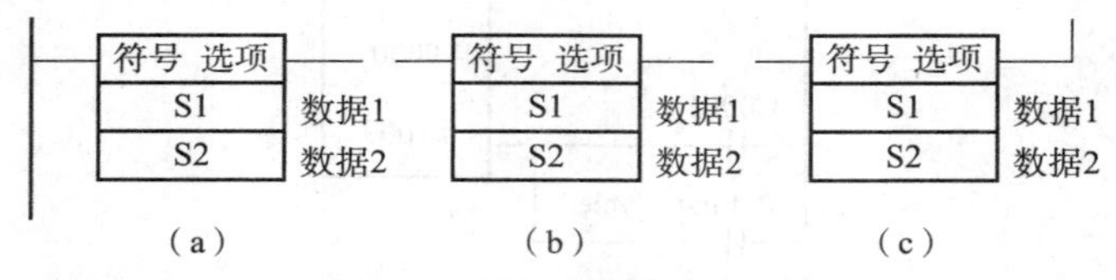

图 1.26　数据比较指令的类型

(a) LD 连接型；(b) AND 连接型；(c) OR 连接型

符号比较指令的可选项：无符号/带符号（S）；字比较/双字比较（L）。

【例 1.15】　根据比较结果，决定输出状态，梯形图如图 1.27 所示。

分析：当 D100 的内容小于 D200 的内容时，100.00 为 ON，当 0.00 为 ON 而且 D100 的内容小于 D200 的内容时，100.01 为 ON，当 0.01 为 ON 或者 D100 的内容小于 D200 的内容时，100.02 为 ON。

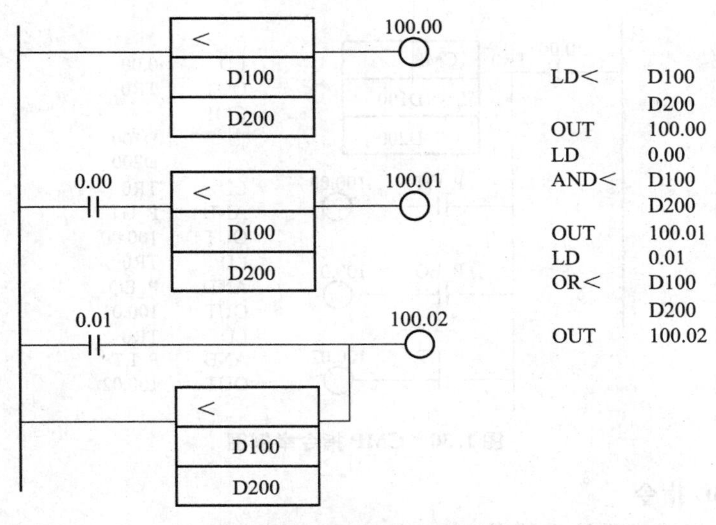

图 1.27　符号比较指令例图

2. CMP/CMPL 指令

CMP 指令是对 2 个 CH 的无符号 BIN 数据或常数按字进行比较，影响比较状态标志位。CMPL 指令是对 2 个 CH 的无符号 BIN 数据或常数按双字进行比较，影响比较状态标志位。其指令格式参见图 1.28，使用注意事项参见图 1.29。比较指令 CMP/CMPL 的后面一定要马上连接状态标志（P_GT、P_EQ、P_LT 等）。

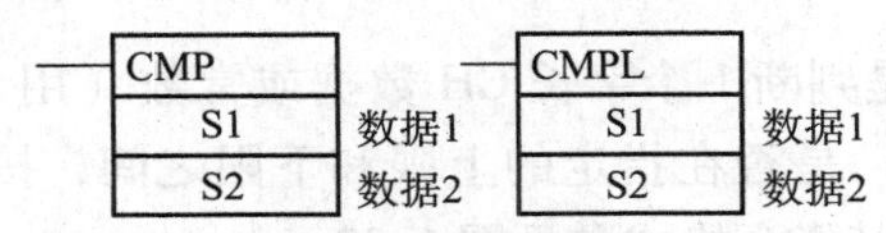

图 1.28　CMP/CMPL 指令格式

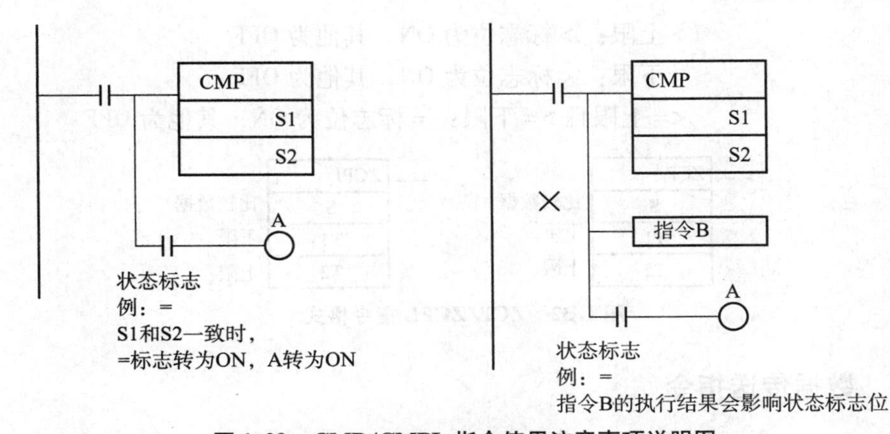

图 1.29　CMP/CMPL 指令使用注意事项说明图

【例 1.16】　图 1.30 是一个 CMP 指令的例子，根据比较结果决定输出状态。

分析： 当 0.00 为 ON 时，若 D100 大于 D20（P_GT 为 ON），则 100.00 为 ON，若 D100 等于 D200（P_EQ 为 ON），则 100.01 为 ON，若 D100 小于 D200（P_LT 为 ON），则 100.02 为 ON。

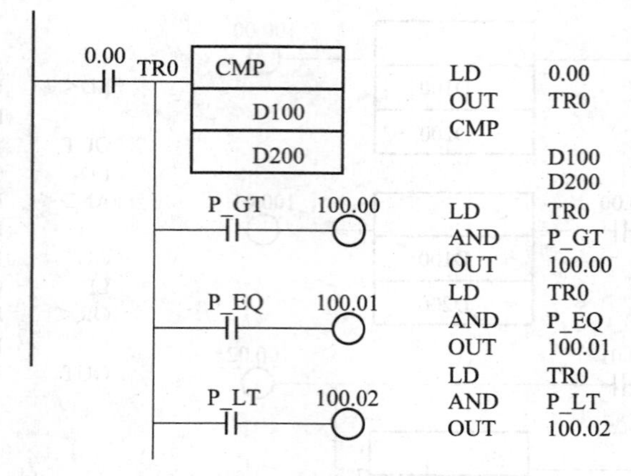

图 1.30 CMP 指令举例图

3. CPS/CPSL 指令

对 2 个 CH 数据或常数按带符号字/双字（BIN）进行比较，影响比较状态标志位。其指令格式参见图 1.31。使用方法同 CMP/CMPL。

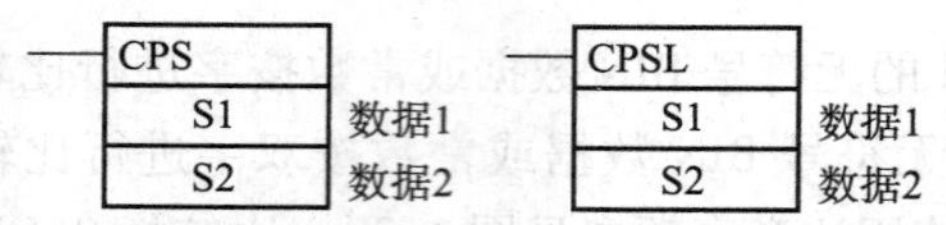

图 1.31 CPS/CPSL 指令格式

4. ZCP/ZCPL 指令

ZCP/ZCPL 指令的功能是判断 1 个字长 CH 数据或常数（用 ZCP 指令）或 2 个字长 CH 数据或常数（用 ZCPL 指令）是否在指定的上限和下限之间，按无符号字/双字（BIN）比较。影响比较状态标志位。其指令格式参见图 1.32。

ZCP/ZCPL 指令结果：

>上限：>标志位为 ON，其他为 OFF

<下限：<标志位为 ON，其他为 OFF

<=上限且>=下限：=标志位为 ON，其他为 OFF

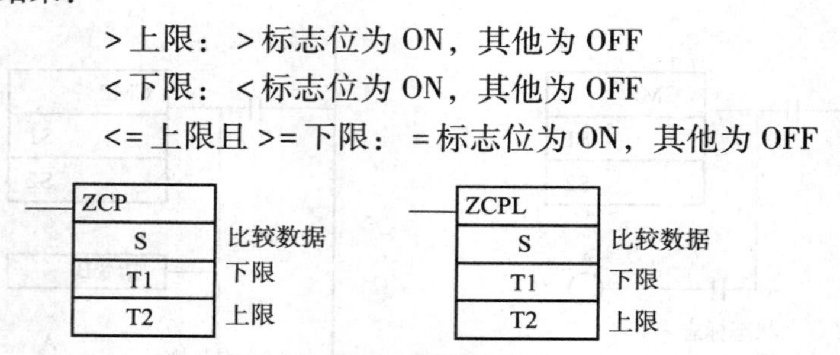

图 1.32 ZCP/ZCPL 指令格式

1.4.4 数据传送指令

数据传送类指令共有 15 个，参见表 1.22。

1. MOV/MOVL

将以字/双字为单位的源数据（常数或通道内容）传送到目的通道。其指令格式参见图 1.33。

表1.22 数据传送指令

序号	指令名称	助记符	序号	指令名称	助记符
1	字传送	MOV	9	块设定	BSET
2	双字传送	MOVL	10	数据交换	XCHG
3	字取反传送	MVN	11	双字数据交换	XCGL
4	双字取反传送	MVNL	12	数据分配	DIST
5	位传送	MOVB	13	数据提取	COLL
6	数传送	MOVD	14	变址寄存器设定	MOVR
7	多位传送	XFRB	15	变址寄存器设定	MOVRW
8	块传送	XFER			

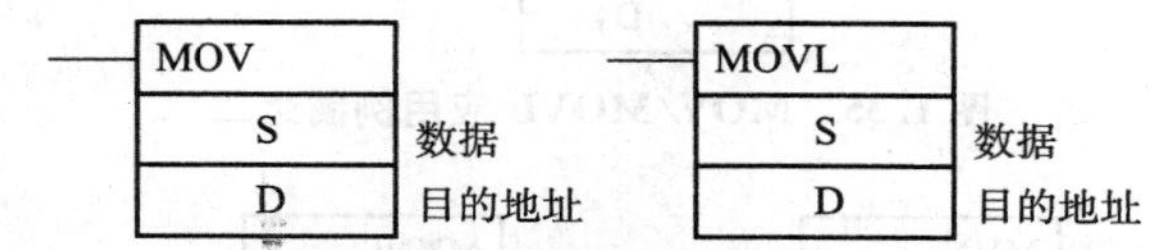

图1.33 MOV/MOVL指令格式

【例1.17】 图1.34给出了传送通道内容和传送立即数的区别。

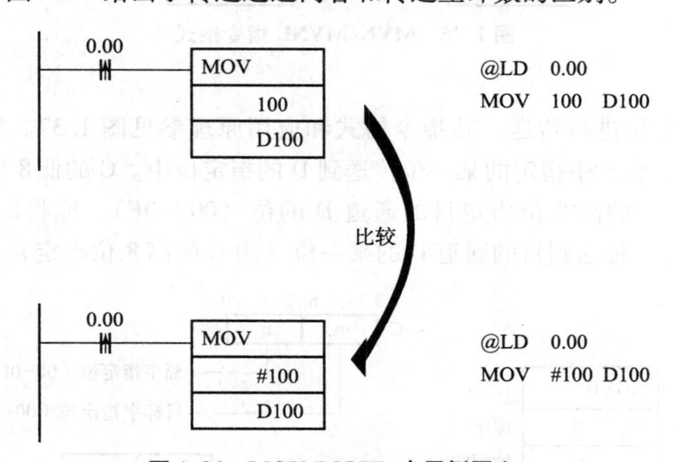

图1.34 MOV/MOVL应用例图之一

分析：第一个MOV指令是将通道100的数据送给D100通道；第二个MOV指令是将常数100送给D100通道。

【例1.18】 图1.35为MOV指令传送不同类型常数的示例。

其中，#1234表示该数据为BIN数，&1234与+1234表示该数据为正的BCD数，-1234表示该数据为负的BCD数。

2. MVN/MVNL

以字/双字为单位进行传送。其指令格式参见图1.36。该指令是将源数据（常数或通道内容）按位取反后送给目的通道。

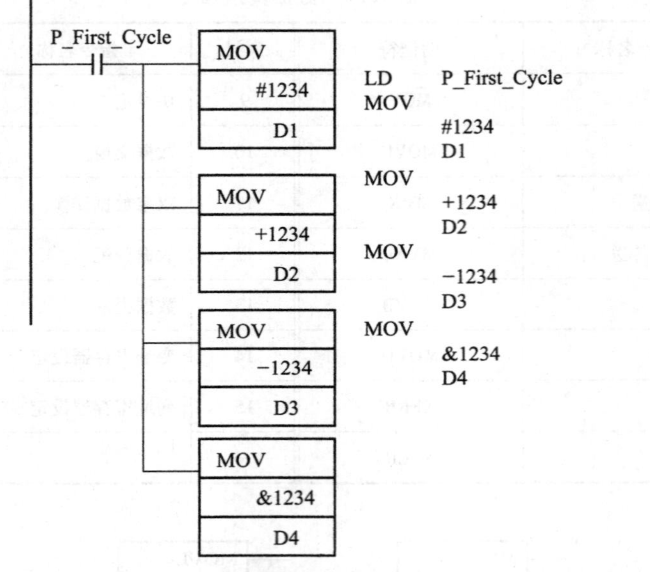

图 1.35　MOV/MOVL 应用例图之二

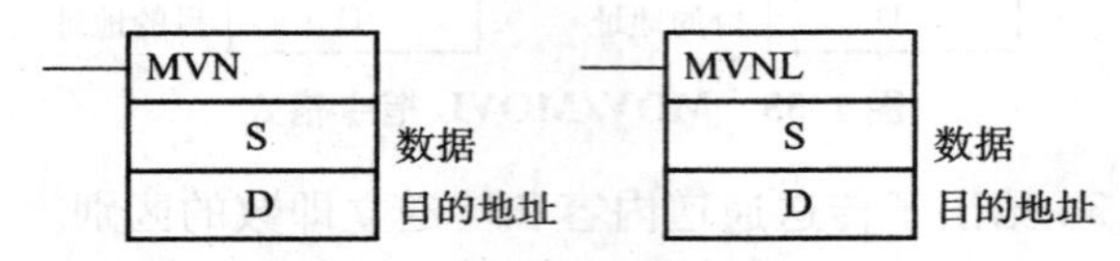

图 1.36　MVN/MVNL 指令格式

3. MOVB

该指令以位为单位进行传送。其指令格式和应用原理参见图 1.37。当执行条件为 ON 时，按照 C 的内容，将 S 中指定的某一位传送到 D 的指定位中。C 的低 8 位指定源数据 S 的传送位（00 ~ 0F），C 的高 8 位指定目的通道 D 的位（00 ~ 0F）。即将源数据 S 的某一位（由 C 的低 8 位指定）传送到目的通道 D 的某一位（由 C 的高 8 位指定）。

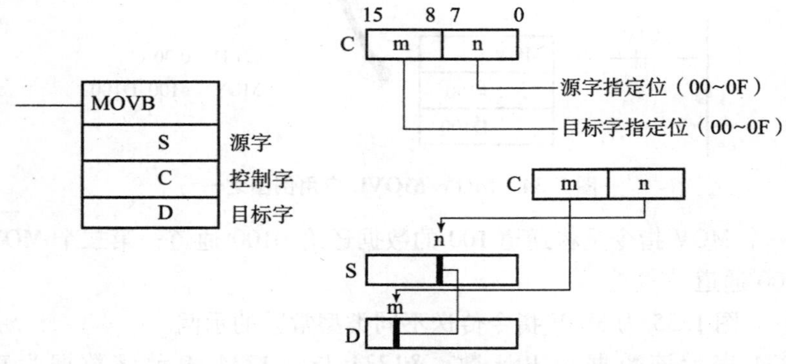

图 1.37　MOVB 指令格式和应用原理

4. XFRB

以多位为单位进行传送。其指令格式和原理参见图 1.38。将以 n 为起始位的源数据 S 的连续 *k* 位数据送给以 m 为起始位的目的通道中。

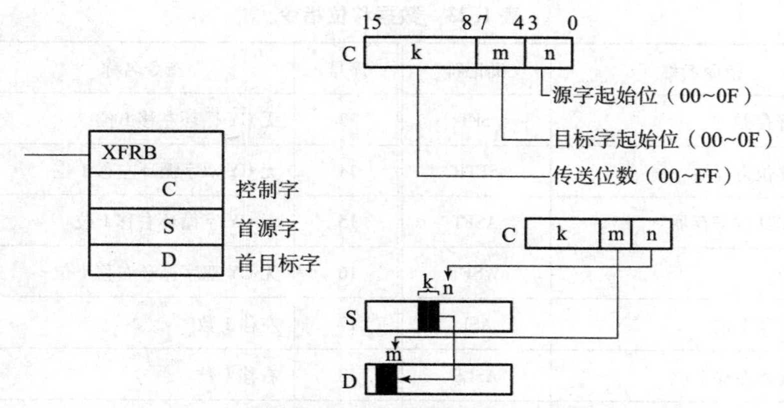

图 1.38　XFRB 指令格式和应用原理

【例 1.19】　XFRB 指令应用的梯形图如图 1.39 所示。

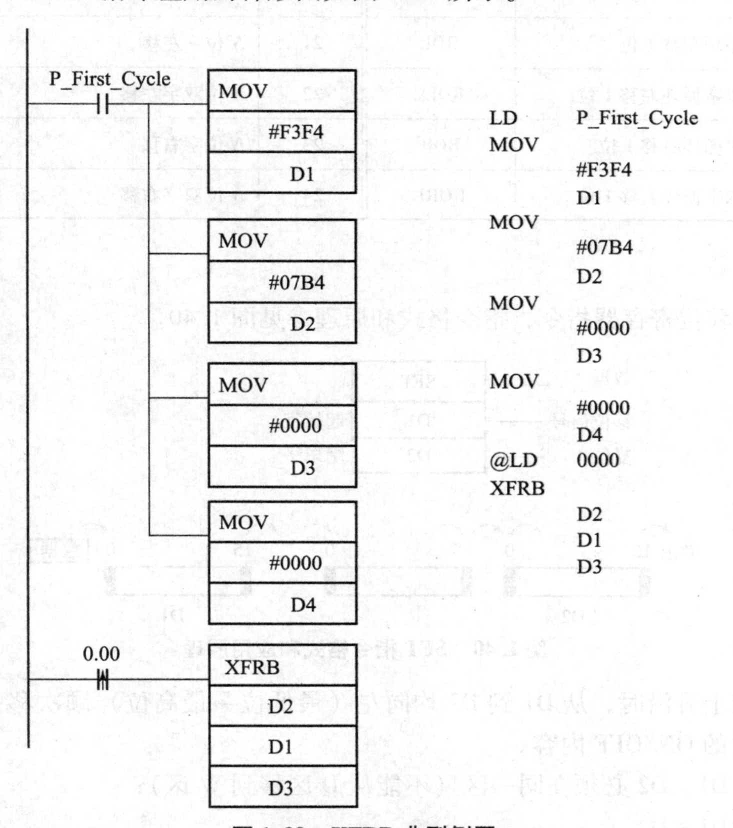

图 1.39　XFRB 典型例图

分析：XFRB 中的 D2 为控制字，D2 的内容为#07B4，即将 D1 通道的第 4 位起始的连续 7 位送给 D3 通道第 11 位（B）起始的连续 7 位。

1.4.5　数据移位指令

共有 24 个数据移位指令，详见表 1.23。下面就常用的移位指令进行介绍。

表 1.23　数据移位指令

序号	指令名称	助记符	序号	指令名称	助记符
1	移位寄存器	SFT	13	无 CY 循环左移 1 位	RLNC
2	左右移位寄存器	SFTR	14	无 CY 双字循环左移 1 位	RLNL
3	非同步移位寄存器	ASFT	15	无 CY 字循环右移 1 位	RRNC
4	字移位	WSFT	16	无 CY 双字循环右移 1 位	RRNL
5	算术左移 1 位	ASL	17	左移 1 数	SLD
6	双字算术左移 1 位	ASLL	18	右移 1 数	SRD
7	算术右移 1 位	ASR	19	*N* 位数据左移	NSFL
8	双字算术右移 1 位	ASRL	20	*N* 位数据右移	NSFR
9	带 CY 循环左移 1 位	ROL	21	*N* 位字左移	NASL
10	带 CY 双字循环左移 1 位	ROLL	22	*N* 位双字左移	NSLL
11	带 CY 字循环右移 1 位	ROR	23	*N* 位字右移	NASR
12	带 CY 双字循环右移 1 位	RORL	24	*N* 位双字右移	NSRL

1. SFT

SFT 为数据移位寄存器指令，指令格式和原理参见图 1.40。

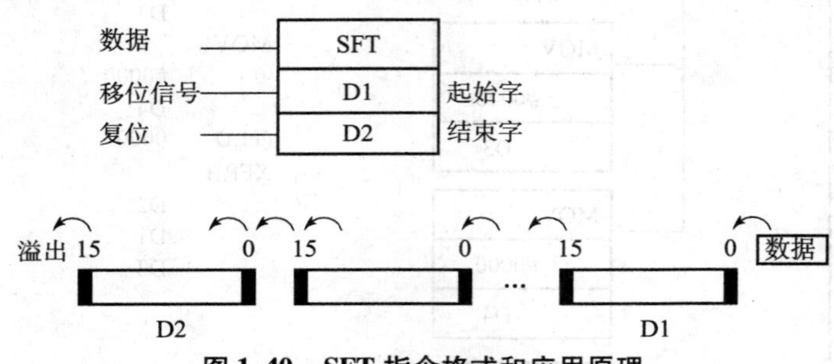

图 1.40　SFT 指令格式和应用原理

移位信号有上升沿时，从 D1 到 D2 均向左（最低位→最高位）顺次移 1 位，在最低位中反映数据输入的 ON/OFF 内容。

注意事项：D1、D2 必须在同一区（不能从 D 区移到 W 区）；

D1≤D2

【例 1.20】　SFT 应用的例子如图 1.41 所示。

分析：图 1.41（a）的移位范围为 W200 通道内 16 位，移位信号为 1 s 时钟脉冲，当复位信号 0.01 为 OFF 时，每隔 1 s，W200 中的各位数据就从低到高依次移位，最低位移入 0.00 的状态（ON 为 1，OFF 为 0）。若移入 W200.03 的为 1，则 100.00 输出，否则不输出。而图 1.41（b）的移位范围为 W200 通道到 W202 通道，共 48 位顺次移位。

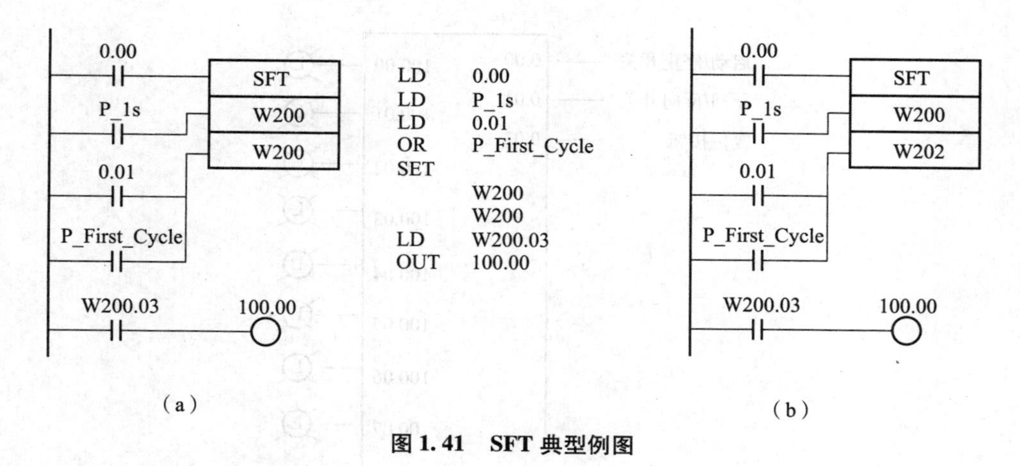

图 1.41　SFT 典型例图

2. SFTR

SFTR 为可逆移位寄存器指令，指令格式参见图 1.42，原理如图 1.43 所示。移位信号输入继电器（C 的 14 位）为 ON 时，将从 D1 到 D2 向移位方向设定继电器（C 的 12 位）所指定的方向移 1 位（1：左移，0：右移），在最低位或最高位中填充数据输入继电器（C 的 13 位）的 ON/OFF 内容，复位（C 的 15 位）将移位数据清零。溢出移位范围的位的内容反映在进位标志（CY）中。

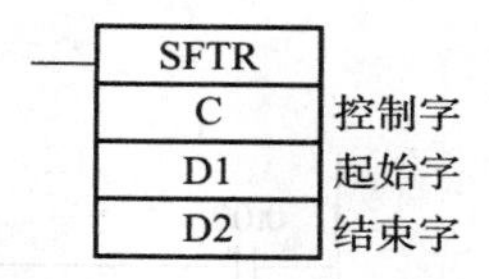

图 1.42　SFTR 指令格式

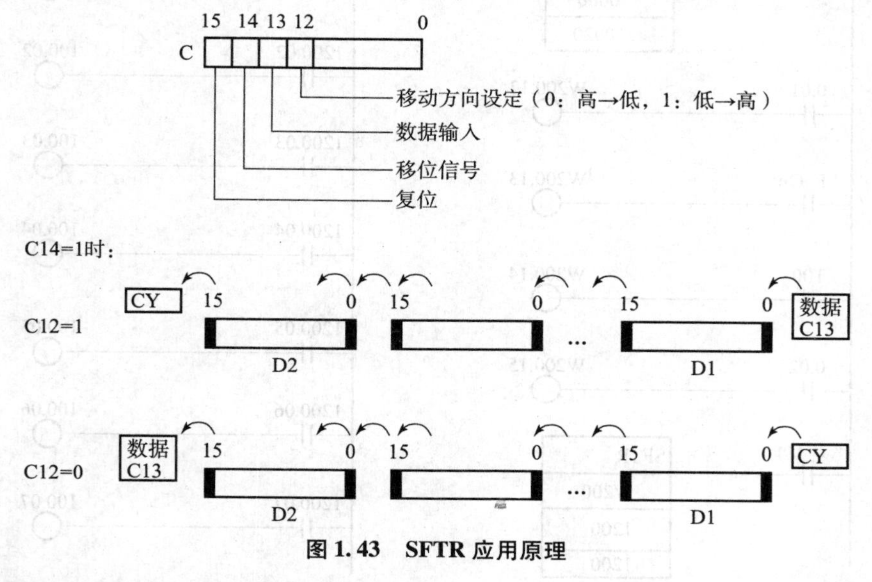

图 1.43　SFTR 应用原理

注意事项：D1、D2 必须在同一区，且 D1≤D2。

【例 1.21】　通过移位指令控制彩灯。

控制要求：用 1 个开关控制彩灯启动/停止，用 1 个开关控制彩灯的移动方向，ON 时，彩灯 1 到彩灯 8 顺次移动点亮，OFF 时，从彩灯 8 到彩灯 1 移动点亮。并设一复位按钮。端子分配如图 1.44 所示，梯形图如图 1.45 所示。

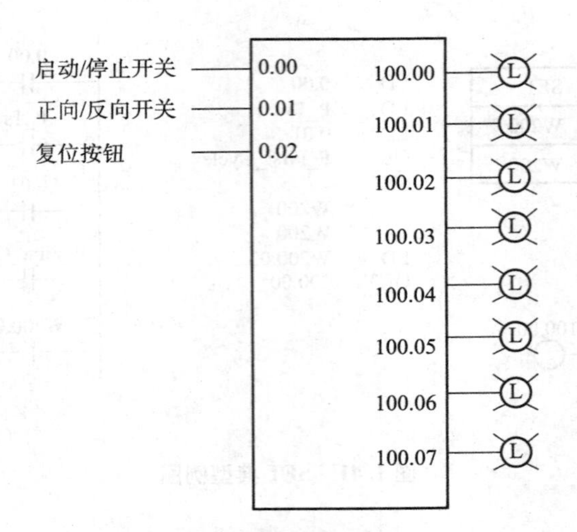

图 1.44　移位彩灯端子分配图

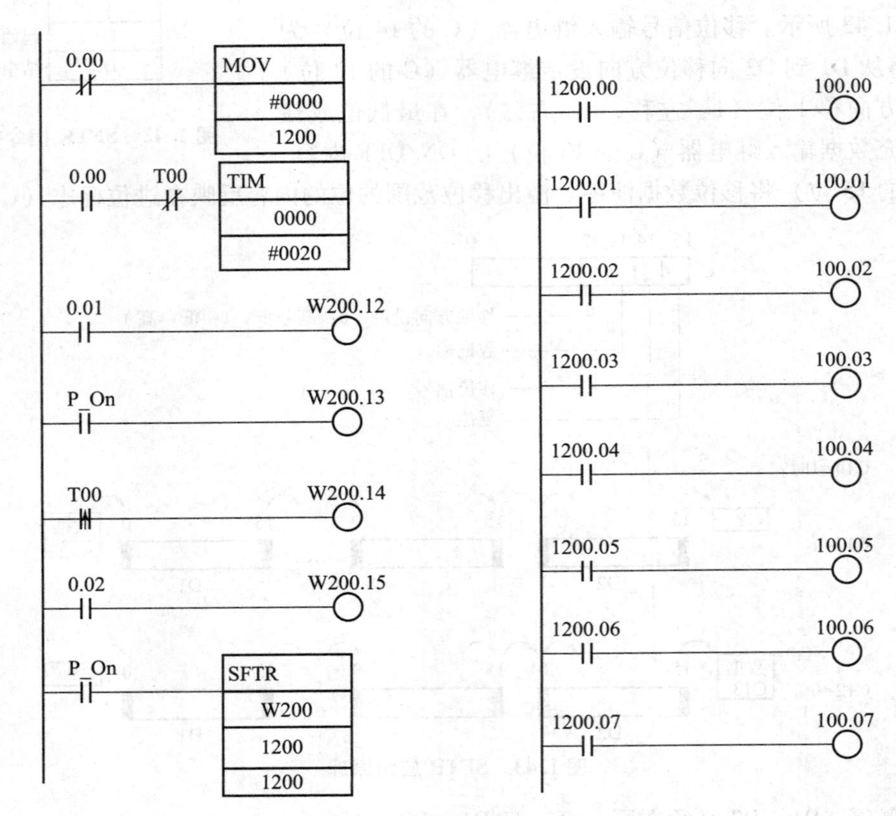

图 1.45　移位彩灯程序

分析：0.01 控制移动的方向，输入数据为 P_On，即为 1，0.00 接通后，通过定时器 T00 每隔 2 s 控制移位一次，0.02 控制复位。SFTR 的控制字为 W200 的内容，W200.12 控制移位方向，W200.13 控制输入数据，W200.14 为移位脉冲，W200.15 控制复位。1200 的第 0 ~ 7 位分别控制 8 个指示灯。

3. SLD/SRD

SLD/SRD为数字左、右移位指令，指令格式如图1.46所示。当执行条件为ON时，St到E通道的数据以一个数字（4 bit）为单位左移一次，E的最高4 bit溢出，St的最低4 bit补0。

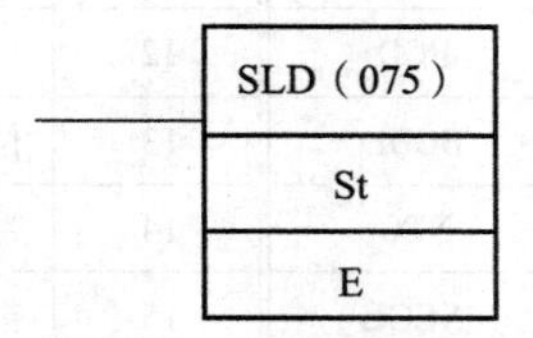

图1.46　SLD指令格式

【例1.22】　图1.47为SLD指令应用的例子。

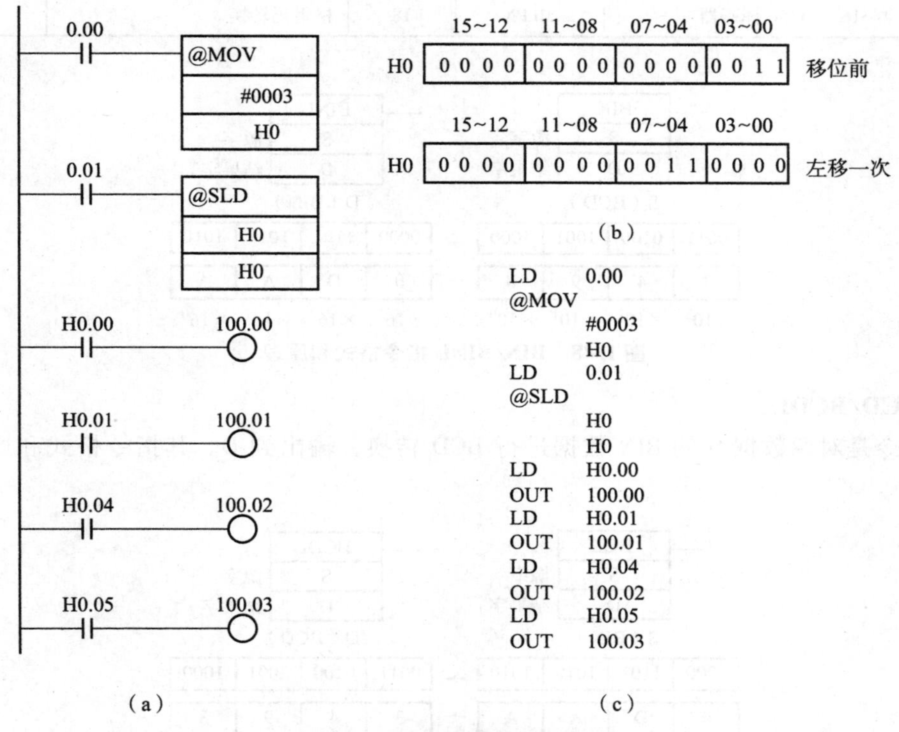

图1.47　SLD指令的应用

分析：在图1.47（a）的梯形图中，当0.00由OFF变为ON时，MOV指令将#0003传送到H0，当0.01由OFF变为ON时，SLD指令开始移位，如图1.47（b）所示，由H0的第0、1、4、5四位分别控制100.00、100.01、100.02、100.03，为“1”时输出。

1.4.6　数据转换指令

数据转换的相关指令参见表1.24。

1. BIN/BINL

该指令是对源数据S的BCD数据进行BIN转换，输出到D。其指令格式和原理参见图1.48。

表 1.24　数据转换指令

序号	指令名称	助记符	序号	指令名称	助记符
1	BCD→BIN 字转换	BIN	10	ASCII 代码转换	ASC
2	BCD→BIN 双字转换	BINL	11	ASCII→HEX 转换	HEX
3	BIN→BCD 字转换	BCD	12	位列→位行转换	LINE
4	BIN→BCD 双字转换	BCDL	13	位行→位列转换	COLM
5	2 的补数转换	NEG	14	带符号 BCD→BIN 转换	BINS
6	2 的补数双字转换	NEGL	15	带符号 BCD→BIN 双字转换	BISL
7	符号扩展	SIGN	16	带符号 BIN→BCD 转换	BCDS
8	16→4/256→8 编码器	DMPX	17	带符号 BIN→BCD 双字转换	BDSL
9	4→16/8→256 译码器	MLPX	18	格雷码转换	GRY

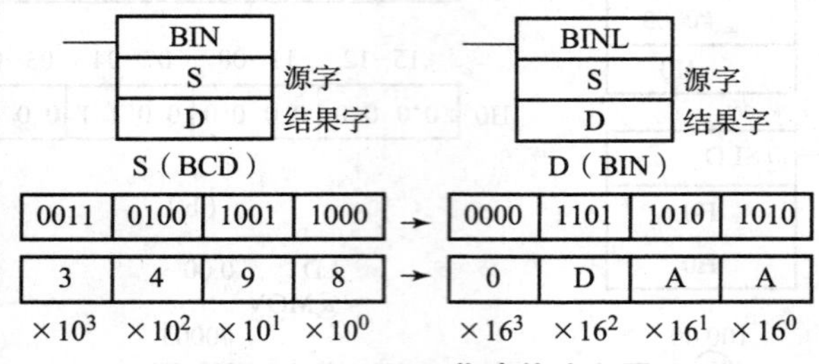

图 1.48　BIN/BINL 指令格式和原理

2. BCD/BCDL

该指令是对源数据 S 的 BIN 数据进行 BCD 转换，输出到 D。其指令格式和原理参见图 1.49。

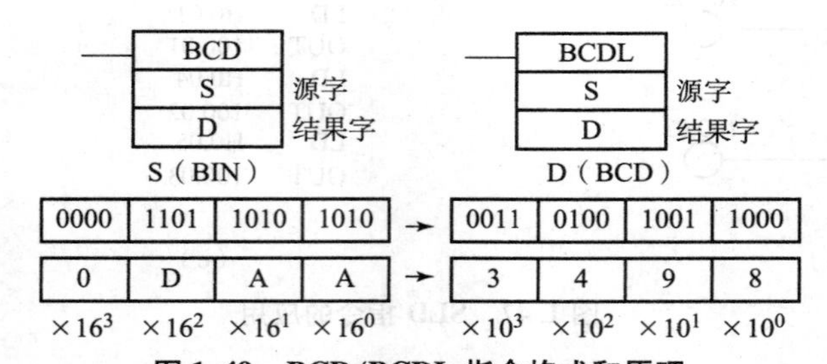

图 1.49　BCD/BCDL 指令格式和原理

3. NEG/NEGL

该指令格式参见图 1.50，其功能是对 S 进行按位取反后 +1（求补），输出到 D。

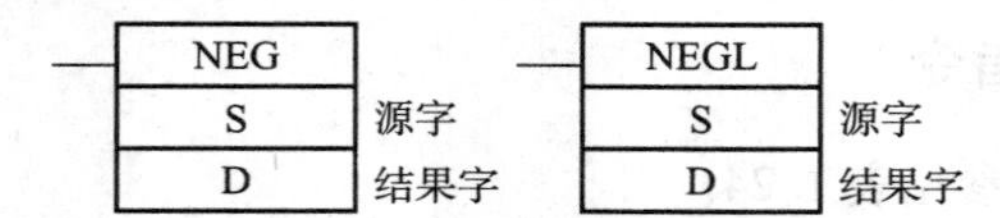

图 1.50　NEG/NEGL 指令格式

【例 1.23】　NEG 指令的应用如图 1.51 所示。

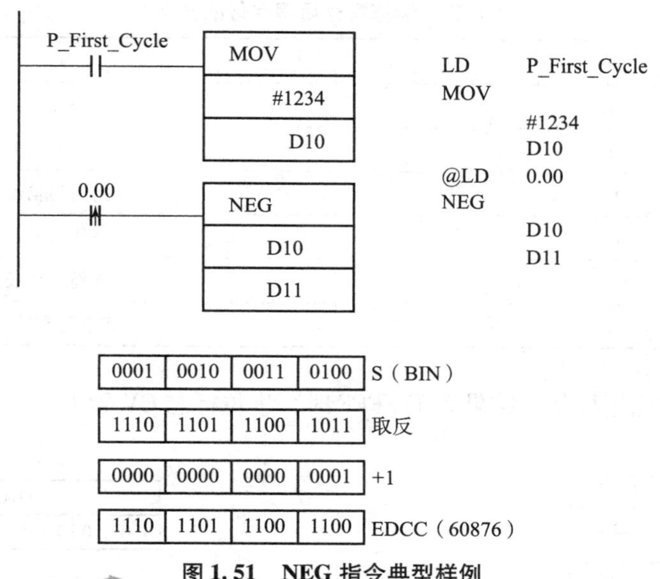

图 1.51　NEG 指令典型样例

1.4.7　整数运算指令

此类运算主要是四则运算（加、减、乘、除），又可以区分为 BIN（二进制）、BCD（十进制）、倍长（双字）、带符号、带进位等运算。实际应用中，二进制倍长加法较为方便实用。

1. BIN 运算指令（二进制）

其指令格式参见图 1.52。其中，S1、S2 是参与运算的数，D 是结果。在加减运算中，S1、S2、D 所占的字数相同；在乘除运算时，结果 D 所占字数是 S1 或 S2 的两倍。

运算符
S1
S2
D

图 1.52　BIN 指令格式

S1、S2 的范围：CIO、W、H、T/C、A、D、@/＊D、DR、#等。

结果通道的范围：CIO、W、H、T/C、A448 ~ A959、D、@/＊D、DR 等。

BIN 加法（参见图 1.53）：D100 和 D110 进行带符号 BIN 单字相加，和输出到 D120。

BIN 除法（参见图 1.54）：D100 和 D110 进行带符号 BIN 单字除法运算，商输出到 D120，余数输出到 D121。

图 1.53　BIN 加法运算　　　图 1.54　BIN 除法运算

运算符号后缀字母的含义参见表 1.25。二进制运算指令都具有上升沿微分功能。

表 1.25　运算符号后缀字母的含义

后缀	含义
B	BCD
BL	倍长 BCD
L	有符号倍长
U	无符号
UL	无符号倍长
C	带进位有符号

图 1.55 是典型应用样例，结果大于 FFFF 时，进位标志 CV 置 1。

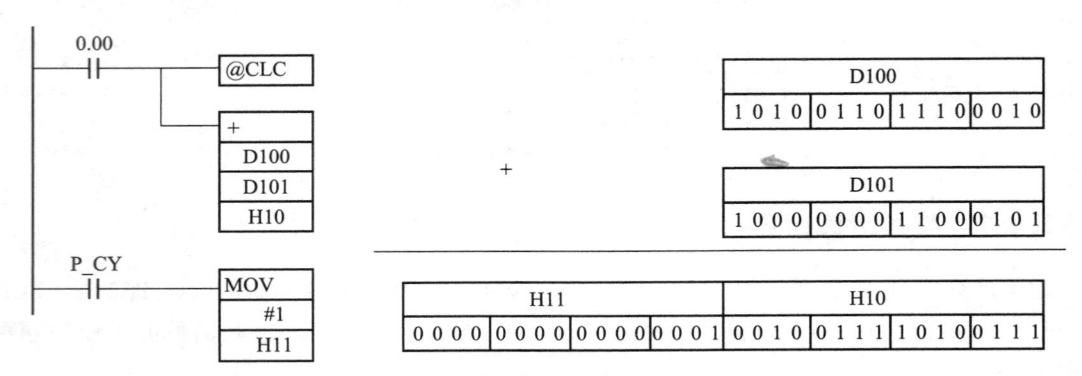

图 1.55　BIN 指令典型样例

2. BCD 运算指令（十进制）

十进制数据运算指令均具有上升沿触发微分功能。

1）十进制加法运算指令

【例 1.24】　图 1.56 所示为 +BC 和 +BCL 指令的应用举例，还有执行双字加运算的原理图。

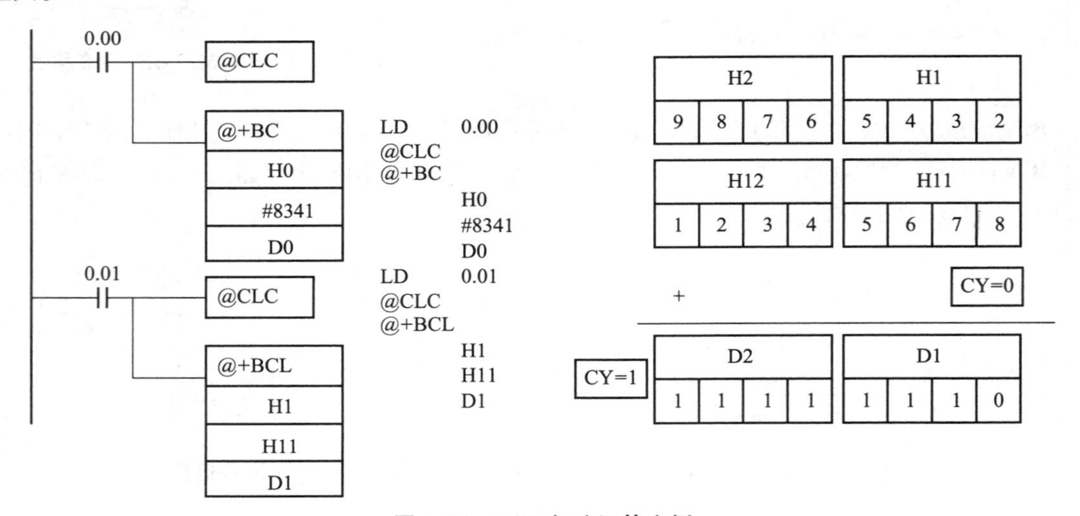

图 1.56　BCD 加法运算实例

分析：由图1.56可知，0.00为ON时执行@CLC指令清进位位，同时执行@+BC指令，将H0（#1234）与#8341及CY相加，结果存放在D0中；当0.01为ON时，执行@CLC指令清进位位，同时执行@+BCL指令；将双字H2（#9876）H1（#5432）与H12（#1234）H11（#5678）及CY相加，其结果存放在D2和D1中。

2）十进制减法运算指令

【例1.25】　图1.57所示为-BC指令的应用举例。

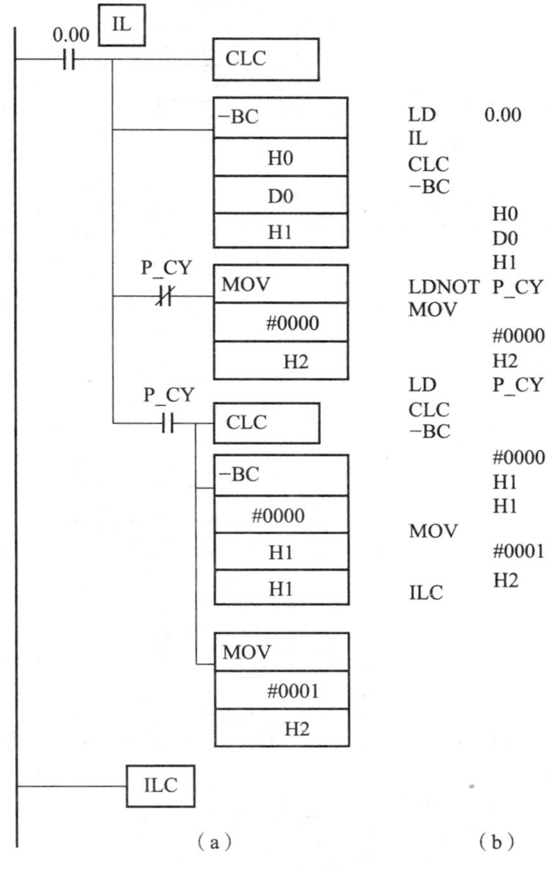

图1.57　BCD减法运算实例

分析：当0.00为ON时，执行CLC指令清进位位，同时执行-BC指令，用H0的内容减去D0的内容，再减去P_CY的内容，所得的差值保存在结果通道H1中。若运算没有借位则P_CY被置0，P_CY为OFF，H2为0；若运算有借位，则结果通道中的内容是差的十进制补码，还需进行第二次减法运算，此时P_CY为ON，第二次执行减法运算所得结果存在H1中，同时H2置1。被减数、减数、结果、进位位分别存在H0、D0、H1、H2中。

两次减法运算的操作过程如下：

	H0 D0 CY		H1 CY
第一次相减：	1000 - 2000 - 0 -	1000 + （10000 - 2000）：	9000　1
	H1 CY		H1 CY
第二次相减：	0000 - 9000 - 0 -	0000 + （10000 - 9000）：	1000　1

3）十进制递增、递减指令及乘、除法运算指令

需要强调一点：乘、除运算都不涉及进位位 CY。因为两个最大的单字 BCD 数相乘（9 999 ×9 999 =99 980 001），其运算结果不发生进位；且两个最大的双字 BCD 数相乘结果也不发生进位。

【例 1.26】 图 1.58 为十进制加减乘除指令的应用实例。

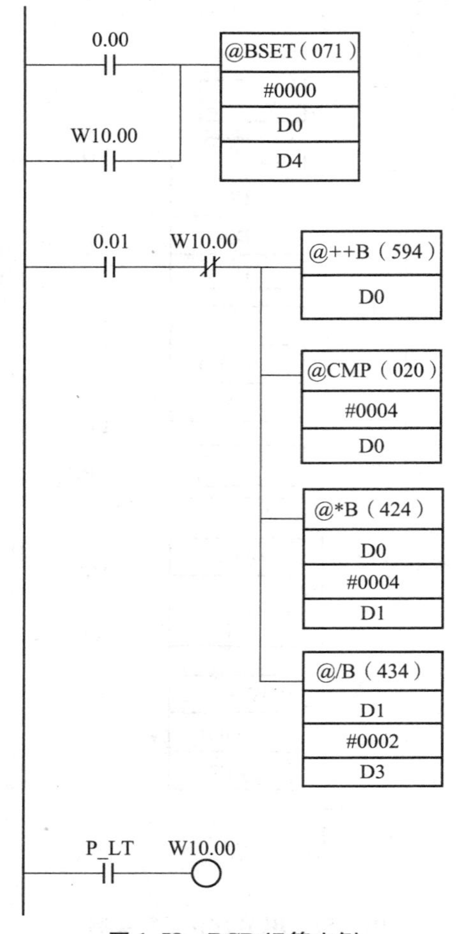

图 1.58　BCD 运算实例

分析：图 1.58 中使用了递增指令@ ++ B、乘法运算指令@ * B、除法运算指令@ /B。程序运行时先令 0. 00 为 ON 以便将 D0 ~ D4 清零，为运算做好准备。

当 0. 01 为 ON 时，要执行以下几个指令：

①@ ++ B 指令，将 D0 中当前的内容加 1；

②CMP 指令，将 D0 中的内容与#0004 比较，若 D0 的内容比#0004 大，则将 W10. 00 置为 ON；

③@ * B 指令，将 D0 中的内容与#0004 相乘，且结果存在 D1 和 D2 中；

④执行@ /B 指令，将 D1 和 D2 中的内容与#0002 相除，把商存在 D3 中，余数存在 D4 中。

补充说明：0. 01 第 1 次到第 4 次为 ON，从 0. 01 第 5 次 ON 开始，重复之前的过程。

D0～D4的内容如下：

0.01为ON的次数	D0	D1	D2	D3	D4
第1次	0001	0004	0000	0002	0000
第2次	0002	0008	0000	0004	0000
第3次	0003	0012	0000	0006	0000
第4次	0004	0016	0000	0008	0000

1.4.8 浮点数转换、运算指令

1. 浮点数

在数据位数有限的情况下，用定点数表示的数范围小。当用浮点数表示一个实数时，小数点的位置可变，随着小数点位置的改变，指数的数值也随之改变。故此在有效数字位数有限的情况下，浮点数的范围比定点数的范围大得多，而且浮点数还可以保持数据的有效精度。

依据美国电气与电子工程师协会（IEEE）制定的标准，举例说明浮点数的表示法如下。

（1）浮点数的IEEE 754格式：

$$实数=(-1)^{S}2^{e-127}(1.f)$$

浮点数的IEEE 754格式中，$(-1)^{S}$或s表示符号，e－127或e表示指数；f表示尾数（小数点后面的有效数字）。浮点数要用32位表示，占两个字，说明如下：

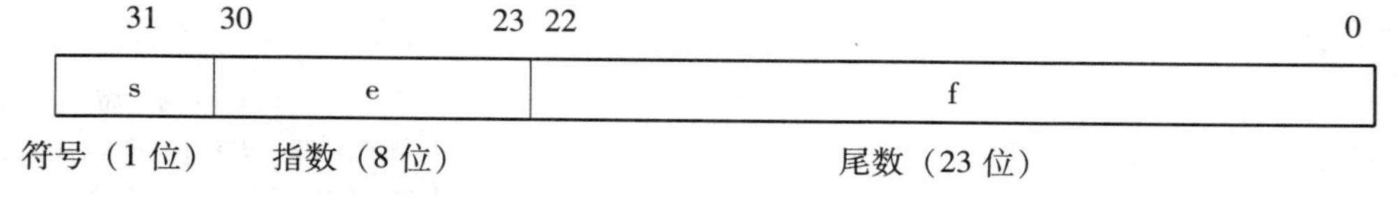

其中：符号s占1位，为0表示正数，为1表示负数。

指数e占8位，为0～255，实际指数是e减去127的差，结果为－127～128。

尾数f占23位，表示二进制浮点数的尾数部分，满足$1.0\leqslant 1.f<2.0$。

（2）浮点数运算结果的四舍五入。

当浮点数运算结果中的数字个数超过内部处理表达式中的有效数字时，若结果近似于两个内部浮点表达式中的一个，则直接使用较接近的值。若结果介于两个内部浮点表达式的中间则可四舍五入，以使尾数的最后一个数字为0。

（3）用编程软件CX－Programmer读/写浮点数。

使用编程软件CX－Programmer将I/O内存编辑显示器里的数据格式指定为浮点时，用户输入的标准十进制数将会自动转换为IEEE 754格式的浮点数，并写到I/O内存中。当在显示器上进行监控时，浮点数又会自动转换为标准的十进制数。

（4）浮点数转换、运算的标志位。

CP1H进行浮点运算时，要影响如下标志位：ER（CF003）：出错标志位；EQ（CF006）：相等标志位；OF（CF009）：上溢出标志位；UF（CF010）：下溢出标志位；N（CF008）：负标志位。

浮点数的加减乘除运算指令如表1.26所示，角度－弧度转换指令如表1.27所示，三角函数运算指令如表 1.28 所示，平方根、指数、对数、乘方运算指令如表 1.29 所示。

表 1.26　浮点数的加减乘除运算指令

格式/名称	梯形图符号	操作数的 范围及含义	指令功能和执行 指令对标志位的影响
+F/@ +F （浮点数加法运算指令）	+F S1 S2 R	S1：被加浮点数首通道。 S2：加浮点数首通道。 S1、S2 范围：CIO、W、H、A、T/C、D、@ D、＊ D、#等。 R：结果首通道。 R 范围：CIO、W、H、A448～A958、T/C、D、@D 等	执行条件为 ON 时，将 S1、S1 +1 与 S2、S2 +1 中的 32 位浮点数相加，结果存在 R+1、R 中。 对标志位的影响： ①当被加数和加数为非数时，ER 为 ON； ② +∞ 加 -∞ 时，ER 为 ON； ③转换结果的指数部和尾数部均为 0 时，EQ 为 ON； ④结果变为负数时，N 为 ON； ⑤当结果的绝对值太大而不能表示为 32 位浮点数时，OF 为 ON，输出结果以 ±∞ 输出； ⑥当结果的绝对值太小而不能表示为 32 位浮点数时，UF 为 ON，输出结果以浮点数 0 输出
-F/@ -F （浮点数减法运算指令）	-F S1 S2 R	S1：被减浮点数首通道。 S2：减浮点数首通道。 S1、S2 范围：CIO、W、H、A、T/C、D、@ D、＊ D、#等。 R：结果首通道。 R 范围：CIO、W、H、A448～A958、T/C、D、@D 等	执行条件为 ON 时，将 S1、S1 +1 与 S2、S2 +1 中的 32 位浮点数相减，结果存在 R+1、R 中。 对标志位的影响： ①当被减数和减数为非数时，ER 为 ON； ② +∞ 和 +∞ 或 -∞ 和 -∞ 进行减法运算时，ER 为 ON； ③转换结果的指数部和尾数部均为 0 时，EQ 为 ON； ④结果变为负数时，N 为 ON； ⑤当结果的绝对值太大而不能表示为 32 位浮点数时，OF 为 ON，输出结果以 ±∞ 输出； ⑥当结果的绝对值太小而不能表示为 32 位浮点数时，UF 为 ON，输出结果以浮点数 0 输出

续表

格式/名称	梯形图符号	操作数的 范围及含义	指令功能和执行 指令对标志位的影响
*F/@*F （浮点数乘法运算指令）	*F S1 S2 R	S1：被乘浮点数首通道。 S2：乘浮点数首通道。 S1、S2 范围：CIO、W、H、A、T/C、D、@D、*D、#等。 R：结果首通道。 R 范围：CIO、W、H、A448～A958、T/C、D、@D 等	执行条件为 ON 时，将 S1、S1+1 与 S2、S2+1 中的 32 位浮点数相乘，结果存在 R+1、R 中。 对标志位的影响： ①当被乘数和乘数为非数时，ER 为 ON； ②对 0 和 +∞ 或 -∞ 进行乘法运算时，ER 为 ON； ③转换结果的指数部和尾数部均为 0 时，EQ 为 ON； ④结果变为负数时，N 为 ON； ⑤当结果的绝对值太大而不能表示为 32 位浮点数时，OF 为 ON，输出结果以 ±∞ 输出； ⑥当结果的绝对值太小而不能表示为 32 位浮点数时，UF 为 ON，输出结果以浮点数 0 输出
/F/@/F （浮点数除法运算指令）	/F S1 S2 R	S1：被除浮点数首通道。 S2：除浮点数首通道。 S1、S2 范围：CIO、W、H、A、T/C、D、@D、*D、#等。 R：结果首通道。 R 范围：CIO、W、H、A448～A958、T/C、D、@D 等	执行条件为 ON 时，将 S1、S1+1 与 S2、S2+1 中的 32 位浮点数相除，结果存在 R+1、R 中。 对标志位的影响： ①当被除数和除数为非数时，ER 为 ON； ②被除数、除数均为 0 或 +∞/-∞ 时，ER 为 ON； ③转换结果的指数部和尾数部均为 0 时，EQ 为 ON； ④结果变为负数时，N 为 ON； ⑤当结果的绝对值太大而不能表示为 32 位浮点数时，OF 为 ON，输出结果以 ±∞ 输出； ⑥当结果的绝对值太小而不能表示为 32 位浮点数时，UF 为 ON，输出结果以浮点数 0 输出

表 1.27　浮点数的角度－弧度转换指令

格式/名称	梯形图符号	操作数的范围及含义	指令功能和执行指令对标志位的影响
RAD/@ RAD （角度→弧度转换指令）	RAD S R	S：源首通道。 S 范围：CIO、W、H、A、T/C、D、@D、＊D、#等。 R：结果首通道。 R 范围：CIO、W、H、A448～A958、T/C、D、＊D、@D 等	执行条件为 ON 时，将 S＋1、S 中的 32 位浮点数角度转换成弧度，并把结果存在 R＋1、R 中。 对标志位的影响： ①角度为非数时，ER 为 ON； ②转换结果的指数部和尾数部均为 0 时，EQ 为 ON； ③结果变为负数时，N 为 ON； ④当结果的绝对值太大而不能表示为 32 位浮点数时，OF 为 ON； ⑤当结果的绝对值太小而不能表示为 32 位浮点数时，UF 为 ON
DEG/@ DEG （弧度→角度转换指令）	DEG S R		执行条件为 ON 时，将 S＋1、S 中的 32 位浮点数弧度转换成角度，并把结果存在 R＋1、R 中。 对标志位的影响： ①弧度为非数时，ER 为 ON； ②转换结果的指数部和尾数部均为 0 时，EQ 为 ON； ③结果变为负数时，N 为 ON； ④当结果的绝对值太大而不能表示为 32 位浮点数时，OF 为 ON； ⑤当结果的绝对值太小而不能表示为 32 位浮点数时，UF 为 ON

表 1.28　三角函数运算指令

格式/名称	梯形图符号	操作数的范围及含义	指令功能和执行指令对标志位的影响
SIN/@ SIN （正弦运算指令）	SIN S R	S：源数据首通道，源数据不超出－65 535～65 535。 S 范围：CIO、W、H、A、T/C、D、@D、＊D、#等。 R：结果首通道。 R 范围：CIO、W、H、A448～A958、T/C、D、＊D、@D 等	执行条件为 ON 时，计算 S＋1、S 中的 32 位浮点数弧度的正弦，并把结果存在 R＋1、R 中。 对标志位的影响： ①源数据为非数或超出范围时，ER 为 ON； ②转换结果的指数部和尾数部均为 0 时，EQ 为 ON； ③结果变为负数时，N 为 ON

续表

格式/名称	梯形图符号	操作数的范围及含义	指令功能和执行指令对标志位的影响
COS/@ COS （余弦运算指令）	COS S R	S：源数据首通道，源数据不超出 -65 535 ~ 65 535。 S 范围：CIO、W、H、A、T/C、D、@D、＊D、#等。 R：结果首通道。 R 范围：CIO、W、H、A448 ~ A958、T/C、D、＊D、@D 等	执行条件为 ON 时，计算 S+1、S 中的 32 位浮点数弧度的余弦，并把结果存在 R+1、R 中； 对标志位的影响： ①源数据为非数或超出范围时，ER 为 ON； ②转换结果的指数部和尾数部均为 0 时，EQ 为 ON； ③结果变为负数时，N 为 ON
TAN/@ TAN （正切运算指令）	TAN S R		执行条件为 ON 时，计算 S+1、S 中的 32 位浮点数弧度的正切，并把结果存在 R+1、R 中。 对标志位的影响： ①源数据为非数或超出范围时，ER 为 ON； ②转换结果的指数部和尾数部均为 0 时，EQ 为 ON； ③结果变为负数时，N 为 ON； ④当结果的绝对值太大而不能表示为 32 位浮点数时，OF 为 ON
ASIN/@ SIN （反正弦运算指令）	ASTN S R		执行条件为 ON 时，计算 S+1、S 中的 32 位浮点数表示的正弦值对应的弧度，并把结果（-2π ~ 2π）存在 R+1、R 中。 对标志位的影响： ①源数据为非数或超出范围时，ER 为 ON； ②转换结果的指数部和尾数部均为 0 时，EQ 为 ON； ③结果变为负数时，N 为 ON
ACOS/@ ACOS （反余弦运算指令）	ACOS S R		执行条件为 ON 时，计算 S+1、S 中的 32 位浮点数表示的余弦值对应的弧度，并把结果（-2π ~ 2π）存在 R+1、R 中。 对标志位的影响： ①源数据为非数或超出范围时，ER 为 ON； ②转换结果的指数部和尾数部均为 0 时，EQ 为 ON

续表

格式/名称	梯形图符号	操作数的范围及含义	指令功能和执行指令对标志位的影响
ATAN/@ ATAN （反正切运算指令）	ATAN S R	S：源数据首通道，源数据不超出 -65 535 ~ 65 535。 S 范围：CIO、W、H、A、T/C、D、@D、*D、#等。 R：结果首通道。 R 范围：CIO、W、H、A448 ~ A958、T/C、D、*D、@D 等	执行条件为 ON 时，计算 S+1、S 中的 32 位浮点数表示的正切值对应的弧度，并把结果（-2π ~ 2π）存在 R+1、R 中。 对标志位的影响： ①源数据为非数时，ER 为 ON； ②转换结果的指数部和尾数部均为 0 时，EQ 为 ON； ③结果变为负数时，N 为 ON

表 1.29　平方根、指数、对数、乘方运算指令

格式/名称	梯形图符号	操作数的范围及含义	指令功能和执行指令对标志位的影响
SQRT/@ SQRT （平方根运算指令）	SQRT S R	S：源数据首通道。 S 范围：CIO、W、H、A、T/C、D、@D、*D、#等。 R：结果首通道。 R 范围：CIO、W、H、A448 ~ A958、T/C、D、*D、@D 等	执行条件为 ON 时，计算 S+1、S 中的 32 位浮点数的平方根，并把结果存在 R+1、R 中。 对标志位的影响： ①源数据为非数或超出范围时，ER 为 ON； ②转换结果的指数部和尾数部均为 0 时，EQ 为 ON； ③当结果的绝对值太大而不能表示为 32 位浮点数时，OF 为 ON，输出结果以 ±∞ 输出
EXP/@ EXP （指数运算指令）	EXP S R		执行条件为 ON 时，计算 S+1、S 中的 32 位浮点数的自然指数，并把结果存在 R+1、R 中。 对标志位的影响： ①源数据为非数或超出范围时，ER 为 ON； ②转换结果的指数部和尾数部均为 0 时，EQ 为 ON； ③当结果的绝对值太大而不能表示为 32 位浮点数时，OF 为 ON，输出结果以 ±∞ 输出； ④当结果的绝对值太小而不能表示为 32 位浮点数时，UF 为 ON，输出结果以浮点数 0 输出

续表

格式/名称	梯形图符号	操作数的范围及含义	指令功能和执行指令对标志位的影响
LOG/@ LOG （对数运算指令）	LOG S R	S：源数据首通道。 S 范围：CIO、W、H、A、T/C、D、@D、*D、#等。 R：结果首通道。 R 范围：CIO、W、H、A448 ~ A958、T/C、D、*D、@D 等	执行条件为 ON 时，计算 S+1、S 中的 32 位浮点数的自然对数，并把结果存在 R+1、R 中。 对标志位的影响： ①源数据为非数或超出范围时，ER 为 ON； ②转换结果的指数部和尾数部均为 0 时，EQ 为 ON； ③当结果的绝对值太大而不能表示为 32 位浮点数时，OF 为 ON，输出结果以 ±∞ 输出； ④当结果变为负数时，N 为 ON

2. 浮点数的转换指令

浮点数的转换指令参见表 1.30。相关解释从略。

表 1.30 浮点数与有符号二进制数之间的转换指令

名称	梯形图符号	操作数的含义及范围	指令功能及对标志位的影响
FIX/@ FIX （浮点数→16 位有符号二进制数指令）	FIX S R	S：源首通道。S+1 和 S 的内容必须是浮点数且整数部分不超出 −32 768 ~32 767。 S 范围：CIO、W、H、T/C、A、D、@/*D、#等。 R：结果首通道。 R 范围：CIO、W、H、T/C、A448 ~ A959、D、@/* D、DR 等	执行条件为 ON 时，将 S+1 和 S 中的 32 位浮点数的整数部分转换成 16 位有符号的二进制数据，并把结果存在 R 中。 对标志位的影响： ①S+1、S 中的数据为 NaN 或超出范围时，ER 置为 ON； ②和为 0000 时，EQ 为 ON； ③结果最高位为 1 时，N 为 ON
FIXL/@ FIXL （浮点数→32 位有符号二进制数指令）	FIXL S R	S：源首通道。S+1 和 S 的内容必须是浮点数且整数部分不超出 −2 147 483 648 ~ 2 147 483 647。 S 范围：CIO、W、H、T/C、A、D、@/*D、#等。 R：结果首通道。 R 范围：CIO、W、H、T/C、A448 ~ A958、D、@/*D 等	当执行条件为 ON 时，将 S+1 和 S 中的 32 位浮点数的整数部分转换成 32 位有符号的二进制数据，并把结果存于 R+1 和 R 中。 对标志位的影响： ①S+1、S 中的数据为 NaN 或超出范围时，ER 置为 ON； ②和为 0000 时，EQ 为 ON； ③结果最高位为 1 时，N 为 ON

续表

名称	梯形图符号	操作数的含义及范围	指令功能及对标志位的影响
FLT/@ FLT（16 位有符号二进制数→浮点数指令）	FLT S R	S：源通道。S 的内容为 -32 768 ~ 32 767（十进制）之间的有符号二进制数据。 S 范围：CIO、W、H、T/C、A、D、@/*D、DR、#等。 R：结果首通道。 R 范围：CIO、W、H、T/C、A448 ~ A958、D、@/*D 等	执行条件为 ON 时，将 S 中的 16 位有符号的二进制数转换成 32 位浮点数，并把结果存于 R+1 和 R 中。浮点数的小数点后加一个 0。 对标志位的影响： ①转换结果的指数部和尾数部均为 0 时，EQ 为 ON； ②结果变为负数时，N 为 ON
FLTL/@ FLTL（32 位有符号二进制数→浮点数指令）	FLTL S R	S：源首通道。S+1 和 S 的内容是 -2 147 483 648 ~ 2 147 483 647（十进制）之间的有符号二进制数据。 S 范围：CIO、W、H、T/C、A、D、@/*D、#等。 R：结果首通道。 R 范围：CIO、W、H、T/C、A448 ~ A958、D、@/*D 等	执行条件为 ON 时，将 S+1 和 S 中的 32 位有符号的二进制数转换成 32 位浮点数，并把结果存于 R+1 和 R 中。浮点数的小数点后加一个 0。 对标志位的影响： ①转换结果的指数部和尾数部均为 0 时，EQ 为 ON； ②结果变为负数时，N 为 ON

OMRON 品牌 PLC 中，CQM1H、CS1、CJ1 和 CP1H 等系列的 PLC 都具有浮点运算功能。

1.4.9 逻辑运算指令

逻辑运算指令（均具有上升沿微分功能）参见表 1.31。共涉及 5 种逻辑运算指令，COM（029）、ANDW（034）、ORW（035）、XORW（036）、XNRW（037）都有相应的双字逻辑运算形式：COML（614）、ANDL（610）、ORWL（611）、XORL（612）、XNRL（613）。与单字的功能类似，这里不再赘述。所有逻辑运算指令都具有上升沿微分指令功能，为了简捷，只画出梯形图指令的原来形式，在梯形图指令的助记符前加@ 就变成微分形式。

表 1.31 逻辑运算指令

名称	梯形图符号	操作数的含义及范围	指令功能及对标志位的影响
COM/@ COM（求反指令）	COM CH	CH 为被求反的通道号。 CH 范围：CIO、W、H、T/C、A448 ~ A959、D、@/* D、DR 等	执行条件为 ON 时，将通道中的数据按位求反，并存放在原通道中。 对标志位的影响： ①结果为 0 时，EQ 置为 ON； ②结果最高位为 1 时，N 为 ON

续表

名称	梯形图符号	操作数的含义及范围	指令功能及对标志位的影响
ANDW/@ ANDW （逻辑与运算指令）	ANDW S1 S2 R	S1：为数据 1； S2：为数据 2； S1、S2 范围：CIO、W、H、T/C、A、D、@/ * D、DR、#等。 R：结果首通道。 R 范围：CIO、W、H、T/C、A448 ~ A958、D、@/ * D、DR 等	当执行条件为 ON 时，将输入数据 S1 和输入数据 S2 按位进行逻辑与运算，把结果存于 R 中。 对标志位的影响： ①结果为 0 时，EQ 置为 ON； ②结果最高位为 1 时，N 为 ON
ORW/@ ORW （逻辑或运算指令）	ORW S1 S2 R		当执行条件为 ON 时，将输入数据 S1 和输入数据 S2 按位进行逻辑或运算，把结果存于 R 中。 对标志位的影响： ①结果为 0 时，EQ 置为 ON； ②结果最高位为 1 时，N 为 ON
XORW/@ XORW （逻辑异或运算指令）	XORW S1 S2 R		当执行条件为 ON 时，将输入数据 S1 和输入数据 S2 按位进行逻辑异或运算，把结果存于 R 中。 对标志位的影响： ①结果为 0 时，EQ 置为 ON； ②结果最高位为 1 时，N 为 ON
XNRW/@ XNRW （逻辑同或运算指令）	XNRW S1 S2 R		当执行条件为 ON 时，将输入数据 S1 和输入数据 S2 按位进行逻辑同或运算，把结果存于 R 中。 对标志位的影响： ①结果为 0 时，EQ 置为 ON； ②结果最高位为 1 时，N 为 ON

图 1.59 为浮点数指令的综合应用梯形图，请读者自行分析。

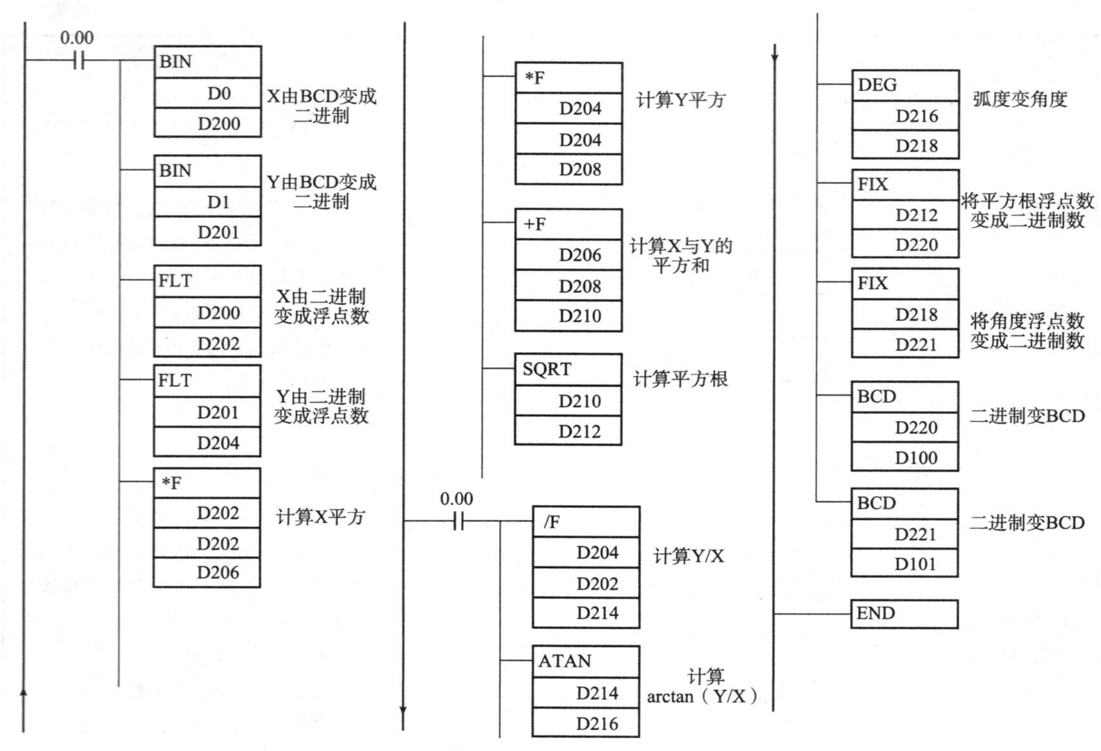

图 1.59　浮点数应用

【例 1.27】　图 1.60 是使用逻辑指令的例子。

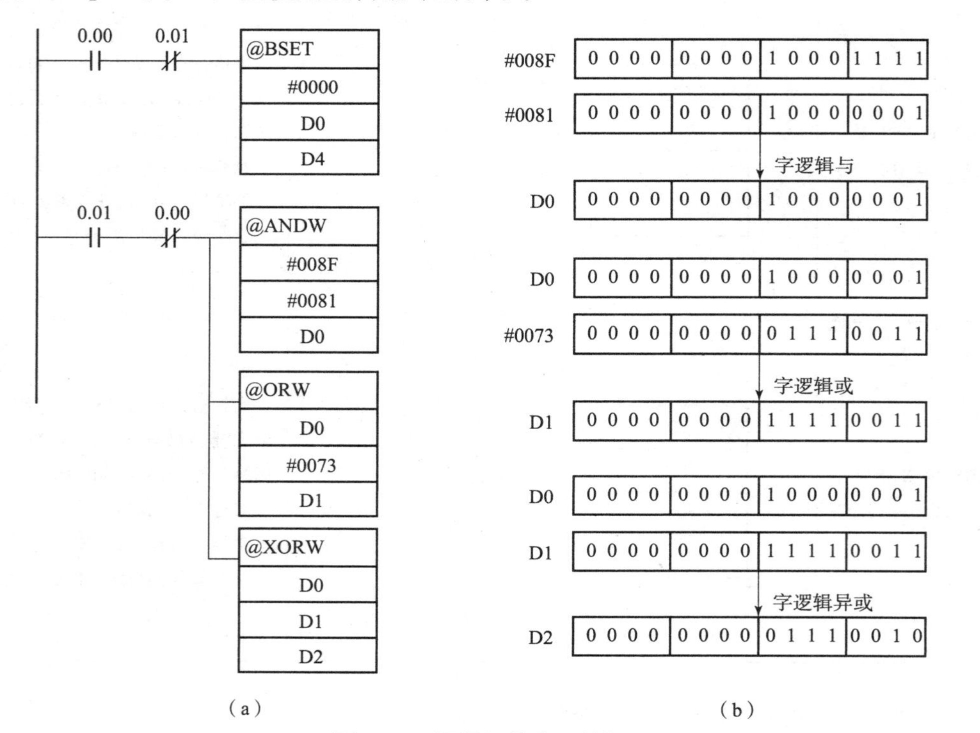

图 1.60　逻辑运算应用样例

分析：图 1.60（a）中，在 0.00 为 ON、0.01 为 OFF 时，执行@ BSET 指令将所有存放结果的通道都清零。当 0.01 为 ON、0.00 为 OFF 时，执行如下各种逻辑运算指令：执行@ ANDW指令，将 008F 与 0081 进行逻辑“与”运算，结果 0081 放在 D0 中；执行@ ORW 指令，将通道 D0 的内容与 0073 进行逻辑“或”运算，结果 00F3 放在 D1 中；执行@ XORW指令，将 D0 与 D1 两个通道的内容进行逻辑“异或”运算，结果 0072 放在 D2 中。执行各种逻辑运算的过程如图 1.60（b）所示。

用逻辑指令不仅可以进行通道清零，还可以将通道中的某些位屏蔽，保留另外一些位的状态，根据欲保留和欲屏蔽位的情况设定一个常数，用 ANDW 指令将通道数据与该常数相“与”即可。例如，欲保留 H0 中的 bit0、bit3、bit4、bit7、bit10 的状态而屏蔽其余位的状态时，可以用#0499 与 H0 进行逻辑“与”来实现这个操作。

1.4.10　表操作指令

CP1H 可进行表操作。它主要用于对堆栈区中数据表的处理，包括存入和取出数据，当然，在使用堆栈区数据表之前，首先要进行堆栈区的相关设置，包括堆栈区的首地址和堆栈区的表格长度。常用的相关指令如表 1.32 所示。

表 1.32　表指令

指令语音	助记符	FUN 编号
栈区域设定	SSET	630
栈数据存储	PUSH	632
后入先出	LIFO	634
先入先出	FIFO	633

1. SSET

SSET 指令用于对堆栈区进行设定，将 I/O 存储器的特定区域定义为栈区域，指令如图 1.61 所示。其中 D ~ D +3 存放栈管理信息（固定为4CH），包括栈区域最终 CH 的有效地址低位 CH、高位 CH，栈指针的低位 CH、高位 CH，栈指针的初值指向（D +4）CH，数据存放区从（D +4）CH 开始，直到栈区域最终 CH。

2. PUSH

PUSH 是栈数据存储指令，也可以说是填表指令，将指定的数据填入某个存储地址（即表）中。指令格式和说明如图 1.62 所示。将 S 中的数据存放到 D +4 起始的数据区中，具体存放地址由 D +2、D +3 中栈指针决定。比如定时读取 A/D 转换值，读满 n 个后进行数据处理，就可以使用 PUSH 指令读取并存储。

3. LIFO

LIFO 是后入先出指令，它是从指定的区域（比如用 PUSH 指令存放的数据存储区）中读取最后存放的数据，指令格式和说明如图 1.63 所示。另外 FIFO 是先入先出指令，它是从指定的区域（比如用 PUSH 指令存放的数据存储区）中读取最先存放的数据。

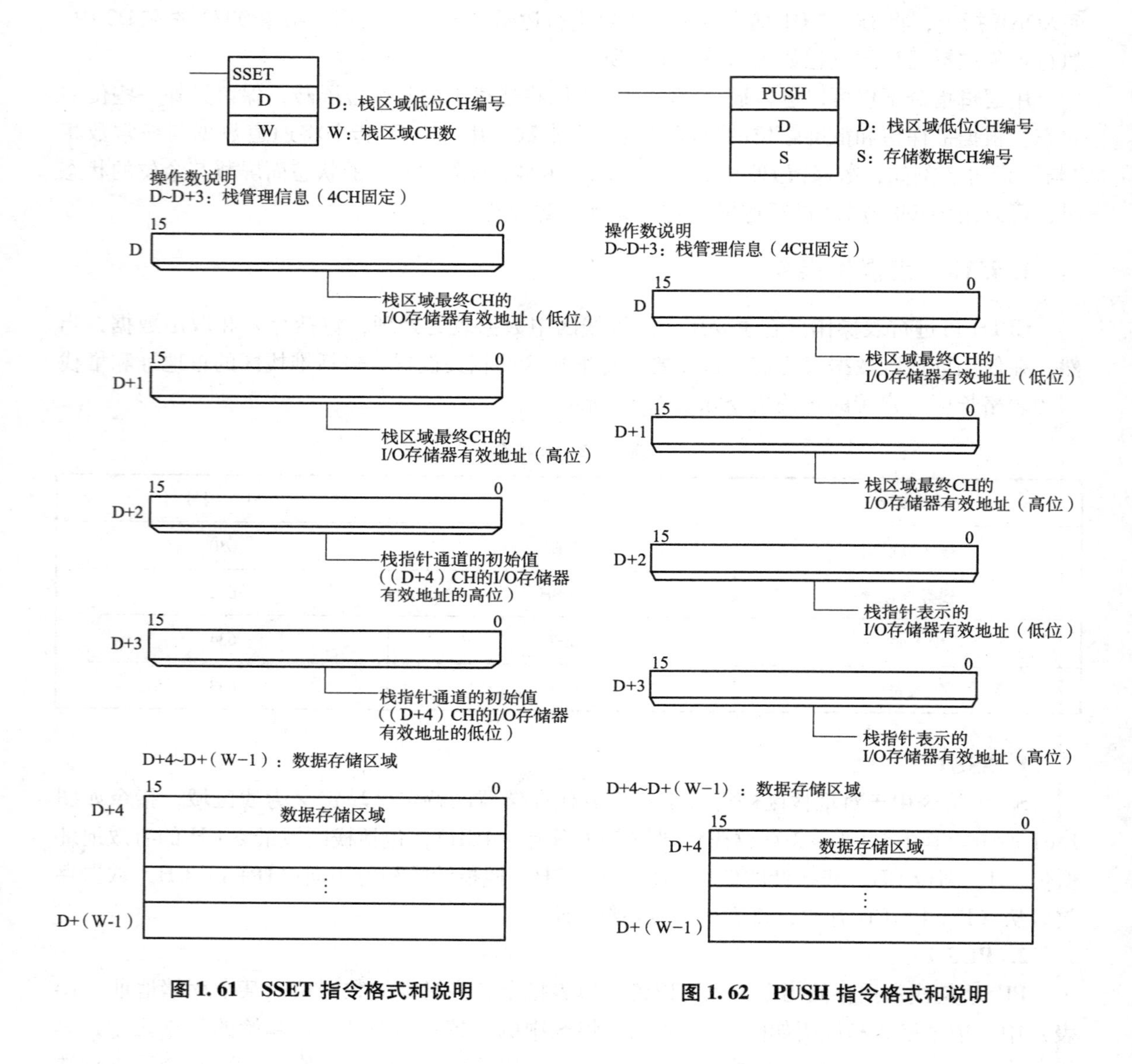

图 1.61 SSET 指令格式和说明

图 1.62 PUSH 指令格式和说明

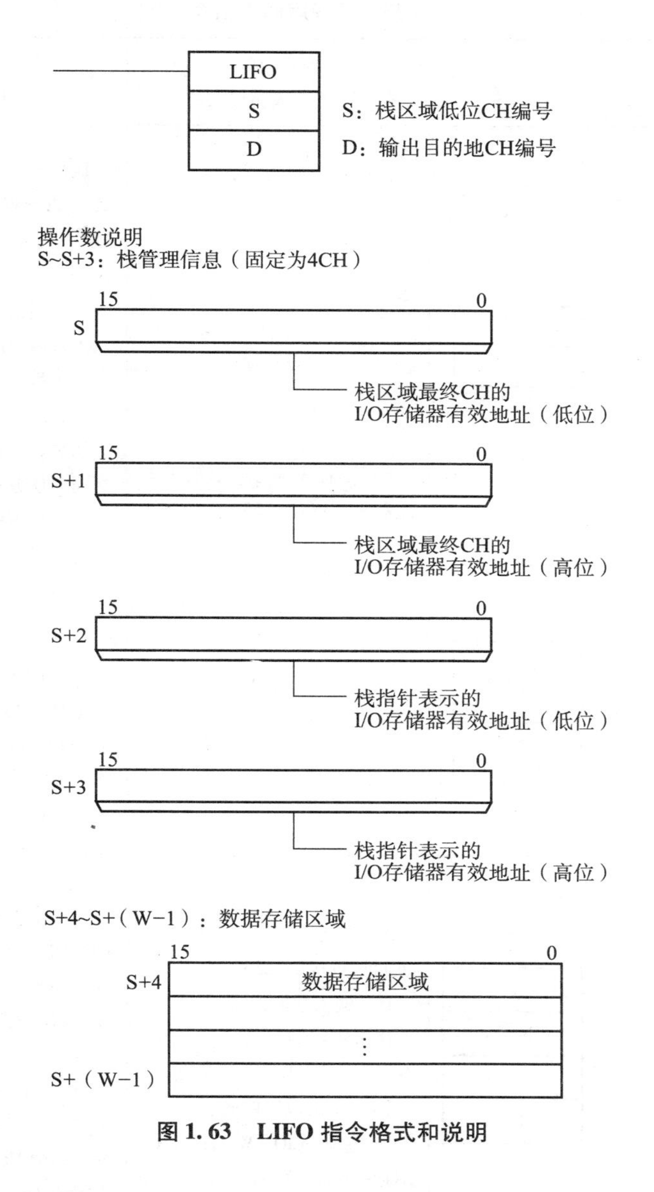

图 1.63　LIFO 指令格式和说明

1.4.11　子程序调用指令

CP1H 支持子程序调用指令，参见表 1.33。满足一定条件时，中断主程序而转去执行子程序，子程序执行完毕，再返回断点处继续执行主程序。

另外，有的程序段不仅需多次使用，而且要求程序段的结构不变，但每次输入和输出的操作数不同。对这样的程序段也可以编成一个子程序，在满足执行条件时，中断主程序的执行而转去执行子程序，并且每次调用时赋予该子程序不同的输入和输出操作数，子程序执行完毕再返回断点处继续执行主程序。

调用子程序与前面介绍的跳转指令都能改变程序的流向，利用这类指令可以实现某些特殊的控制，并可以简化编程。

表 1.33　子程序调用指令

名称	梯形图符号	操作数的 含义及范围	指令功能及 对标志位的影响
SBS/@ SBS （子程序调用指令）	SBS N	N：子程序编号，取值为十进制常数 000 ~ 255	执行条件为 ON 时，调用并执行 N 编号的子程序（SBN ~ RET 之间区域），之后返回本指令的下一条指令。 在下列情况之一时，ER 为 ON： ①被调用的子程序不存在； ②子程序自调用； ③调用执行中的子程序； ④被调用的子程序与调用指令不在同一任务； ⑤子程序嵌套超过 16 级
SBN （子程序开始指令） RET （子程序返回指令）	SBN N RET		由“SBS N”调用的编号为 N 的子程序定义和子程序返回，“SBN N”与 RET 必须成对使用，SBN 指令定义子程序的开始，RET 指令表示子程序结束。RET 指令不带操作数。 执行该指令不影响标志位
MCRO/@ MCRO （宏指令）	MCRO N I1 O1	N：子程序编号，取值为十进制常数 000 ~ 255。 I1：输入数据首通道。 I1 范围：CIO、W、H、T/C、A448 ~ A958、D、@/ *D 等。 O1：输出数据首通道。 O1 范围：CIO、W、H、T/C、A448 ~ A958、D、@/ *D 等	用一个子程序 N 代替数个具有相同结构、但操作数不同的子程序。执行条件为 ON 时，停止执行主程序，将输入数据 I1 ~ I1 +3 的内容复制到 A600 ~ A603 中，然后调用子程序 N。子程序执行完毕，再将 A604 ~ A607 中的内容传送到 O1 ~ O1 +3 中，并返回到 MCRO 指令的下一条指令。 对标志位的影响同 SBS 指令

子程序应该在指令 SBN 和 RET 之间。在主程序中需要调用子程序的地方安排 SBS 指令。若使用非微分指令 SBS 时，在它的执行条件满足时，每个扫描周期都调用一次子程序。若使用@ SBS 时，只在执行条件由 OFF 变 ON 时调用一次子程序。

所有子程序必须放在主程序之后和 END 之前。若子程序之后安排了主程序，则该段主程序不被执行。因为 CPU 扫描用户程序时，只要见到 SBN 则认为主程序结束，在编写程序时一定要注意这一点。

图 1.64 是子程序调用程序的结构及两次调用子程序的执行过程示意图。在执行主程序

段 1 时，若 SBS（091）000 的执行条件为 ON 时，立即停止执行主程序，而转去执行 SBN（092）000 与 RET（093）之间的 000 号子程序。该子程序执行完毕，再返回到调用子程序指令 SBS（091）000 的下一条指令，继续执行主程序段 2。在执行主程序段 2 时，若 SBS（091）001 的执行条件为 ON 时，立即停止执行主程序，而转去执行 SBN（092）001 与 RET（093）之间的 001 号子程序。该子程序执行完毕，再返回到调用子程序指令 SBS（091）001 的下一条指令，继续执行主程序段 3。

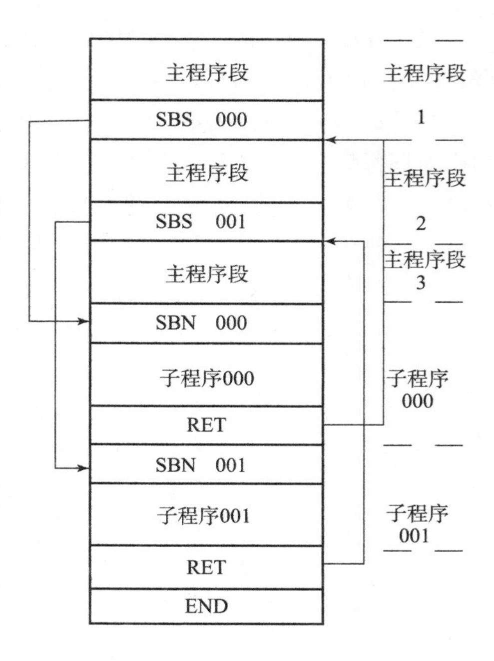

图 1.64　调用子程序的过程

【例 1.28】　图 1.65 是调用子程序的示例一。

分析： 1.00 是调用子程序指令的执行条件。这里使用了非微分指令 SBS，只要 SBS 的执行条件为 ON，每个扫描周期都调用一次子程序。主程序的内容包括：传送数据，用 KEEP 指令产生秒脉冲，调用子程序 005。

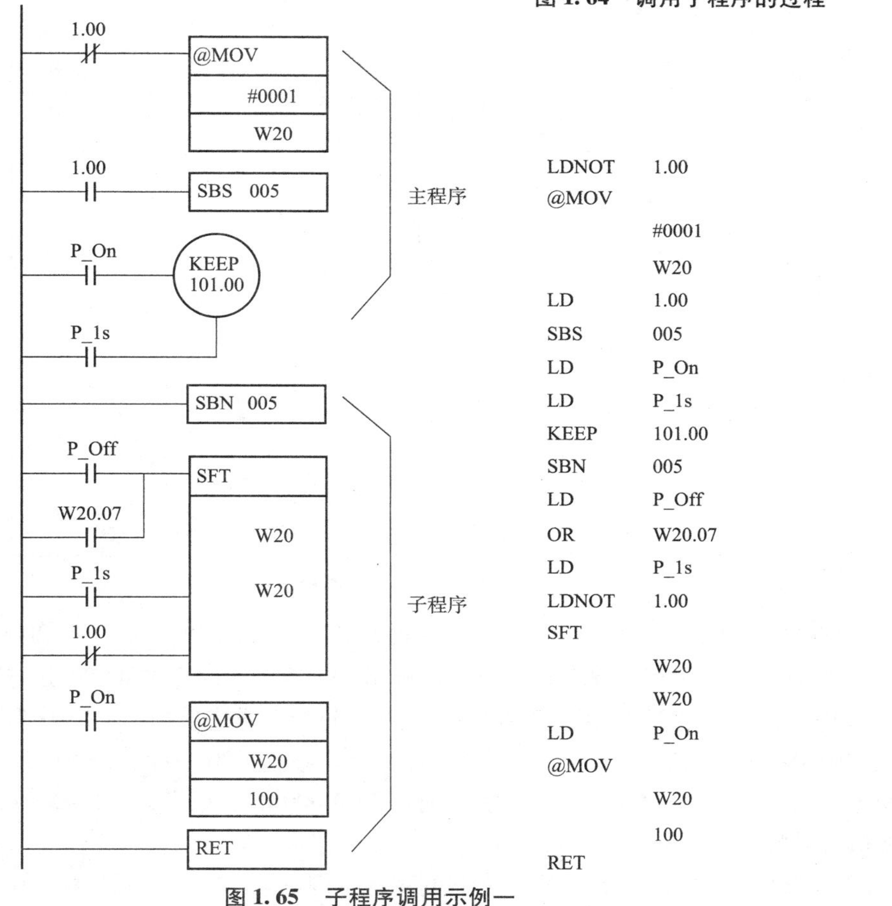

图 1.65　子程序调用示例一

当 1.00 为 OFF 时，执行 MOV 指令，将#0001 传送到 W20 通道，使 W20.00 为 ON，其余各位均为 OFF。若 1.00 为 ON 时，立即转去执行 005 号子程序。移位寄存器指令的数据输入端是 P_Off，所以 W20.00 的 ON 状态每隔 1 s 向高位移 1 位。若 1.00 一直为 ON，每个扫描周期都调用子程序，移位将持续进行。当 W20.07 变为 ON 且下一个移位脉冲到来时，W20.00 又成为 ON 并重复上述的移位过程；执行 MOV 指令把 W20 通道的内容传送到 100 通道。子程序执行完返回时，执行 KEEP 指令，使 101.00 输出 1 s 的脉冲（ON 1 s）

若 1.00 为 OFF 则立即停止子程序的执行。例如，当 W20.05 为 ON 时，令 1.00 为 OFF 时，100.05 仍保持 ON 状态，但不移位（子程序不再执行）。这时主程序中的 MOV 指令又将#0001 传送到 W20 通道。当 1.00 再次为 ON、又调用子程序 005 时，100.05 立即 OFF。再执行 SFT 指令时，仍是将 W20.00 的 ON 状态依次向高位移位。

【例 1.29】 图 1.66 是子程序调用的示例二。

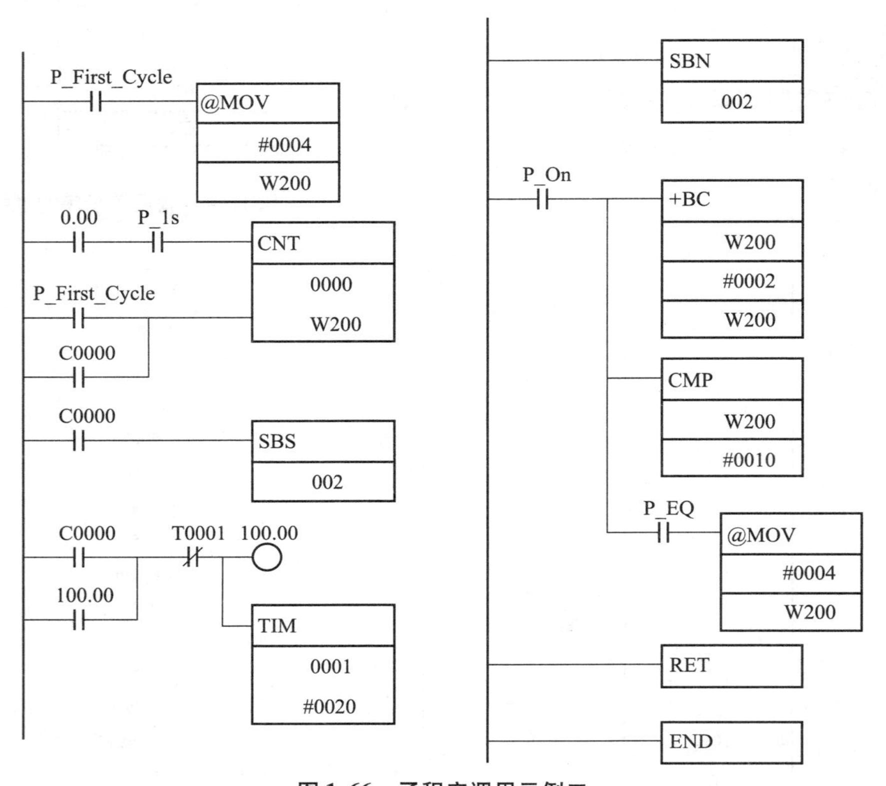

图 1.66 子程序调用示例二

分析：PLC 上电后经过 4 s，CNT0000 将 ON 一个扫描周期，第一次调用子程序 2，并使 100.00 为 ON 2 s。子程序 002 的内容为：将 W200 通道的内容加#0002 并与#0010 比较，若等于#0010 时，向 W200 通道传送#0004。故此，每当计数完成标志 C0000 为 ON 时，其设定值就加#0002，同时计数器自复位重新计数定时。因此，100.00 的 ON 时间总是 2 s，而 OFF 时间依次增加 2 s。当第 4 次调用子程序时，CNT0000 的设定值又变为#0004，且重复前面程序的执行过程。

【例 1.30】 图 1.67 是子程序嵌套调用的示例三。

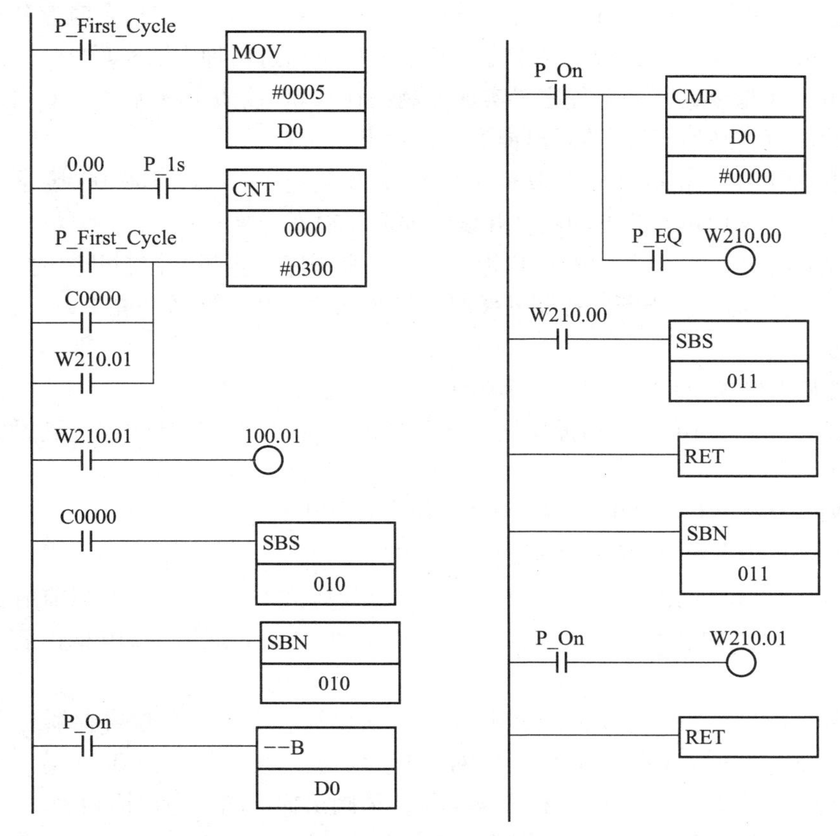

图 1.67　子程序调用示例三

分析：D0 中已写入 0005。每当计数完成标志 C0000 为 ON 时调用子程序 010。将 D0 的内容减 1 并与#0000 比较，当 D0 的内容是 0000 时，再调用子程序 011。执行子程序 011，使 W210.01 为 ON，返回主程序使 100.01 为 ON，并使 CNT0000 复位。

子程序可以使用嵌套的程序结构。

思考与习题

1.1. CP1H 系列 PLC 的分类类型有哪些？各有何特点？

1.2. 简述 CP1H 系列 PLC 的主机面板的各端子和端口的作用。

1.3. CP1H 系列 PLC 的编程工具有哪几种？编程工具与 PLC 怎样连接？

1.4. CP1H 系列 PLC 的内部继电器区是怎样划分的？

1.5. XA 型 CP1H 如何设定模拟量输入信号的型式（电压型或电流型）？

1.6. 中断有什么作用？CP1H 系列 PLC 的中断输入点有哪些？

1.7. CP1H 系列 PLC 有几个高速计数器？CP1H 的 XA 型 PLC 最高计数频率是多少？

1.8. CP1H 系列 PLC 有几路高速脉冲输出？其最高输出脉冲频率是多少？

1.9. CP1H 系列 PLC 的输出单元有哪些类型？它们各有什么特点？适合哪些场合？

1.10. 一条指令通常是由哪几部分组成？各部分的作用是什么？

1.11. CP1H 的指令共有几种形式？执行微分型指令和非微分型指令时有什么区别？什么情况下需使用微分型指令？微分型指令的功能还可以通过何种方法实现？

1.12. 用 TIM 指令编写一个程序，实现控制：在 0.00 接通 10 s 后 100.00 接通并保持，100.00 接通 10 s 后自动断开。请画出梯形图，写出语句表。

1.13. 用 CNT 和 TIM 指令分别来实现开关 0.00 接通 15 s 后，100.00 接通，0.00 断开后，100.00 经过 5 s 后再断开的功能，并设计梯形图程序。

1.14. 按下面的要求，用 JMP/JME 指令编写一个程序：当闭合控制开关时，灯 1 和灯 2 亮，经过 10 s 两灯均灭。当断开控制开关时，灯 3 和灯 4 开始闪烁（亮 1 s，灭 1 s），经过 10 s 后两灯全灭。

1.15. 按如下要求设计一个程序，画出梯形图，写出语句表。

（1）在 PLC 上电的第一个扫描周期，计数器能自动复位，当计数器达到设定值时也能自动复位；

（2）CNT 的设定值为 1 500，每隔 0.1 s 其当前值减 1；

（3）用 MOV 指令将#1000 传送到通道 W210；

（4）将通道 W210 的内容与 CNT 比较，若通道 210 的内容 < CNT 的当前值，100.00 为 ON，若通道 W210 的内容 > CNT 的当前值，100.01 为 ON，若通道 W210 的内容 = CNT 的当前值，100.02 为 ON。

1.16. 用 W200 通道作 SFTR 指令的控制位，请设计一个可逆移位寄存器程序。当 0.00 为 ON、0.01 为 OFF 时，100 通道最低位的“1”每秒左移 1 位；当 0.01 为 ON、0.00 为 OFF 时，100 通道最高位的“1”每秒右移 1 位。请画出梯形图，写出语句表。

1.17. 用二进制运算指令编写一个程序，完成 $[(250 \times 8 + 200) - 1\,000]/5$ 的运算，运算结果放在 D 数据区。请画出梯形图，写出语句表。

1.18. 用子程序控制指令分别编写一个能实现下列控制要求的程序（请画出梯形图，写出语句表）：

（1）某系统中，当温度传感器发出信号时，A、B 两台电动机就按下面的规律运行一次：A 电动机运行 5 min 后，B 电动机启动并运行 3 min 后停车；A 电动机在运行 10 min 时自行停车。

（2）两个计数器分别记录两个加工站的产品数量。每过 15 min 要进行一次产品数量的累计（设 15 min 内每个加工站的产品数量都不超过 100），经过 8 h 计数器停止计数。

1.19. 当 0.00 为 ON 时，每隔 10 s，用表操作指令，将 210 通道的数据存入 D100 为首地址的堆栈区一次，共 10 个数据。

第 2 章　CP1H 的高级功能

2.1　任务与中断

2.1.1　任务概述

目前 OMRON 生产的主流 PLC，如 CP1H/CP1L 系列、CJ1 系列、CS1 系列，在程序上采用单元化结构，可以将程序按功能、控制对象、工序或者开发者等条件进行划分，分割成“任务”的执行单位。

所谓任务就是规定使各个程序按照某种顺序或中断条件进行划分的功能。任务大致可分为以下两种：

（1）按照顺序执行的任务称为“周期执行任务”（循环任务）。

（2）按照中断条件执行的任务称为“中断任务”。

在任务中所分配的各程序是分别独立的，每个任务程序后需要有各自的 END 指令。任务的执行情况如图 2.1 所示。

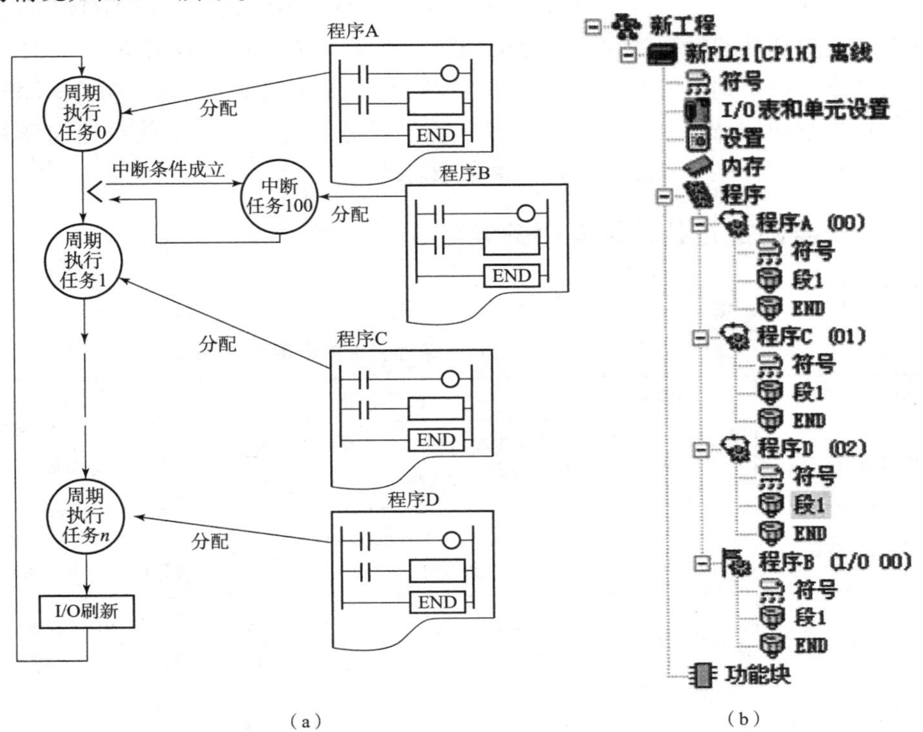

（a）　　（b）

图 2.1　任务执行及编程示意图

上述情况，按照程序 A→C→D 的循环顺序执行，但中断任务具有更高优先级，如执行程序 A 时，若中断任务 100（I/O 00）的中断条件成立，则中断程序 A 的执行，执行程序 B，程序 B 执行完毕后，在程序 A 中断的位置重新开始。

CP1H 最多能够管理 288 个任务（32 个周期性任务 + 256 个中断任务），每个任务由一段程序组成。“中断任务”可以作为追加任务来使用。

（1）周期执行任务。周期执行任务是指一个扫描周期内执行一次，即从第一逻辑行开始执行到 END 指令结束。最多能使用 32 个任务，按任务的顺序号（No. 0 ~ 31）由小到大顺序执行。可以利用 CX – Programmer 将程序的属性设定为“循环任务”或由 TKON 指令来调用。“循环任务”就是周期执行任务。“循环任务”的设定如图 2.2 所示。

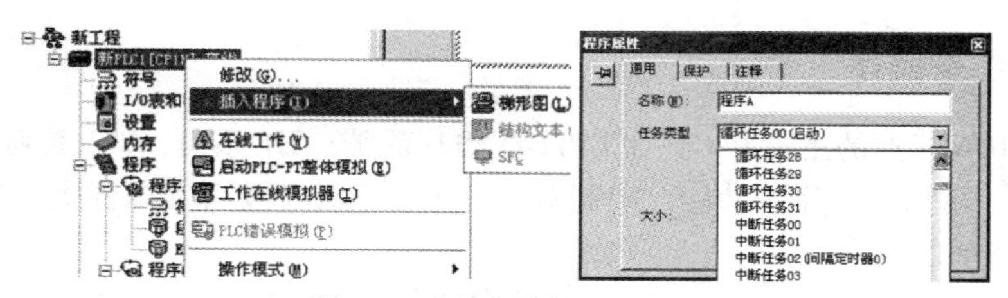

图 2.2　分配程序的任务类型

（2）中断任务。中断任务是指当中断发生时，停止周期性执行任务/追加任务的执行，进行强制性中断，转而执行中断任务，执行完中断任务再返回中断前的断点继续执行中断前的任务。CP1H 的中断任务可分为 4 种：输入中断（直接模式、计数模式）、高速计数器中断、定时器中断、外部中断。最多 256 个中断任务，编号为 No. 0 ~ 255。

（3）追加任务。追加任务是设置了可执行任务状态的中断任务。追加任务能够和周期性执行任务一样周期性地运行。在运行完周期执行任务（周期执行任务 No. 0 ~ 31）后，对追加任务按其序号由小到大的顺序执行。最多 256 个追加任务，编号为 No. 0 ~ 255。但是，与周期执行任务不同的是，追加任务不具有“循环任务”的属性，不能将追加任务设置为进入运行模式直接执行，它只能由 TKON 指令来启动。

2.1.2　任务的执行条件及其相关设定

任务的执行条件和相关设定见表 2.1。

表 2.1　任务的执行条件和相关设定

任务种类		任务号	执行条件	相关设定
周期执行任务		0 ~ 31	在可执行状态下，取得执行权时，每个周期都执行	无（总是有效）
中断任务	输入中断 0 ~ 7	中断任务 140 ~ 147	CPU 单元内置输入点接通或接通达到一定次数时	由 MSKS（中断控制指令）设定中断的类型和中断号
	高速计数器中断	中断任务 0 ~ 255	CPU 单元内置高速计数器的目标位一致或区域比较的条件一致时执行	由 CTBL（比较表登录指令）设定比较类型和中断任务号

续表

任务种类		任务号	执行条件	相关设定
中断任务	定时器中断 0	中断任务 02	根据 CPU 单元内部定时器，每隔一定时间中断一次	由 MSKS（中断控制指令）设定中断类型和间隔时间，间隔时间单位由 CX－Programmer 设定为 10 ms/1.0 ms/0.1 ms
	外部中断	中断任务 0～255	来自扩展的 CJ 系列的高功能 I/O 单元，或 CPU 高功能单元要求时	无
追加任务		中断任务 8000～8255（对应中断任务000～255）	在可执行状态下，取得执行权时，每个周期都执行	无

2.1.3　周期执行任务/追加任务的状态及转换

周期执行任务/追加任务具有以下 4 个状态，根据条件对这 4 个状态进行转换，如图 2.3 所示。

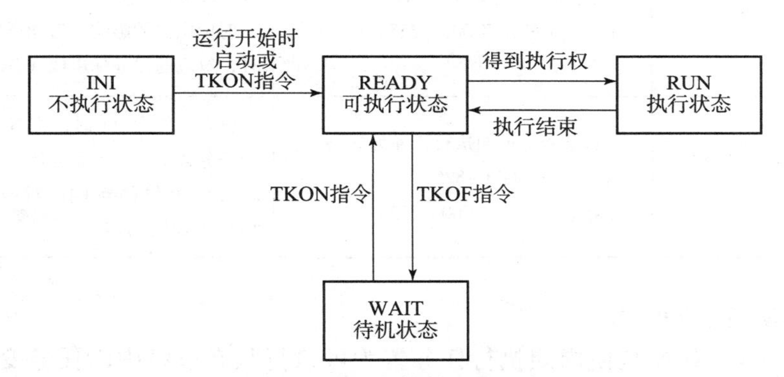

图 2.3　4 种任务转换关系示意图

1）不执行状态（INI）

即一次都未被执行的状态。在编程模式时所有的周期执行任务都为不执行状态。凡转化为其他状态的周期执行任务只要未切换为编程模式，就不能返回到该状态。

2）可执行状态（READY）

（1）按照指令执行启动的任务，通过运行任务启动指令 TKON 将未执行状态或待机状态转换为可执行状态。

（2）在运行开始时启动的任务（仅限周期执行任务）。从“程序”模式切换为“运行”模式或“监视”模式时，由不执行状态转化为可执行状态。选工程工作区的项目“新程序（任务）”，从其下拉菜单的“属性”中，可以将周期执行任务 No. 0～31 中任意一个设置为从运行开始时进入可执行状态。

3）执行状态（RUN）

当周期执行任务处于执行状态时获得执行权，处于实际执行的状态，即传统的程序执行状态。执行权按照该扫描周期内执行状态的任务由小到大的顺序依次传递。

4）待机状态（WAIT）

根据任务执行待机指令（TKOF），从执行状态切换为待机状态。在此状态下，指令不执行，因此不会增加指令的执行时间。

2.1.4 任务的使用方法

从程序上启动周期执行任务时，可使用任务启动指令（TKON）实现；而待机指令（TKOF）则将任务置于待机状态。

表 2.2 列出了任务控制类指令的名称、梯形图符号、操作数的含义及范围、指令功能及执行指令对标志位的影响。

表 2.2 任务指令

名称	梯形图符号	操作数的含义及范围	指令功能及执行指令对标志位的影响
任务启动指令	TKON（820） N	N：任务号。周期执行任务为 00 ~ 31，追加任务为 8000 ~ 8255 （对应中断任务 000 ~ 255）	输入条件为 ON 时，将 N 所指定的周期执行任务置为可执行状态或将中断任务变为追加任务来执行。 对标志位的影响：启动周期执行任务 00 ~ 31，对应的任务标志位（TK00 ~ 31）置 1
任务待机指令	TKOF（821） N	N：任务号。周期执行任务为 00 ~ 31，追加任务为 8000 ~ 8255 （对应中断任务 000 ~ 255）	输入条件为 ON 时，将 N 所指定的周期执行任务或追加任务置为待机状态。 对标志位的影响：对应的任务标志位（TK00 ~ 31）置 0

1. 任务启动指令 TKON

任务启动指令 TKON 是使周期执行任务置为可执行状态或将中断任务变为追加任务。“TKON　N”的功能是将由 N 所指定的周期执行任务或追加任务置为可执行状态。当 N = 00 ~ 31，执行 TKON 指令时，对应的任务标志位（TK00 ~ 31）置 1。使用 TKON 指令置为可执行状态的周期执行任务或追加任务，只要 TKOF 指令不使之置为待机状态，在下一个周期仍保持为可执行状态，而且 TKON 指令可以在任何任务中设定其他任务。

2. 任务待机指令 TKOF

“TKOF　N”指令的功能是将由 N 所指定的周期执行任务或追加任务置为待机状态。当 N = 00 ~ 31，执行 TKOF 指令时，对应的任务标志位（TK00 ~ 31）置 0。使用 TKOF 指令置为待机状态的周期执行任务或追加任务，只要 TKON 指令不使之置为可执行状态，在下一个周期仍保持为待机状态。

TKON、TKOF 可以在周期执行任务或追加任务中执行，而不能在中断任务中执行。在一个扫描周期中，必须具有一个或一个以上的置为可执行状态的周期执行任务或追加任务。否则，任务出错标志 A295.12 将置位，CPU 停止运行。

【例 2.1】　下列程序在任务 1 中实现启停任务 2，启停 34 号追加程序。

01 任务程序：

```
LD  W0.00
TKON  8002
LD  W0.01
TKOF  8002
LD  W0.02
TKON  8034
LD  W0.03
TKOF  8034
```

Int02 程序：

```
LD  0.00
OUT  100.00
```

Int34 程序：

```
LD  P_On
 ++  D100
```

2.1.5　任务和 I/O 内存的关系

除了变址寄存器（IR）与数据寄存器（DR）外，各任务将共享其他数据区域，例如，对于在周期执行任务 No.1 中使用的接点 I0.00 和周期执行任务 No.2 中使用的接点 I0.00 是指同一个点。

对变址寄存器（IR）与数据寄存器（DR）而言，在任务中有两种使用方法：各任务分别（单独）使用的方法和各任务共同使用的方法。

①各任务分别（单独）使用的方法：在周期执行任务 1 中使用的 IR0 和在周期执行任务 2 中使用的 IR0 不相同。

②各任务共同使用的方法：在周期执行任务 1 中使用的 IR0 和周期执行任务 2 中使用的 IR0 为相同。

对于变址寄存器（IR）及数据寄存器（DR）采用方法①还是采用方法②由 CX－Programmer 进行设定。

如图 2.4 所示，在 CX－Programmer 编程软件的工程“PLC 属性”中的“通用”标签下，选取“每个任务独立使用 IR/DRs（I）”，就采用了单独使用方法。

另外，对于配对使用的指令必须配置在同一任务之内，否则错误标志 ER 置位（为 ON），不能执行指令。

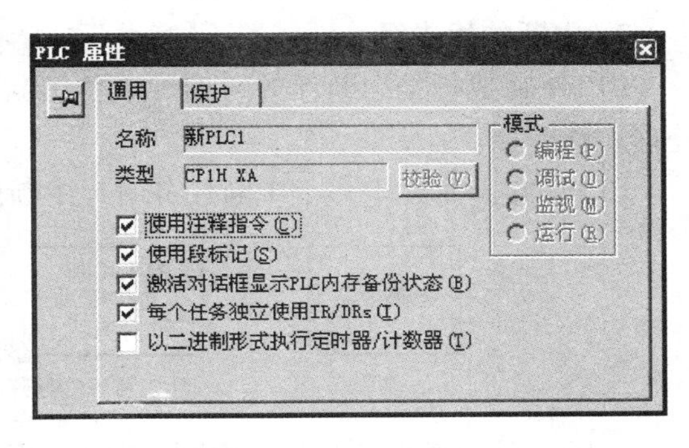

图 2.4　变址寄存器和数据寄存器使用方法的设置

TKON 任务启动、TKOF 任务待机等指令在中断任务内不能执行。在中断任务内执行时，ER 标志为 ON，不能执行指令。但是把中断任务作为追加任务来使用时，能够使用。

高分辨率（高速）定时等时间要求严格的指令在中断任务内执行时结果将不准确。

本书没有提到的指令，详见 CP1H CPU 单元编程手册。

2.2　中断任务

2.2.1　CP1H 的中断功能

中断过程是指在外部或内部触发信号的作用下，中断周期执行程序（循环程序）的执行而转去执行中断服务程序，中断任务执行完毕再返回断点处继续执行周期执行程序的过程。

1. 中断任务的类型

CP1H 系列 PLC 的中断功能比较完备，有 4 大类中断功能，分别是：输入中断（直接模式/计数器模式）、高速计数器中断、（间隔）定时器中断和外部中断。

1）输入中断（直接模式/计数器模式）

外部发生的事件所产生的信号通过中断输入点（0.00～0.03，1.00～1.03）送入 PLC，当某个中断输入点为 ON（输入中断直接模式）或为 ON 一定次数（输入中断计数器模式）时，产生中断请求信号，所对应的中断任务号为 140～147。若不使用中断功能时，这些点可以作为普通输入点使用。

2）高速计数器中断

CP1H CPU 单元内置的高速计数器对输入脉冲进行计数，计数器当前值与预先登录的目标值比较表或区域比较表条件满足时，可使指定的中断任务 0～255（每个任务是由一段程序组成的）启动。

3）间隔定时器中断

间隔定时器中断（简称定时器中断）通过 CPU 单元的内置定时器，按照一定的时间间隔执行中断任务的处理。中断任务 2 被固定分配为间隔定时器中断。间隔定时器中断不占用 CP1H 的输入点。

4）外部中断

来自扩展的 CJ 系列的高功能 I/O 单元或 CPU 高功能单元。

2. 中断的优先级

CP1H 在执行某中断任务 A 时，其他中断 B 发生，则要等 A 的中断处理结束后 B 的中断处理才能开始。

CP1H 在同时发生多个中断任务时，中断的优先级如图 2.5 所示。

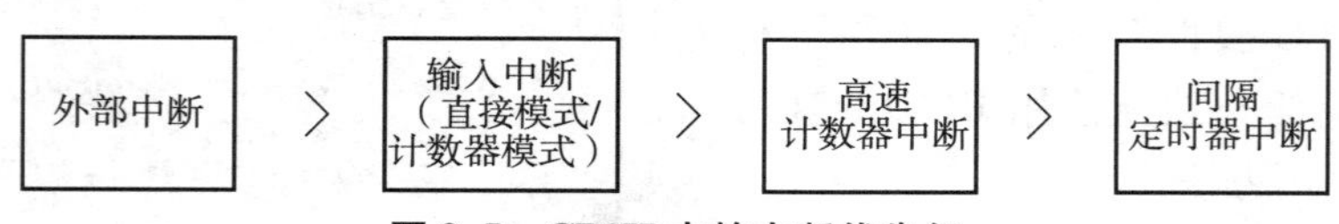

图 2.5　CP1H 中的中断优先级

在同一类中断中，若几个中断同时发生请求，中断任务号小的优先级别高。例如，输入中断中几个中断输入点同时为 ON 时，则执行中断的优先顺序为：中断输入 0→中断输入1→中断输入 2→中断输入 3……。

3. 中断任务的设定

在 CX－Programmer 编程软件的工程目录中，在某段程序的“程序属性”窗口的任务类型中选择“中断任务 00”～“中断任务 255”，即完成将任务设定为“中断任务”的过程。若在窗口任务类型的下拉选项中选择“循环任务 00”～“循环任务 31”即完成将任务设定为“循环任务”的过程。

4. 中断控制类指令

MSKS 指令的操作数有两组功能。①输入中断。②间隔定时器中断（中断任务 2）。

CLI 指令用于进行输入中断、高速计数中断、记忆的清除/保持，以及定时中断的初次中断开始时间的设定。在执行输入中断任务过程中，若接收了其他编号的中断输入，则该编号中断被记忆到内部（只要不执行中断清除 CLI 指令），此后被记忆的中断任务将按编号从小到大的顺序执行。因此，要使输入中断任务执行过程中记忆的中断任务无效，可通过 CLI（中断清除）指令，清除被记忆到内部的中断。

表 2.3 是中断控制类指令的名称、梯形图符号、操作数的含义及范围、指令功能及执行指令对标志位的影响。

表 2.3　中断类指令

名称	梯形图符号	操作数的含义及范围	指令功能及执行指令对标志位的影响
MSKS/@ MSKS（中断控制指令）	MSKS（690） N S	N：中断类型定义。 S：控制数据。 S 范围：CIO、W、H、T/C、A、D、@/＊D、DR 等。依 N 所指中断类型，S 意义如下： N＝110～117（110～113 可对应写为 10～13）时，为输入中断 0～7 的直接模式，对应中断任务 140～147。 S：0000 指定上升沿中断；0001 指定下降沿中断。 N＝100～107（100～103 可对应写为 6～9）时，也为输入中断 0～7，对应中断任务 140～147。但这时 S 的含义不同。 S：0000 允许中断；0001 禁止中断；0002 允许中断，计数器减法计数到一定值时，则开始中断，为减计数器模式；0003 允许中断，计数器加法计数到一定值时，则开始中断，为加计数器模式。 N＝14 时，为定时器中断（中断任务 2），表示复位后开始定时，每一定时间中断 1 次。 N＝4 时，为定时器中断（中断任务 2），表示非复位定时，每一定时间中断 1 次。要另行通过 CLI 指令指定初次中断开始时间，内部定时器将从当前值定时，第 1 次中断的时间由 CLI 指令指定，如果无 CLI 指令指定，定时开始到初次中断任务之间的时间无法确定。两次中断后，将按定时器设定的时间间隔定时启动中断任务	执行条件为 ON 时，将按设置执行相应的输入中断或定时中断。 对标志位的影响：N 或 S 的数据不在指定范围，ER 为 ON。 相当于 S7－200 中的 ATCH、DTCH 连接、断开中断程序

续表

名称	梯形图符号	操作数的含义及范围	指令功能及执行指令对标志位的影响
MSKR/@ MSKR（中断读取指令）	MSKR（692） N D	N：中断类型定义。 D：输出通道。 D 范围：CIO、W、H、T/C、A448～A959、D、@/*D、DR 等。 N=4：读取设定值； N=14：读取当前值	执行条件为 ON 时，读取通过 MSKS 指令指定的中断控制的设置，存在 D 中。 分为以下两种情况： ①输入中断时，读取 MSKS 指令的第 2 个操作数 S，存在 D 中； ②定时器中断 N=4 时，以十六进制形式输出定时器的设定值，存在 D 中；N=14 时以十六进制形式输出定时器的当前值，存在 D 中。 对标志位的影响：N 的数据不在指定范围时，ER 为 ON
CLI/@ CLI（中断清除指令）	CLI（691） N S	N：中断类型定义。 S 意义如下： ①N=100～107 时，为输入中断 0～7，对应中断任务 140～147。 S=0：记忆保持；S=1：记忆清除。 ②N=10～13 时，为高速计数器中断0～3。 S=0：记忆保持；S=1：记忆清除。 ③N=4 时，为定时器中断初次中断开始时间的设定，S 为设定时间的保存通道。 S：设定时间通道。 S 范围：CIO、W、H、T/C、A、D、@/*D、DR 等	执行条件为 ON 时，对输入中断、高速计数器中断所设置信息进行清除或保持；或进行定时器中断初次中断开始时间的设定（对应 MSKS 指令，N=4 时的使用），S 为设定时间的保存通道。因此，要使输入中断任务执行过程中记忆的中断无效时，可通过 CLI 指令，清除被记忆到内部的中断。 对标志位的影响：N 的数据不在指定范围时，ER 为 ON
DI/@ DI（中断任务禁止指令）	DI（693）		执行条件为 ON 时，禁止执行所有的中断任务。 对标志位的影响：中断任务内执行时，ER 为 ON
EI/@ EI（解除中断任务禁止指令）	EI（694）		执行条件为 ON 时，解除通过 DI 指令设定的所有的中断任务执行的禁止。 对标志位的影响：中断任务内执行时，ER 为 ON

2.2.2　输入中断

1. 输入中断的输入点

CP1H 系列 X/XA 型的 PLC 可将 0.00～0.03（输入中断 0～输入中断 3）、1.00～1.03（输入中断 4～输入中断 7）共 8 个输入点作为输入中断使用。Y 型的 PLC 可将 0.00～0.01（输入中断 0～输入中断 1）、1.00～1.03（输入中断 4～输入中断 7）共 6 个输入点作为输入中断使用。

外部发生的事件所产生的信号通过中断输入点送入 PLC，当某个中断输入点为 ON（输入中断直接模式）或 ON 一定次数（输入中断计数器模式）时，产生中断请求信号。若不使用中断功能时，这些点可以作为普通输入点使用。

2. 输入中断的模式及工作过程

输入中断有输入中断直接模式和输入中断计数器模式两种。

1）直接模式

在非屏蔽情况下，只要中断输入点接通则产生中断响应，执行相应中断任务 140～147，如图 2.6 所示。

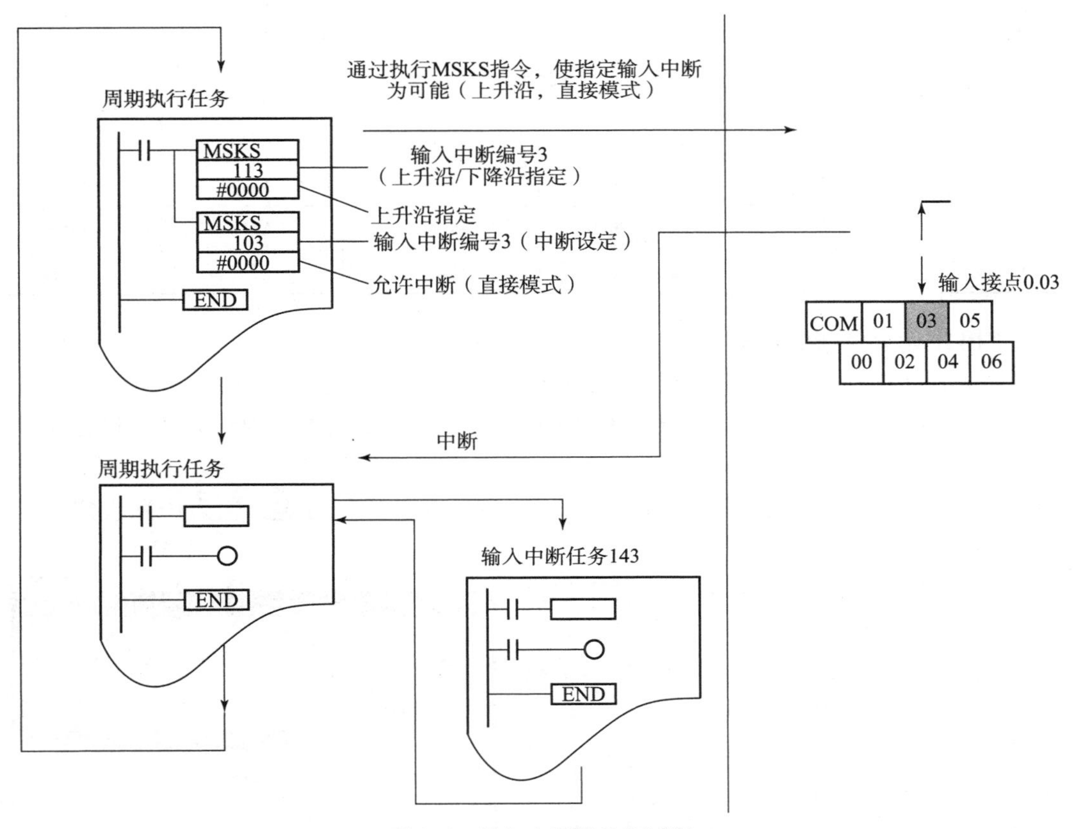

图 2.6　输入中断的执行过程

若在屏蔽情况下，即使中断输入点接通也不能产生中断响应，但该中断信号被记忆下来，待屏蔽解除后立即产生中断。若屏蔽解除后不希望响应所记忆的中断，可用指令清除该记忆。

2）计数器模式

这种模式的中断，是对中断输入点接通的次数进行计数，当达到设定的次数时启动相应的中断任务，计数器模式的输入中断与直接模式的输入中断输入端子相同。

（1）计数方法可通过 MSKS 指令设定，可选择加法模式和减法模式。

（2）通过输入中断（计数器模式）启动的中断任务号与输入中断（直接模式）相同，都是中断任务 140～147。

（3）输入中断（计数器模式）计数频率最高为 5 kHz 以下。

3. 输入中断（计数器模式）的计数器区域

对计数器模式的输入中断，CP1H 系列有存放计数器设定值和当前值的区域。中断输入点、中断任务号及与计数器区域的关系见表 2.4。

表 2.4　输入中断（计数器模式）的计数器区域

中断输入点		功能		计数器	
X/XA 型	Y 型	输入中断号	中断任务号	设定值通道	当前值通道
0.00	0.00	输入中断 0	140	A532	A536
0.01	0.01	输入中断 1	141	A533	A537
0.02	—	输入中断 2	142（Y 型不可用）	A534	A538
0.03	—	输入中断 3	143（Y 型不可用）	A535	A539
1.00	1.00	输入中断 4	144	A544	A548
1.01	1.01	输入中断 5	145	A545	A549
1.02	1.02	输入中断 6	146	A546	A550
1.03	1.03	输入中断 7	147	A547	A551

4. CP1H 输入中断的设定

CP1H 输入中断功能的实现主要靠“设置”来完成，程序较少。

而 S7－200 的中断实现，完全是通过 SM 特殊存储器的赋值来实现，通过“设置向导”，最后也是生成程序代码。

CP1H 在使用输入中断之前，要通过 CX－Programmer 进行设定，输入中断设定分为以下两步：

（1）在 CX－Programmer 编程软件的工程目录下，对准“新 PLC［CP1H］”单击右键，在其下拉菜单中选择“插入程序①”命令，则在工程窗口得到添加的“新程序 2（未指定）”，右击“新程序 2（未指定）”，在其下拉菜单中选择“属性（O）”，弹出“程序属性”窗口，如图 2.7 所示，在“通用”标签下的任务类型下拉选项中选择中断任务编号，例如选择“中断任务 140”，即选择输入点 0.00 对应的中断输入 0。

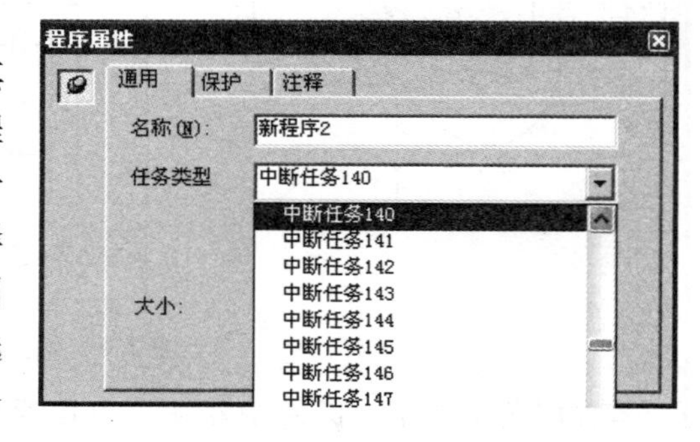

图 2.7　插入新中断程序

（2）在 CX－Programmer 编程软件的工程目

录下，双击项目树的“设置”命令，弹出“PLC 设定”窗口，如图 2.8 所示。在“内置输入设置”标签的页面下，在最下方的“中断输入”栏，将 IN0 设置为“中断”，以对应“中断任务 140”。

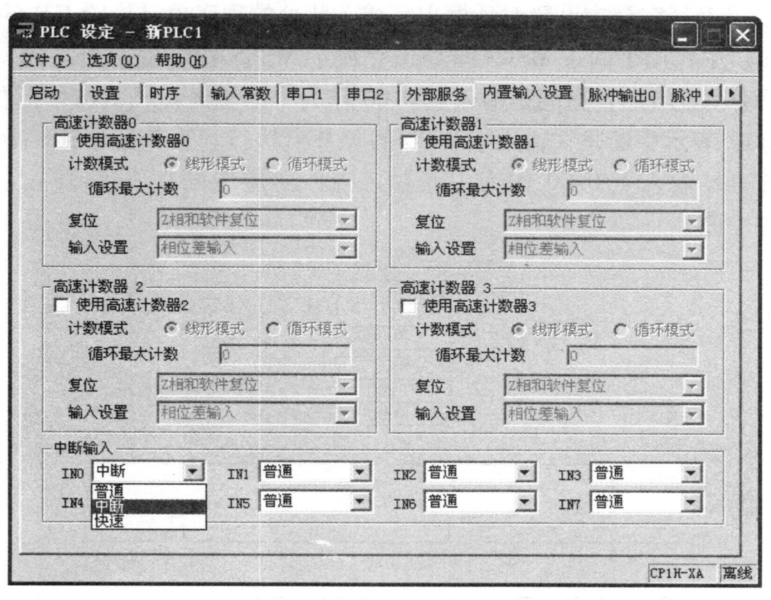

图 2.8　“PLC 设定”窗口

在 CP1H 中的中断设置是靠在 PLC 的“设置”（Setup）界面中完成的，没有程序，这一点与 S7-200 不同。在 S7-200 中的中断设置是通过相应的 SM 标志位的赋值完成的。在后续的位置控制中，二者也有这方面的显著不同。

5. 应用示例

【例 2.2】　输入中断（直接模式）。要求将输入 0.00 置于 ON 时，执行中断任务 140。输入中断外部接线如图 2.9 所示。

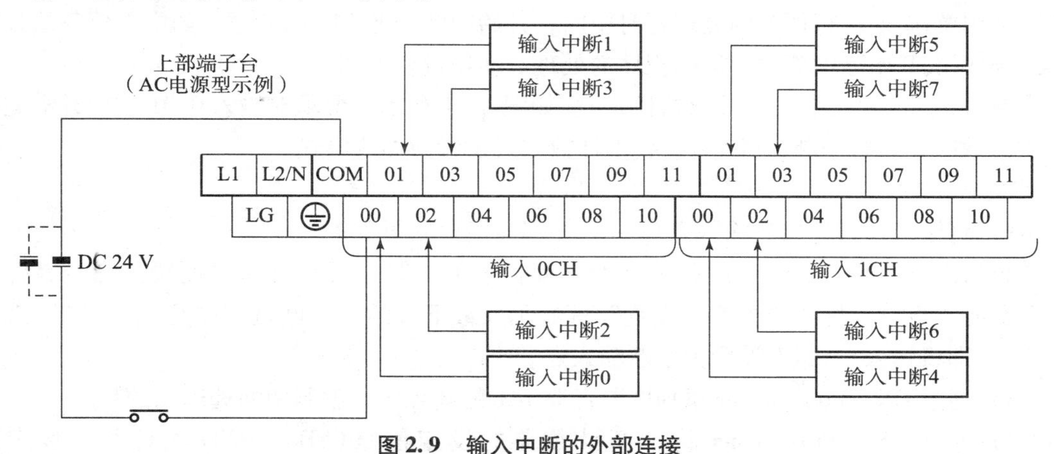

图 2.9　输入中断的外部连接

设定：

（1）将输入设备连接到输入 0.00。参见操作手册第 197/604 页。

（2）在 CX-Programmer 编程软件的工程目录下，双击项目树的“设置”命令，弹出“PLC

设定”窗口，将“内置输入设置”标签页面最下方的“中断输入”栏的“IN0”选为“中断”。

（3）通过 CX – Programmer 添加“中断任务 140”的新程序，编制中断处理用的程序。

（4）通过 CX – Programmer 编制程序，如图 2.10（a）所示。

对中断的设置不是完全在设置对话框中完成，此处的程序也是设置工作的一部分。

图 2.10（a）中，用了两条 MSKS 指令，完成了 MSKS 指令的两个功能。第 1 条 MSKS 指令的第 1 个操作数为 110，指的是输入点 0.00 作为中断输入点，对应中断任务 140；第 2 个操作数是 0000，表示中断是在输入点 0.00 的上升沿执行。第 2 条 MSKS 指令的第 1 个操作数为 100，指的是输入点 0.00 作为中断输入点，对应中断任务 140；第 2 个操作数是 0000，表示允许中断。

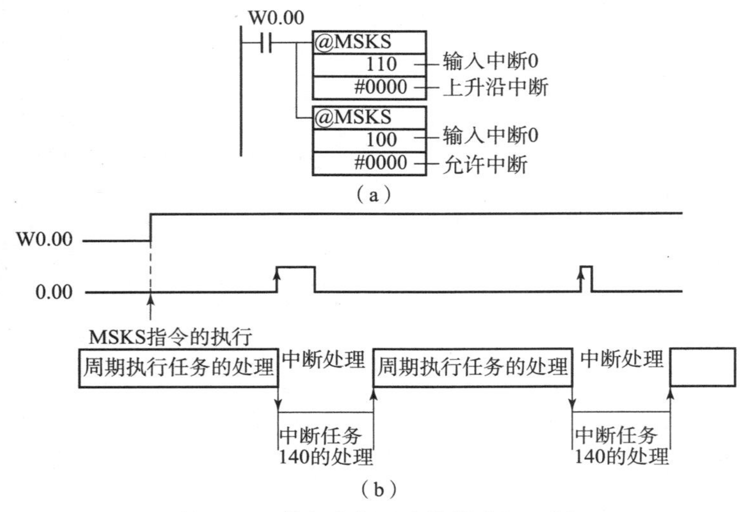

图 2.10　输入中断（直接模式）示例

两条指令组合完成中断任务：执行条件的 W0.00 为 ON 时，通过 MSKS 指令的一次性执行，可对 0.00 的上升沿进行输入中断动作。如输入 0.00 从 OFF 向 ON 变化（上升沿）时，则将执行中的周期执行任务的处理暂时中断，开始中断任务 140 的处理。如中断任务的处理结束，则再次开始已中断的梯形图程序的处理。动作过程如图 2.10（b）所示。

【例 2.3】　输入中断（计数器模式）。如图 2.11 所示，要求对输入 0.01 的上升沿完成 200 次计数时，执行中断任务 141，要求计数方式设置为加法模式。

设定：

（1）将输入设备连接到输入点 0.01。外部连接图见图 2.9。

（2）在 CX – Programmer 编程软件的工程目录下，双击项目树的“设置”命令，弹出“PLC 设定”窗口，将“内置输入设置”标签页面最下方的“中断输入”栏的“IN1”选为“中断”，即将输入点 0.01 设置为中断输入点。

（3）通过 CX – Programmer 添加中断任务 141 的新程序，编制中断处理用的程序。

（4）通过 CX – Programmer 将中断计数器的设定值 00C8Hex（200 次计数）设定到 A533 中。

此处也可用程序指令设定 A533。

（5）通过 CX – Programmer 编制程序，如图 2.11（a）所示。

图 2. 11（a）中，用了两条 MSKS 指令，完成了 MSKS 指令的两个功能。第 1 条 MSKS 指令的第 1 个操作数为 111，指的是输入点 0. 01 作为中断输入点，对应中断任务 141；第 2 个操作数是 0000，表示中断是在输入点 0. 01 的上升沿执行。第 2 条 MSKS 指令的第 1 个操作数为 101，指的是输入点 0. 01 作为中断输入点，对应中断任务 141：第 2 个操作数是 0003，表示允许中断，加法计数器方式。动作过程如图 2. 11（b）所示。

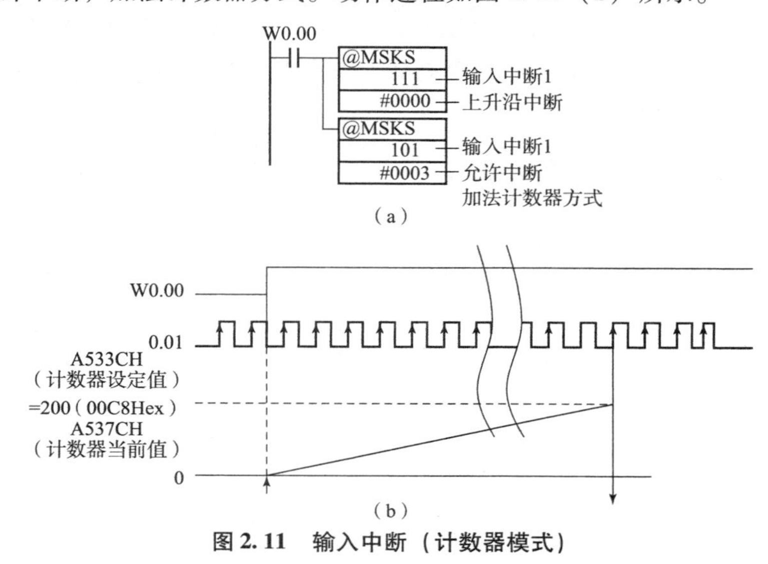

图 2. 11　输入中断（计数器模式）

两条指令组合完成中断任务：执行条件 W0. 00 变为 ON 时，可进行输入中断（计数器模式）的动作。如输入 0. 01 进行 200 次 ON，则将执行中的周期执行任务的处理暂时停止，开始中断任务 141 的处理。如中断任务的处理结束，则再次开始已中断的梯形图程序的处理。动作过程如图 2. 11（b）所示。

【例 2. 4】　定时中断：W0. 00 接通时，设置定时中断，每隔 100 ms，D20 加 1，当 D20 内容大于 30 时接通 100. 00。

首先在“设置”中的“时序”选项，写入定时中断间隔为 1 ms 时基；插入新程序 Int02，主程序和中断程序如下：

主程序：

```
LD  P_First_Cycle
MOV  #0  D20
MOV  #30  D0
LD  W0,00
@MSKS  4  &100
LD  W0.01
 >  D20  D0
OUT  100.00
Int02:
LD  P_On
 ++  D20
```

2.3　高速计数器中断

普通计数器 CNT 的计数脉冲频率受扫描周期及输入滤波器时间常数的限制，所以不能对高频脉冲信号进行计数。对于高频脉冲信号的计数，大、中型 PLC 是采用特殊功能单元来处理的。对小型 PLC，例如 CP1H 系列 PLC 等，由于其设置了高频脉冲信号的输入点，配合相关的指令及必要的设定，也可以处理高频脉冲信号的计数问题。本节介绍 CP1H 系列 PLC 的高速计数器及其功能。

2.3.1　高速计数器的计数功能

1. 高速计数器脉冲的输入端分配

CP1H X/XA 系列 PLC 有 4 个高速计数器，可以分别对以下点输入的高速脉冲进行计数，即分别占用下述各点。

（1）高速计数器 0：输入端 0.03、0.08、0.09（分别为 Z 相/复位、A 相/加法/计数输入、B 相/减法/方向输入）；

（2）高速计数器 1：输入端 0.02、0.06、0.07（分别为 Z 相/复位、A 相/加法/计数输入、B 相/减法/方向输入）；

（3）高速计数器 2：输入端 0.01、0.04、0.05（分别为 Z 相/复位、A 相/加法/计数输入、B 相/减法/方向输入）；

（4）高速计数器 3：输入端 1.00、0.10、0.11（分别为 Z 相/复位、A 相/加法计数输入、B 相/减法/方向输入）。

使用高速计数器功能时，相应的输入不能作为他用。当不使用高速计数器时，这些点可作普通输入点使用。

2. 高速计数器的输入模式

PLC 在进行高速计数时，有时会用到旋转编码器、光栅尺等。旋转编码器能输出脉冲信号，高速计数器配合旋转编码器使用，可以用于测量、处理转动或位移信号等。

不同型号的旋转编码器输出的脉冲也不相同，有的旋转编码器能产生单相脉冲信号，对应每个脉冲信号的前沿，高速计数器计数；有的旋转编码器能产生相位差为 90°的两相脉冲信号，对应每个脉冲信号的前沿和后沿高速计数器计数，至于 A 相和 B 相脉冲谁超前、谁滞后，这取决于旋转编码器的旋转方向。有的旋转编码器还能产生一个复位 Z 信号。

旋转编码器与 CP1H 高速计数器 0 的连接如图 2.12 所示，图中编码器为 DC 24 V 集电极开路情况下。

编码器为线性驱动器输出时，采用 AM26LS31 方式，AM26LS31 是四位差动输出驱动器，在数控机床的很多地方用到，将单端输出转变为差分输出。图 2.13 为其接线形式。

CP1H 高速计数器的输入模式有 4 种：递增模式、相位差模式、加/减模式、脉冲 + 方向模式。

1）递增模式

以高速计数器 0 为例，递增模式的脉冲信号由 0.08 输入。递增模式的最高计数频率是 100 kHz。在输入脉冲信号的上升沿，高速计数器的当前值加 1。

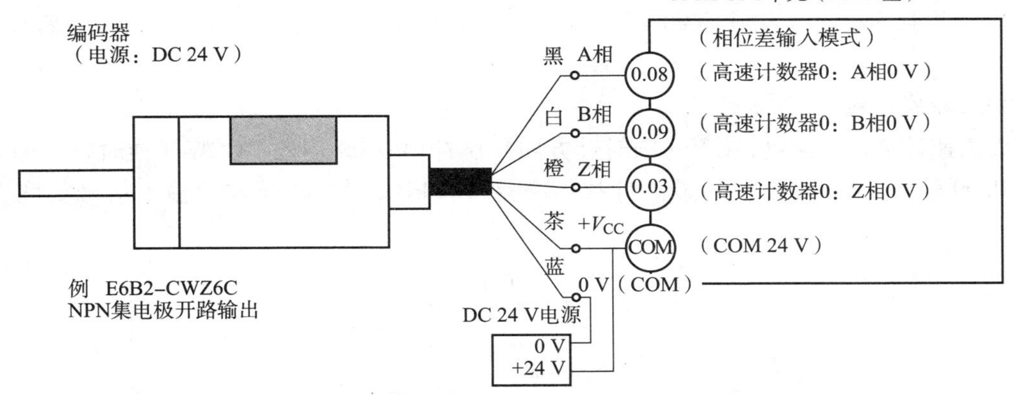

图 2.12　旋转编码器与 CP1H 高速计数器 0 的连接

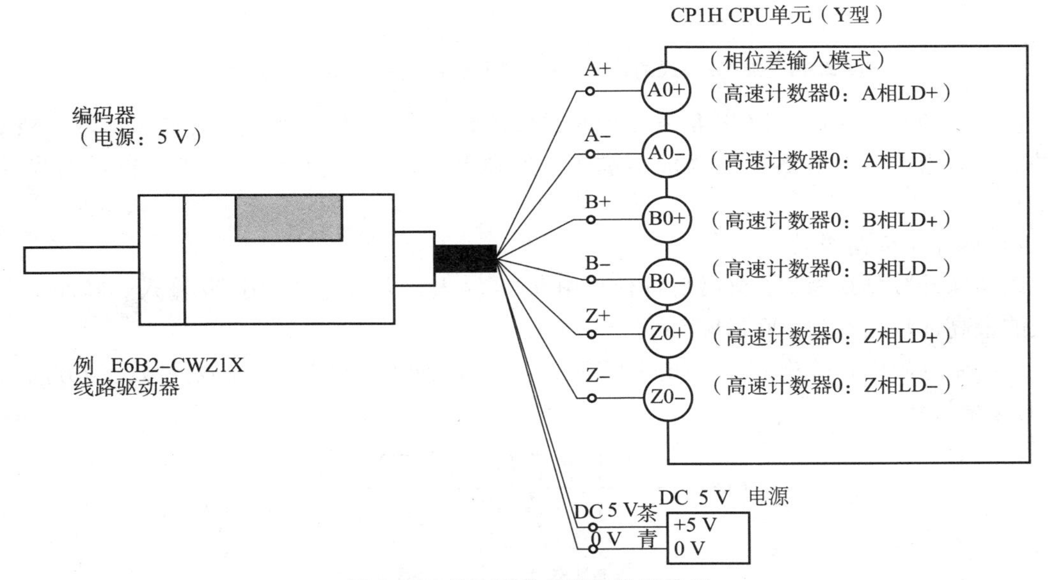

图 2.13　编码器为线性驱动器输出

递增模式的脉冲输入信号如图 2.14 所示。

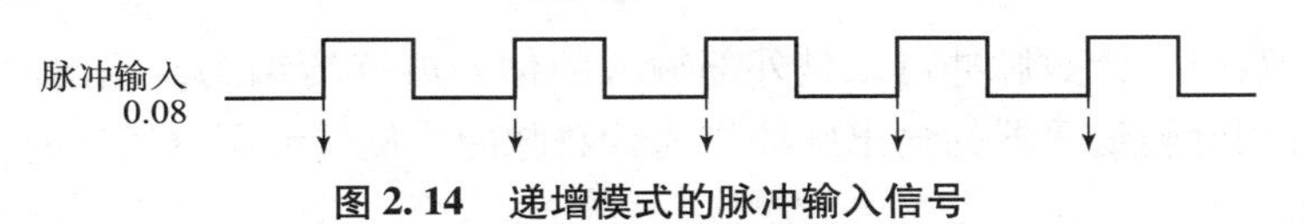

图 2.14　递增模式的脉冲输入信号

2）相位差模式

以高速计数器 0 为例，相位差模式的 A 相脉冲由 0.08 输入，B 相脉冲由 0.09 输入，复位 Z 相信号由 0.03 输入。相位差模式计数的最高频率是 50 Hz。相位差模式的输入信号如图 2.15 所示。

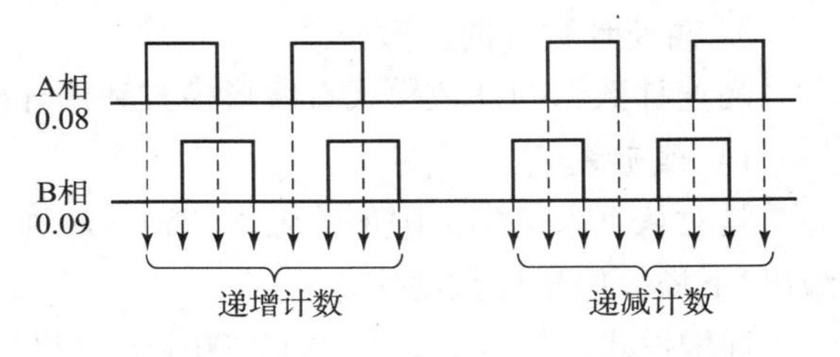

图 2.15　相位差模式的输入信号

当 A 相脉冲超前 B 相脉冲 90°时，在 A、

B 相脉冲的上升沿和下降沿处，计数器的当前值加 1。

当 B 相脉冲超前 A 相脉冲 90°时，在 A、B 相脉冲的上升沿和下降沿处，计数器的当前值减 1。

3） 加/减模式

以高速计数器 0 为例，CW（顺时针方向）脉冲由 0.08 输入，CCW（逆时针方向）脉冲由 0.09 输入。加/减模式的最高计数频率是 100 kHz。加/减模式的输入信号如图 2.16 所示。

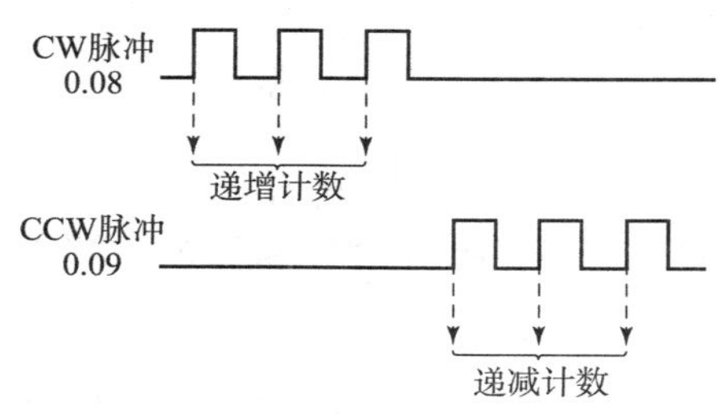

图 2.16　加/减模式的输入信号（CW：顺时针，CCW：逆时针）

使用加/减模式时，当 CW 信号出现时递增计数，当 CCW 信号出现时递减计数。在 CW 脉冲的上升沿，高速计数器的当前值加 1。在 CCW 脉冲的上升沿，高速计数器的当前值减 1。

4） 脉冲 + 方向模式

以高速计数器 0 为例，计数脉冲信号由 0.08 输入，方向信号由 0.09 输入。脉冲 + 方向模式的最高计数频率为 100 kHz。

脉冲 + 方向模式的输入信号如图 2.17 所示，当方向信号 OFF 时递减计数，当方向信号 ON 时递增计数。

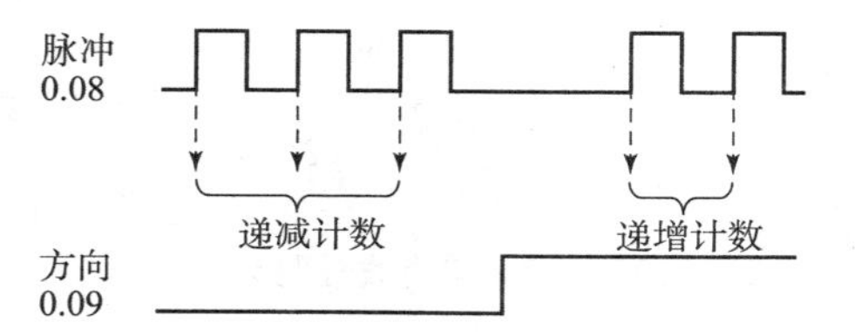

图 2.17　脉冲 + 方向模式输入信号

递增模式计数时，计数脉冲可以是外部输入的信号或旋转编码器输出的单相脉冲。加/减模式计数时可用旋转编码器的输出脉冲作为计数脉冲，旋转编码器正转时为递增计数，反转时为递减计数。

3. 高速计数器的计数模式

高速计数器的计数模式有线形模式和循环模式两种。

1） 线形模式

是对从下限值到上限值范围内的输入脉冲进行计数。若输入脉冲超过此上下限，则发生溢出/下溢，停止计数动作。

递增模式：数值范围为 00000000Hex ~ FFFFFFFFHex，或 0 ~ 4 294 967 295（十进制）。

加/减模式：数值范围为 80000000Hex ~ 7FFFFFFFHex，或 − 2 147 483 648 ~

+2 147 483 647（十进制）。

当高速计数器计数时，若从上限值开始进行递增计数就会发生上溢出，发生溢出时，其当前值为 0FFFFFFFHex；若从下限开始进行递减计数就会发生下溢出，发生溢出时，其当前值为 FFFFFFFFHex。发生溢出时计数器停止计数。重新复位高速计数器时，将清除溢出状态。

2）循环模式

在设定范围（0 ~ 最大值）内对输入脉冲进行循环计数。循环模式的最大值可以通过在 CX - Programmer 的工程目录下，双击项目树的“设置”命令，在弹出的“PLC 设定”窗口的“循环最大计数”选项来设定，可在 00000001 ~ FFFFFFFF Hex 的范围内任意设定。

4. 高速计数器的复位方式

高速计数器复位时，其当前值 PV =0。CP1H 系列 PLC 的高速计数器本质上有两种常用的复位方式，可扩展为 4 种复位方式：Z 相信号 + 软件复位、软件复位、Z 相信号 + 软件复位（重启比较）、软件复位（重启比较）。

1）Z 相信号 + 软件复位

当高速计数器的复位标志位 A531.00 ~ A531.03（分别为高速计数器 0 ~ 3 的复位标志位）为 ON 且 Z 相信号也为 ON 时，高速计数器复位。

2）软件复位

当高速计数器的复位标志位 A531.00 ~ A531.03（分别为高速计数器 0 ~ 3 的复位标志位）为 ON 时，高速计数器复位。

高速计数器复位时，其当前值 PV 为 0。

将高速计数器复位时，可通过 PLC 系统设定选择停止或重启比较动作。这样复位时，可进行将计数器从 0 状态开始再启动比较动作的应用。所以得到另外两种复位方式。

3）Z 相信号 + 软件复位（重启比较）

当高速计数器的复位标志位 A531.00 ~ A531.03（分别为高速计数器 0 ~ 3 的复位标志位）为 ON 且 Z 相信号也为 ON 时，高速计数器复位。复位时，其当前值 PV 为 0。之后可进行将计数器从 0 状态开始再启动比较动作的应用。

4）软件复位（重启比较）

当高速计数器的复位标志位 A531.00 ~ A531.03（分别为高速计数器 0 ~ 3 的复位标志位）为 ON 时，高速计数器复位。复位时，其当前值 PV 为 0。之后可进行将计数器从 0 状态开始再启动比较动作的应用。

5. 高速计数器的当前值存储区（详见 OMRON CP1H CPU 单元操作手册 5 ~ 28 页）

对 CP1H 系列 PLC，4 个高速计数器的当前值放在 A 区的不同通道中。

高速计数器 0 的当前值存于 A271（存高 4 位）和 A270（存低 4 位）；

高速计数器 1 的当前值存于 A273（存高 4 位）和 A272（存低 4 位）；

高速计数器 2 的当前值存于 A317（存高 4 位）和 A316（存低 4 位）；

高速计数器 3 的当前值存于 A319（存高 4 位）和 A318（存低 4 位）。

使用计数器功能时，对应的通道已经被占用时，不能再作他用。

6. 高速计数器的设定

使用高速计数器时，部分内容要预先在 CX - Programmer 编程软件上进行设置，否则高速计数器是不工作的。需要设置的内容见表 2.5。

表 2.5　PLC 系统设定的设定内容

项目	设定内容	
高速计数器 0 ~ 3 的使用	使用	
计数模式	线形模式	
	循环模式	
环形计数器最大值	0 ~ FFFFFFFF（Hex）	选择环形计数器时，设定最大值
复位方式	Z 相信号 + 软件复位	
	软件复位	
	Z 相信号 + 软件复位（重启比较）	
	软件复位（重启比较）	
输入模式	增量脉冲输入（递增模式）	
	相位差输入（4 倍频）	
	加/减模式	
	脉冲 + 方向模式	

在 PLC 的 CX - Programmer 编程软件的工程窗口目录下，双击“设置”命令，弹出“PLC 设定”窗口，如图 2.18 所示。在“内置输入设置”标签的页面下，有计数器 0 ~ 计数器 3 的选项：使用高速计数器、计数模式、复位、输入设置。依次选择以确定使用的高速计数器、计数模式、复位方式及输入模式等。本例中，选择使用高速计数器 0、增量脉冲输入模式（递增模式）、线形计数模式，复位方式采用 Z 信号 + 软件复位。

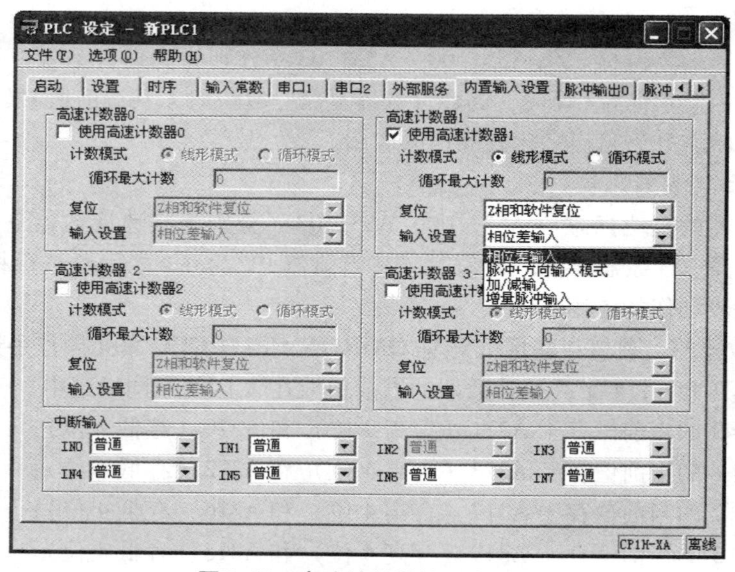

图 2.18　高速计数器的设定界面

2.3.2　高速计数器的中断功能

配合一定的指令进行必要的设定时，高速计数器能实现中断功能。中断功能具有非常重要的意义，因为在实际控制过程中，控制系统中有些随时可能发生的情况需要 PLC 处理，具有中断功能的 PLC 可以不受扫描周期的影响，及时地把这种随机的信息输入到 PLC 中，从而提高了 PLC 对外部信息的响应速度。

CP1H CPU 单元内置的高速计数器当前值与预先写入的比较数据一致时，可使指定的中断任务 0 ~ 255（每个任务由一段程序组成）启动。

高速计数器有两类中断方式，即目标值比较中断和区域比较中断，如图 2.19 所示。使用的指令是 CTBL，其执行过程如图 2.20 所示。

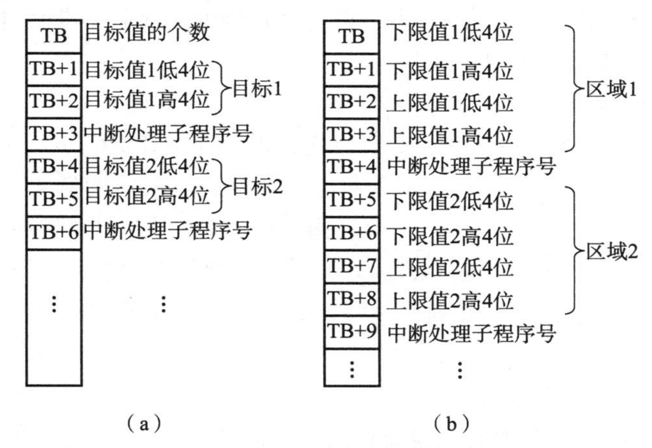

图 2.19　两种比较表的结构

（a）目标值比较；（b）区域比较

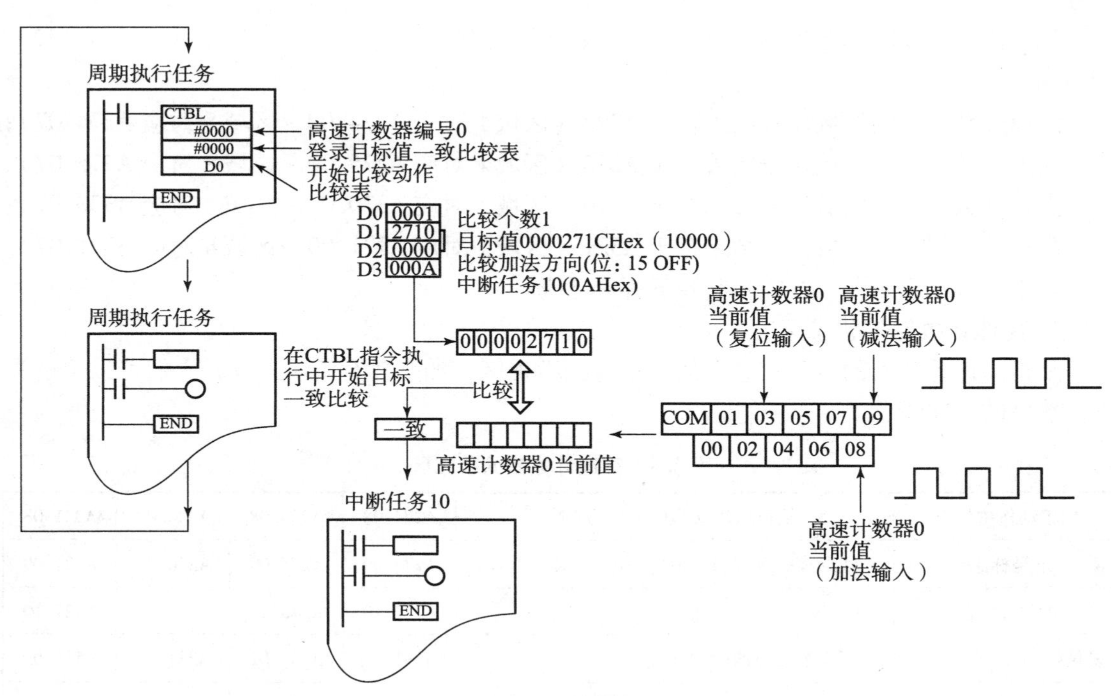

图 2.20　CTBL 的执行过程

1. 目标值比较中断

在采取目标值比较中断时，要建立一个目标值比较表，如图 2. 19（a）所示。目标值比较表占用一个区域的若干个通道，其中第一个通道存放目标值个数（BCD 数）。比较表中最多放 48 个目标值，每个目标值占两个通道（各存放目标值的低 4 位和高 4 位），加上每个目标值对应一个中断任务号，存放 48 个子程序号需 48 个通道，所以目标值比较表最多占用 145（48 ×3 +1）个通道。目标值比较表中的数据可用编程软件预先写入。

目标值比较中断的执行过程是：在高速计数器计数过程中，若其当前值与比较表中某个目标值相同时，则停止执行主任务而转去执行与该目标值对应的中断任务。中断任务执行完毕，返回到断点处继续执行主任务。

2. 区域比较中断

在采取区域比较中断时，要建立一个区域比较表，如图 2. 19（b）所示。区域比较表分 8 个区域，每个区域占 5 个通道，其中两个通道用来存放下限值的低 4 位和高 4 位、两个通道用来存放上限值的低 4 位和高 4 位，一个通道存放与该区域对应的中断任务号。8 个区域要占 40 个通道。当实际使用的比较区域不满 8 个时，要把其余区域存放上、下限值的通道都置为 0，将存放中断任务号的通道都置为 FFFF。区域比较表中的数据可用编程软件预先写入。

区域比较中断的执行过程是：在高速计数器计数过程中，若其当前值落在区域比较表中某个区域时，即下限值≤高速计数器 PV 值≤上限值，则停止执行周期执行任务而转去执行与该区域对应的中断任务。中断任务执行完毕，返回到断点处继续执行周期执行任务。

执行区域比较中断时，4 个高速计数器的比较结果存放在 A274、A275 和 A320、A321 中。

高速计数器 0 的区域比较结果存于 A274（区域 1 对应 A274. 00 ~ 区域 8 对应 A274. 07）；
高速计数器 1 的区域比较结果存于 A275（区域 1 对应 A275. 00 ~ 区域 8 对应 A275. 07）；
高速计数器 2 的区域比较结果存于 A320（区域 1 对应 A320. 00 ~ 区域 8 对应 A320. 07）；
高速计数器 3 的区域比较结果存于 A321（区域 1 对应 A321. 00 ~ 区域 8 对应 A321. 07）。
详细内容见欧姆龙 CP1H CPU 单元操作手册。

3. 高速计数器的状态区

是指高速计数器的各种信息存放在指定的数据区，如表 2. 6 所示，查看它们可以了解高速计数器的工作情况。

表 2. 6　高速计数器的状态区

比较动作中标志	执行比较动作中标志为 ON	A274. 08	A275. 08	A320. 08	A321. 08
溢出/下溢标志	线形模式下，当前值为溢出/下溢时为 ON	A274. 09	A275. 09	A320. 09	A321. 09
计数器方向标志	0：减法　　1：加法	A274. 10	A275. 10	A320. 10	A321. 10
复位标志	用于当前值的软件复位	A531. 00	A531. 01	A531. 02	A531. 03
高速计数器选通标志	为 ON 时，禁止脉冲输入的计数，保持计数器当前值	A531. 08	A531. 09	A531. 10	A531. 11

4. 高速计数器的控制指令

高速计数器控制指令在 CX－Programmer 编程软件中，属脉冲控制类指令。表 2.7 是高速计数器控制指令 CTBL 的名称、梯形图符号、操作数的含义及范围、指令功能及执行指令对标志位的影响。

表 2.7　高速计数器的控制指令 CTBL

名称	梯形图符号	操作数的含义及范围	指令功能及执行指令对标志位的影响
CTBL/@ CTBL （比较表登录指令）	CTBL P C TB	P 是端口定义： 0000H～0003H：高速计数器输入 0～输入 3。 C 是控制数据，其含义为： 0000H：登录一个目标值比较表，并启动比较； 0001H：登录一个区域比较表，并启动比较； 0002H：登录一个目标值比较表，用 INI 启动比较； 0003H：登录一个区域比较表，用 INI 启动比较。 TB 是比较表开始通道。 范围：CIO、W、H、T/C、A448～A959、D、@/＊D 等	执行条件为 ON 时，根据 C 的内容，登录一个目标值比较表。根据 C 的内容，决定启动比较的方式。下列情况之一时，ER 为 ON： ①操作数超出指定范围； ②高速计数器的设置有错误； ③比较表超出数据区域

目标值一致比较注意事项：

高速计数器当前值和表的目标值一致时，执行指定中断任务。

- 相同的中断任务可以使用在多个比较中。
- 作为一致条件，能够指定加法计数时的一致和减法计数时的一致。在表内的中断任务号的最高位中，指定 0 时为加法、指定 1 时为减法。
- 对于登录在表中的所有值都进行和目标值的比较。
- 在表中重复指定相同的目标值时就会出错。
- 高速计数器被设定为加法脉冲模式时，作为一致条件，指定减法时就会出错。

比较表的登录只执行一次，执行比较的时间随比较表中比较点数多少显著增加。实时根据当前脉冲数以表中的各值进行比较。

表 2.8 是高速计数器控制指令 INI 的名称、梯形图符号、操作数的含义及范围、指令功能及执行指令对标志位的影响。

设置 C＝0002H 时，只有在停止时方可。

下面举例说明利用高速计数器控制指令编写各种中断控制程序的方法。

【例 2.5】　目标值比较。

设计程序使高速计数器 0 在线形模式下使用，当前值达到 30000（BCD）（00007530Hex）时，使中断任务 10 启动。

表 2.8　高速计数器的控制指令 INI

指令名称	梯形图符号	操作数含义及范围	指令功能及执行指令对标志位的影响
INI/@ INI （动作模式控制指令）	INI P C S	P 是端口定义： 0000H～0003H：脉冲输出 0～3； 0010H～1013H：高速计数器输入 0～3； 0100H～0107H：中断输入 0～7； 1000H～1001H：PWM 输出 0、1。 C 是控制数据，其含义为： 0000H：启动 CTBL 比较表； 0001H：停止 CTBL 比较表； 0002H：变更高速计数器、中断输入（计数模式）或脉冲输出当前值，变更值设定在 S+1、S 中（S 的数值变更范围详见 CP1H CPU 单元编程手册）； 0003H：脉冲停止或 PWM 输出； 在已经停止时，则清除脉冲量设定。 S 是存放变更数据设定值的低位通道，只在 C=0002H 时有用。 范围：CIO、W、H、T/C、A、D、@/*D 等	执行条件为 ON 时，根据 C 的内容，做如下操作之一： ①启动或停止比较表的比较； ②更新各种功能的当前值； ③停止脉冲输出。 有下列情况之一时，ER 为 ON： ①操作数超出指定范围； ②指令的设置有问题； ③中断任务中执行了 INI

①在“PLC 设定”界面的“内置输入设置”标签页中进行高速计数器 0 的设定如下：

高速计数器 0：使用；

计数模式：线形模式；

复位方式：软件复位；

输入模式：加/减法脉冲输入。

②添加中断任务 10。中断任务 10 的最终处写入 END（001）指令。

③将目标值比较表数据编制为 D10000～D10003，如表 2.9 所示。

表 2.9　目标值比较表数据

地址	设定值	内容	
D10000	#0001	比较个数	1 个
D10001	#7530	目标值 1，数据 30000 的 Hex 值的低 4 位	目标值 30000
D10002	#0000	目标值 1，数据 30000 的 Hex 值的高 4 位	
D10003	#000A	目标值 1 的中断任务号为 10	

④程序如图 2.21（a）所示，CTBL 指令的第 1 个操作数为 0000，表示指定高速计数器 0 的输入；第 2 个操作数为 0000，表示登录一个目标值比较表并开始进行比较；第 3 个操作数 D10000，是比较表的开始通道。目标值比较表中设了 1 个目标值。

执行条件 W0.00 为 ON 时，开始高速计数器 0 的比较动作。高速计数器 0 的当前值达到

30000 时，则中断周期执行任务的处理，进行中断任务 10 的处理。如中断任务 10 的处理结束，则再次开始已中断的周期执行任务的处理，动作过程如图 2.21（b）所示。

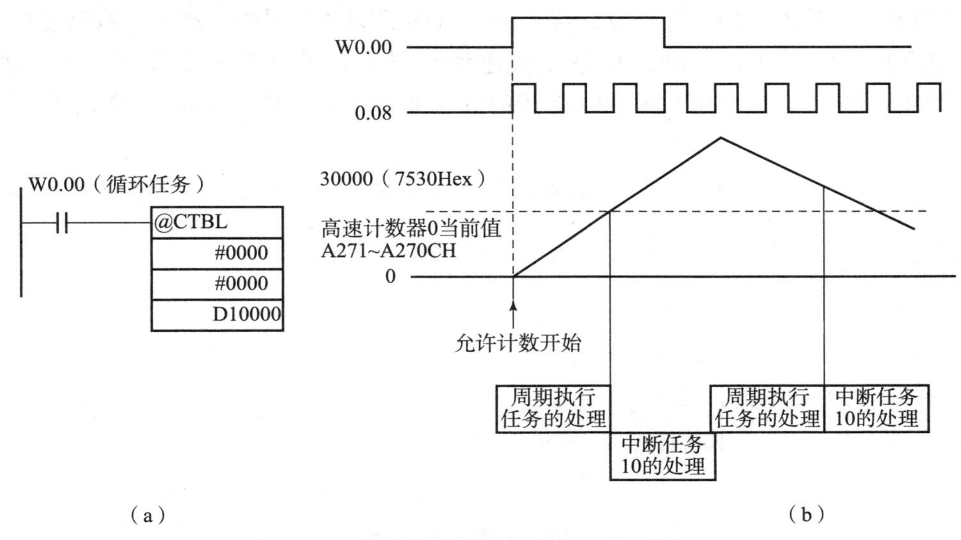

图 2.21　高速计数器目标值比较中断示例一

【例 2.6】　图 2.22 为多个目标值比较，多个中断程序的例子。其中图 2.22（a）是采用高速计数器目标值比较中断的梯形图，图 2.22（b）是目标值比较表的内容。

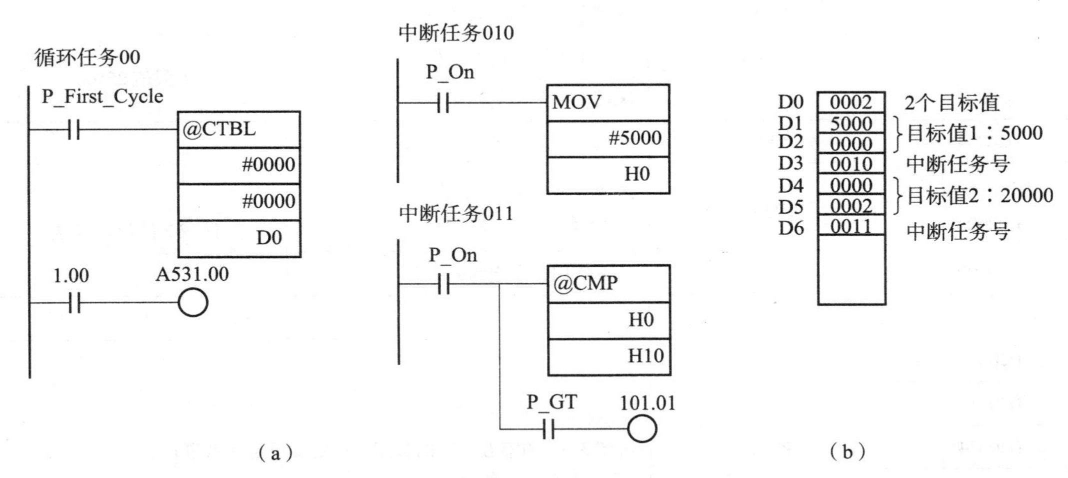

图 2.22　高速计数器目标值比较中断示例二

分析：编写高速计数器中断处理程序时，要用 CX – Programmer 编程软件先添加高速计数器对应的中断任务，中断任务号可选择中断任务 0 ~255。

图 2.22（a）中，CTBL 指令的第 1 个操作数为 0000，表示指定高速计数器 0 的输入；第 2 个操作数 0000，表示登录一个目标值比较表并开始进行比较，D0 是比较表的开始通道。图 2.22（b）的目标值比较表中设了两个目标值。

图 2.22（a）中，若高速计数器 0 的当前值（存于 A271、A270）等于目标值 1 时，中断循环程序而执行 010 号中断任务，把#5000 传送到 H0 中。中断任务 010 执行完毕后返回断点处继续执行循环程序（本例没写其他循环程序）。若高速计数器的当前值等于目标值 2

时，中断主程序而执行 011 号中断任务，将 H0 与 H10 中的内容进行一次比较，若 H0 的内容大于 H10 时，101.01 为 ON。中断任务 011 执行完毕后返回断点处继续执行循环程序。A531.00 为高速计数器 0 的软件复位，若 1.00 为 ON 且有 Z 信号时，高速计数器复位。

【例 2.7】 区域比较。设计程序使高速计数器 1 在循环模式下使用，当前值达到 25000～25500（BCD）（000061A8～0000639CHex）的范围时，使中断任务 12 启动。环形计数器的最大值设为 50000（0000C350Hex）。

①在“PLC 设定”界面的“内置输入设置”标签页中进行高速计数器 1 的设定如下。

高速计数器 1：使用；

计数模式：循环模式；

环形计数器最大值：50 000

复位方式：软件复位（比较继续）；

输入模式：加/减法脉冲输入。

②添加中断任务 12。中断任务 12 的最终处写入 END（001）指令。

③将区域比较表数据编制为 D20000 开始的表格，如表 2.10 所示。

表 2.10　区域比较表数据

<table>
<tr><th>地址</th><th>设定值</th><th colspan="2">内容</th></tr>
<tr><td>D20000</td><td>#61A8</td><td>区域 1 下限值的低 4 位</td><td rowspan="2">下限值 25000</td></tr>
<tr><td>D20001</td><td>#0000</td><td>区域 1 下限值的高 4 位</td></tr>
<tr><td>D20002</td><td>#639C</td><td>区域 1 上限值的低 4 位</td><td rowspan="2">上限值 25500</td></tr>
<tr><td>D20003</td><td>#0000</td><td>区域 1 上限值的高 4 位</td></tr>
<tr><td>D20004</td><td>#000C</td><td>区域 1 中断任务 12（CHex）</td><td></td></tr>
<tr><td>D20005～D20008</td><td>#0000</td><td>区域 1 的上限/下限数据（因不使用，无须设定）</td><td rowspan="2">区域 2 的设定区域</td></tr>
<tr><td>D20009</td><td>#FFFF</td><td>因不使用，设定为#FFFF</td></tr>
<tr><td>…</td><td></td><td></td><td></td></tr>
<tr><td>D20014</td><td rowspan="5">#FFFF</td><td colspan="2" rowspan="5">区域 3～7 的第五个字的数据，一定要设定为#FFFF</td></tr>
<tr><td>D20019</td></tr>
<tr><td>D20024</td></tr>
<tr><td>D20029</td></tr>
<tr><td>D20034</td></tr>
<tr><td colspan="4">…</td></tr>
<tr><td>D20035～D20038</td><td>#0000</td><td>区域 8 的上限/下限数据（因不使用，无须设定）</td><td rowspan="2">区域 8 的设定区域</td></tr>
<tr><td>D20039</td><td>#FFFF</td><td>因不使用，设定为#FFFF</td></tr>
</table>

占用 40 个通道，不用区域的上下限写#0000，中断任务号写#FFFF。

④在中断任务 12 中编制中断处理的程序。中断任务 12 的最终处写入 END（001）

指令。

⑤如图 2.23（a）所示，CTBL 指令的第 1 个操作数为 0001，表示指定高速计数器 1 的输入；第 2 个操作数为 0001，表示登录一个区域比较表并开始进行比较；第 3 个操作数 D20000 是比较表的开始通道。目标值比较表中设了 1 个目标值。

执行条件 W0.00 为 ON 时，开始高速计数器 1 的比较动作。高速计数器 1 的当前值达到 25000 ~ 25500 时，则中断周期执行任务的处理，进行中断任务的处理。如中断任务 12 的处理结束，则再次开始已中断的周期执行任务的处理，动作过程如图 2.23（b）所示。

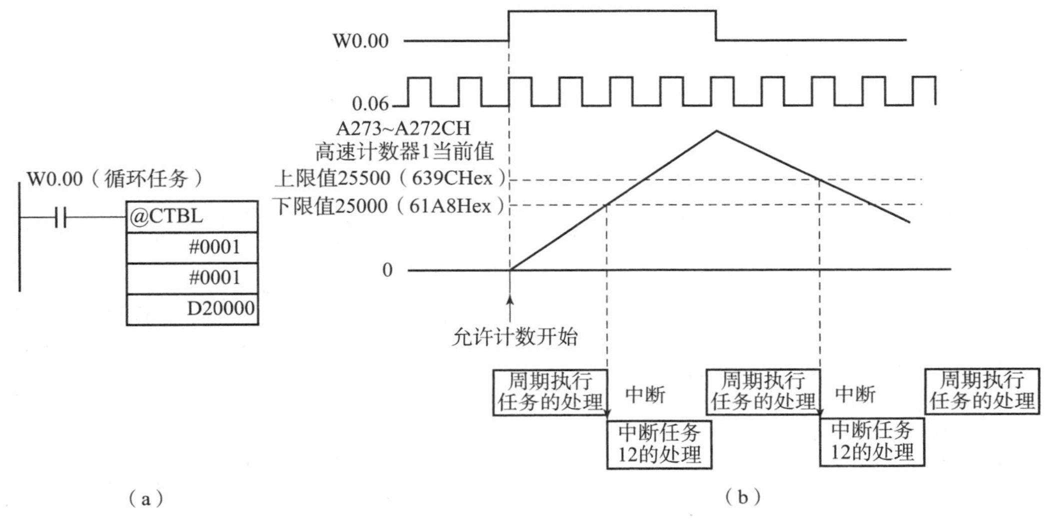

图 2.23　高速计数器区域比较示例

【例 2.8】　断电保持、区域比较。图 2.24 是高速计数器区域比较中断的例子，图 2.24（b）是区域比较表的内容。采用高速计数器 0、加/减计数方式，复位方式采用 Z 信号 + 软件复位。

分析： 图 2.24（a）中 CTBL 指令的操作数 P 为 0000，表示指定高速计数器 0 的输入；C 为 0003 表示登录一个区域比较表，并用 INI 指令启动比较；D0 是区域比较表的开始通道。

INI 指令的控制数据 C2 为#0002 时表示数据变更，即将操作数 S 和 S + 1 中的数据变更为当前值，图中的非微分型 INI 指令执行的操作即是在 PLC 上电的第一个扫描周期中，将 H0 和 H1 两个通道的内容（PLC 断电前瞬时的高速计数器的当前值，断电前应处于停止状态）传送到高速计数器 0 的当前值寄存器 A271、A270 中，以作为高速计数器 0 的新当前值。这样做的目的是，使 PLC 上电前、后高速计数器的当前值连续，这种做法在控制中有一定的实际意义。微分型 INI 指令用来启动比较。在 0.05 由 OFF 变为 ON 时执行一次 INI 指令，使高速计数器的当前值开始与 CTBL 指令所登录的区域比较表进行比较，即 CTBL 指令所登录的区域比较表在 0.05 为 ON 时才开始启动比较。

图 2.24（b）的区域比较表是设在 D0 ~ D39 这 40 个通道中，本例表中只设定了两个比较区域，因此其余 6 个区域中存放上、下限值的通道都置为#0000，存放中断任务号的通道都置为#FFFF。

本例的中断执行过程是，若高速计数器 0 的当前值落在区域 1 中时，中断循环程序，转去执行 004 号中断任务，执行完毕后返回断点处继续执行循环程序；若高速计数器的当前值落在区域 2 中时，中断执行循环程序，转去执行 005 号中断任务，执行完毕后返回断点处继续执行。

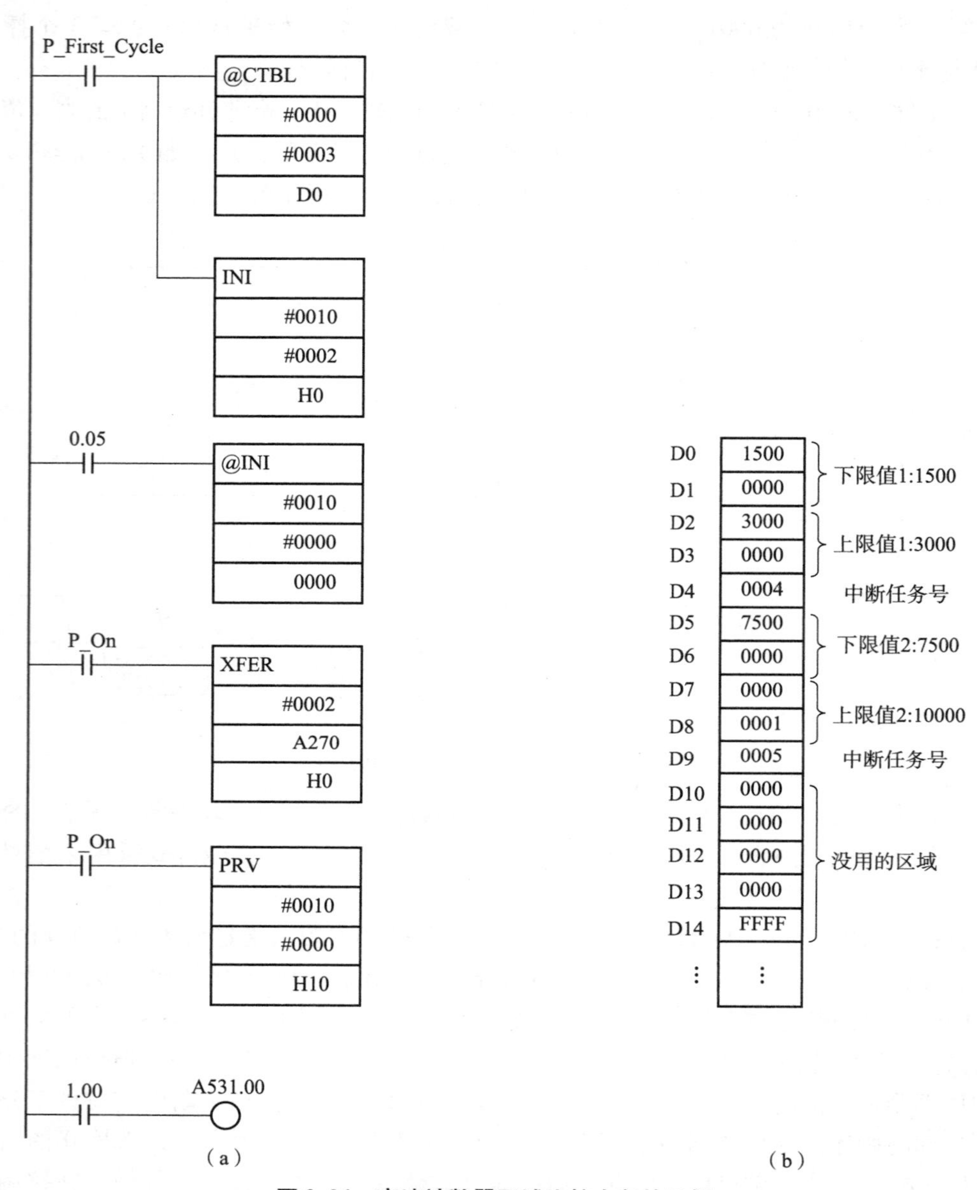

图 2.24　高速计数器区域比较中断的示例

图中还使用了块传送指令 XFER（070），执行该指令时将高速计数器 0 的当前值寄存器 A271、A270 两个通道的内容传送到 H1、H0 中。这样做的目的是，一旦 PLC 掉电，高速计数器的当前值能被保存在 H1、H0 中，再上电时通过执行第一个 INI 指令，就可以把掉电前的当前值传送到高速计数器 0 的当前值通道 A271、A270 中，以作为高速计数器的新当前值，使 PLC 上电前、后高速计数器 0 的当前值连续。图中还使用当前值读出指令 PRV，目的是随时将 A271、A270 中的当前值读到 H11、H10 中去。

若 1.00 为 ON 且有 Z 信号时，则高速计数器 0 复位。

【例 2.9】　通过脉冲输入的计数进行的尺寸检查。要求：

（1）使用 XA 型 CP1H 高速计数器 0 对工件顶端检测；计数值在 30000～30300 范围内时为合格，除此以外为不合格。

（2）合格品的情况下，用中断将输出 100.00 置于 ON，使 PL1 灯亮。不合格品的情况下，用中断将输出 100.01 置于 ON，使 PL2 灯亮。

（3）中断程序在中断任务 10 中编制，采用 Z 相信号 + 软件复位方式复位。

按要求进行以下的工作：

（1）输入/输出点分配，见表 2.11。

表 2.11　输入/输出点分配

输入/输出点			用途
输入点	通道	位	
	0CH	00	测量开始按钮（通用输入）
		01	测量物顶端检测（通用输入）
		03	测量物顶端检测，高速计数器 0（Z 相复位）
		08	高速计数器 0（A 相输入）
		09	高速计数器 0（B 相输入）
输出点	100CH	00	通用输出。PL1：尺寸合格输出
		01	通用输出。PL2：尺寸不合格输出

（2）通过 PLC 系统设定将高速计数器 0 设定为“使用”，此时的使用区域如表 2.12 所示。

表 2.12　高速计数器 0 的使用区域

内　　容		位/通道
当前值保存区域	保存高 4 位	A271CH
	保存低 4 位	A270CH
区域比较一致标志	与比较条件 1 相符时为 ON	A274.00
比较动作中标志	执行比较动作中为 ON	A274.08
溢出/下溢标志	线形模式下，当前值为溢出/下溢时为 ON	A274.09
计数方向标志	0：减法计数；1：加法计数	A274.10
复位标志	用当前值的软件复位	A531.00
高速计数器选通标志	选通标志为 1（ON）时，禁止进行脉冲输入计数	A531.08

（3）PLC 系统设定。“PLC 设定”的“内置输入设置”标签页下“高速计数器 0 的使用”的设定如下。

高速计数器 0：使用；

计数范围模式：线形计数模式；
复位方式：Z 相信号 + 软件复位；
计数模式：加法脉冲输入。

（4）输入/输出的布线。输入布线如图 2.25 所示。输出布线如图 2.26 所示。

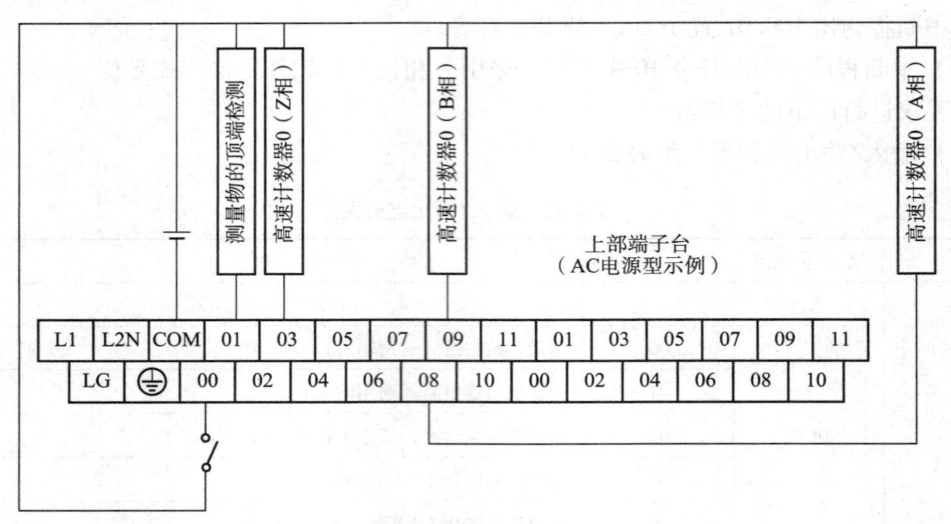

图 2.25　输入布线图

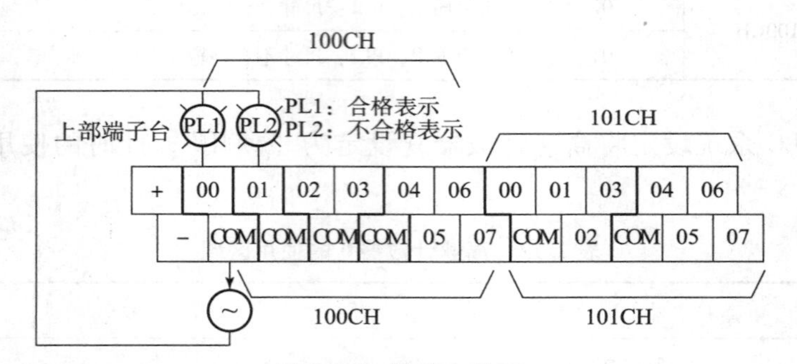

图 2.26　输出布线图

（5）将区域比较表数据编制为 D10000 开始的表格，如表 2.13 所示。

表 2.13　区域比较表

地址	设定值	内容	
D10000	#7530	区域 1 下限值的低 4 位	下限值 30000
D10001	#0000	区域 1 下限值的高 4 位	
D10002	#765C	区域 1 上限值的低 4 位	上限值 30300
D10003	#0000	区域 1 上限值的高 4 位	
D10004	#000A	区域 1 中断任务 10（AHex）	

（6）梯形图程序的编制。周期执行任务的程序如图 2.27 所示。通过 CTBL 指令，设定高速计数器 1 的比较动作、中断任务 10 的启动。

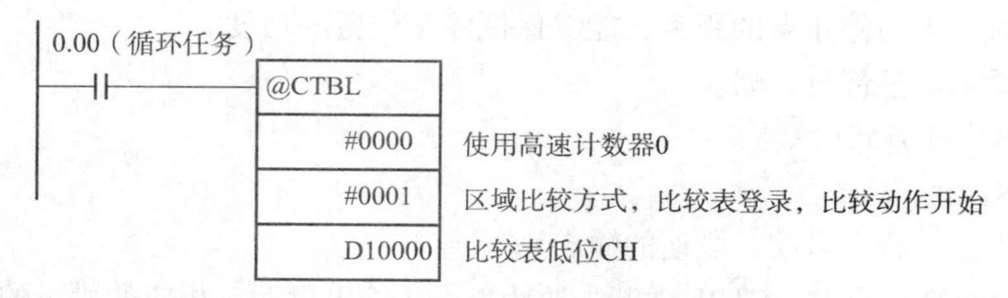

图 2.27　例 2.9 周期执行任务的程序

在中断任务 10 中编制中断处理的程序，如图 2.28 所示。

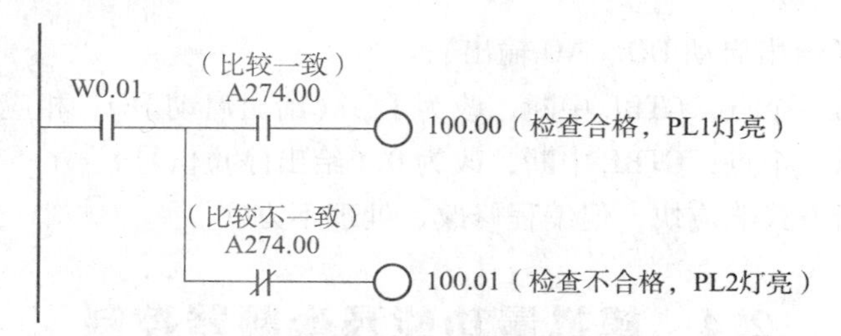

图 2.28　例 2.9 中断处理程序

变频器 + 编码器实现准停功能具有实际意义，在位置控制中，只有停止的位置最为重要。当要求精确较高，而中间的过程相对可以忽略时，采用变频器 + 编码器实现准停，代替位置伺服（见第 3 章），能够节省费用，简化调试过程，被广泛采用。典型的应用如立体车库中，要求轿车停止位置必须准确。还有立体仓库、数控机床的主轴换刀准停、定长切断，等等。

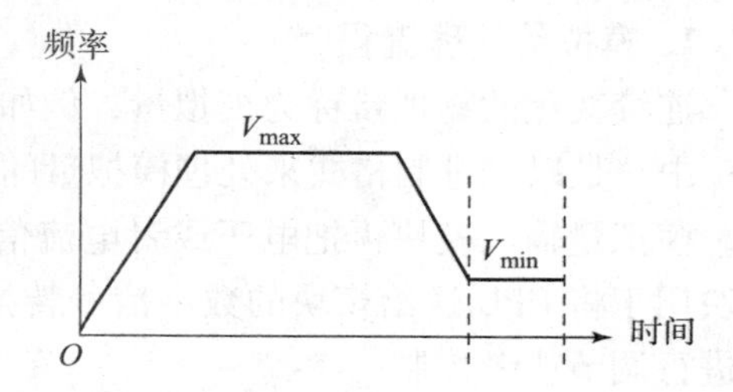

图 2.29　变频器 + 编码器实现准停功能的速度曲线

【例 2.10】　变频器 + 编码器实现准停功能。回零后，启动速度控制。当距离目标位置在设定距离（脉冲数）时减速，低速运行，当到达目标位置（设定的脉冲数）时停止，速度曲线如图 2.29 所示。

正确连接编码器与变频器，编码器接在高速输入通道 1，变频器由 PLC 210 通道输出数值控制，模拟量范围为 0 ~ 10 V。回零后，启动速度控制。程序如下：

```
LD  W0.00
MOV  &6000  210
 =  A531.01    //清除编码器计数
LD  P_On
 >L(326)  A272  D10  //A272 \A273 应设成 DINT 类型,
MOV  &1000  210    //D10 的脉冲数到,开始减速至 10 Hz;
LD  P_On
 >L(326)  A272  D12  //A272 \A273 应设成 DINT 类型
MOV  &0 210    //D12 脉冲数到,停止
```

正确设置减速点与停止点的距离，能够保证停车位置的精度。

程序还需手动调整部分，略。

采用 CTBL 中断方式时：

方式 1：多段速。

先启动到 V_{max}（给出启动、段速的输出）；

到 CTBL 中的第一个点，CTBL 中断，改为 V_{min}（给出启动、相应的段速的输出）；

到 CTBL 中的第二个点，CTBL 中断，改为 0（给出停止信号）。

方式 2：AO。

先启动到 V_{max}（给出启动 DO、AO 输出）；

到 CTBL 中的第一个点，CTBL 中断，改为 V_{min}（给出启动 DO、相应的 AO 输出值）；

到 CTBL 中的第二个点，CTBL 中断，改为 0（给出停止信号）。

采用 CTBL 中断方式响应快，但编程修改、处理不方便。

2.4　模拟量功能及变频器控制

2.4.1　模拟量输入/输出

1. 模拟量处理流程

连续变化的物理量称为模拟量，例如流量、压力、温度、速度、位置等。在 CP1H 系列 PLC 中，是以二进制格式来处理模拟量的。模拟量信号先经过传感器转化为电压或者电流信号，模拟量输入模块再把电压或者电流信号转换为 CPU 内部处理的数字信号；模拟量输出模块用于将 CPU 送给模块的数字信号转换成对应比例的电压信号或者电流信号，对执行机构进行调节或者控制。

2. 模拟量输入方法

模拟量的输入有两种方法：用模拟量输入模块输入模拟量、用采集脉冲输入模拟量。

1）用模拟量输入模块输入模拟量

模拟量输入模块是将模拟过程信号转换为数字信号，模拟量输入模块主要性能如下：

（1）模拟量规格，指可接受或者可输入的标准电流或者标准电压的规格。

（2）数字量位数，指转换后的数字量用多少位二进制数表达，位越多，精度越高。

（3）转换时间，指实现一次模拟量转换的时间，越短越好。

（4）转换路数，指可实现多少路的模拟量的转换，路数越多越好。

（5）功能，指实现模数转换时的一些附加功能，如标定、平均峰值、开方功能等。

2）用采集脉冲输入模拟量

PLC 可采集脉冲信号，可用高速计数单元或者特定输入点采集，也可以用输入中断的方法采集，把物理量转换为电脉冲信号也很方便。

3. 模拟量输出方法

模拟量的输出有 3 种方法：用模拟量输出模块控制输出、用开关量 ON/OFF 比值控制输出、用可调制脉冲宽度的脉冲量控制输出。

1）用模拟量输出模块控制输出

模拟量输出模块是将数字量转换为标准电压或者电流模拟量信号，使用模拟量输出模块时应按以下步骤进行：

（1）选用，确定是选用 CPU 单元的内置模拟量输出模块，还是选用外扩的模拟量输出模块。在选择外扩模块时，要选性能合适的模拟量输出模块，即要与 PLC 信号相当，规格、功能也要一致，而且配套的附件或者装置也要选好。

（2）接线，模拟量输出模块可为负载和执行器提供电源。使用屏蔽双绞线电缆连接模拟量信号至执行器。电缆两端的任何电位差都可能导致在屏蔽层产生电流，干扰模拟信号。为防止发生这种情况，应只将电缆的一端屏蔽层接地。

（3）设定，有硬设定和软设定。硬设定用 DIP 开关，软设定用存储区或运行相当的初始化 PLC 程序。做了设定，才能确定要使用哪些功能，选用什么样的数据转换，数据存储于什么单元。

2）用开关量 ON/OFF 比值控制输出

改变开关量 ON/OFF 比例，进而用这个开关量控制模拟量，是模拟量控制输出最简单的办法。这个方法不用模拟量输出模块即可实现模拟量控制输出。

3）用可调制脉冲宽度的脉冲量控制输出

有的 PLC 有半导体输出的输出点，可缩短工作周期，提高模拟量输出的平稳性。用其控制模拟量是既简单又平稳的方法。

4. CP1H 系列内置模拟量输入/输出单元

1）模拟量输入/输出功能介绍

CP1H－XA40DR－A 型 CPU 内置了模拟量输入/输出功能（仅限 XA 型）。内置模拟输入 4 点和模拟输出 2 点。有对应的模拟输入/模拟输出端子台。输入的形式通过模拟电压输入/模拟电流输入切换开关实现，如图 2.30 所示。

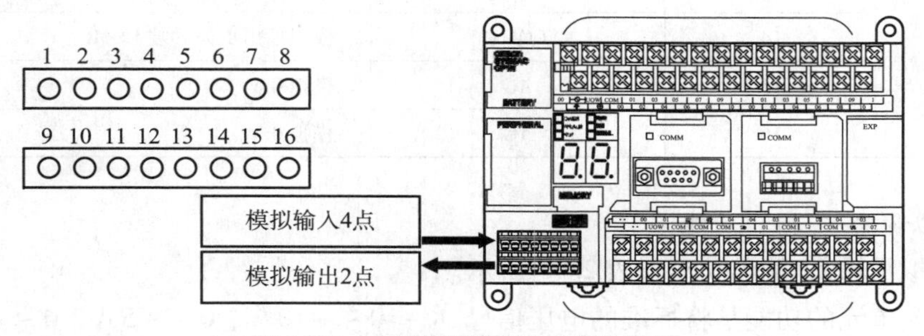

图 2.30　内置模拟量输入/输出端子

内置模拟量输入切换开关（仅限 XA 型）如图 2.31 所示，CP1H－XA 型 PLC 有 4 路模拟量输入端子，端子是用作电压输入还是用作电流输入，受切换开关控制。

内置模拟量输入/输出端子台，有 4 路模拟量输入端子、2 路模拟量输出端子，每个端子定义如图 2.30 所示。当开关拨到 ON 状态时表示输入为电流量，当开关拨到 OFF 状态时表示输入为电压量。

模拟量输入/输出端子引脚定义如表 2.14 所示。

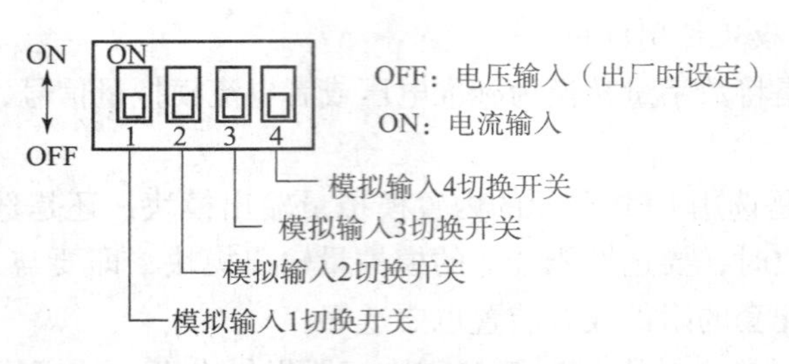

图 2.31　内置模拟量输入切换开关

表 2.14　模拟量输入/输出引脚定义

端子	引脚号	符号	含义
模拟输入	1	VIN0/IIN0	模拟输入 0 电压/电流输入
	2	COM0	模拟输入 0 公共端 COM0
	3	VIN1/IIN1	模拟输入 1 电压/电流输入
	4	COM1	模拟输入 1 公共端 COM1
	5	VIN2/IIN2	模拟输入 2 电压/电流输入
	6	COM2	模拟输入 2 公共端 COM2
	7	VIN3/IIN3	模拟输入 3 电压/电流输入
	8	COM3	模拟输入 3 公共端 COM3
模拟输出	9	VOUT0	模拟输出 0 电压输出
	10	IOUT0	模拟输出 0 电流输出
	11	COM0	模拟输出 0 公共端 COM0
	12	VOUT1	模拟输出 1 电压输出
	13	IOUT1	模拟输出 1 电流输出
	14	COM1	模拟输出 1 公共端 COM1
	15	AG	模拟 0 V
	16	AG	模拟 0 V

2）模拟量输入/输出功能

内置模拟量输入/输出功能如表 2.15 所示。

模拟输入单元的功能是将标准的电压信号（－10～＋10 V、0～＋5 V、0～＋10 V、1～＋5 V）或者电流信号（0～20 mA、4～20 mA）转换成数字量后送入 PLC 中的对应存储通道中。

（1）模拟量输入/输出功能指标。模拟量输入/输出功能的基本技术指标包括分辨率和输入/输出信号量程。

（2）模拟量输入的平均值处理功能。模拟量输入的平均值处理功能，可以通过 CX－Programmer 的 PLC 系统设定，逐个设定到各输入/输出。在平均化处理功能中，将前 8 次输入的平均值作为转换数据输出。输入发生细微变化的情况下，通过平均化处理，可作为平滑输入处理。

表 2.15　内置模拟量输入/输出功能

项目		电压输入/输出①	电流输入/输出①
模拟输入	模拟输入点数	4 点（占用 CH 数为 4CH）	
	输入信号量程	0 ~ 5 V、1 ~ 5 V、0 ~ 10 V、－10 ~ 10 V	0 ~ 20 mA、4 ~ 20 mA
	最大额定输入	±15 V	±30 mA
	外部输入阻抗	1 MΩ 以上	约 250 Ω
	分辨率	1/6 000 或者 1/12 000（FS：满量程）②	
	综合精度	25 ℃时为 ±0.3% FS；0 ℃ ~ 55 ℃时为 ±0.6% FS	25 ℃时为 ±0.4% FS；0 ℃ ~ 55 ℃时为 ±0.8% FS
	A/D 转换数据	当－10 ~ 10 V 时：满量程值为 F448（E890）~ 0BB8（1770）Hex 上述以外：满量程值为 0000 ~ 1770（2EE0）Hex	
	平均化处理	有（通过 PLC 系统设定来设定各输入）	
	断线检测功能	有（断线时的值为 8000Hex）	
模拟输出	模拟输出点数	2 点（占用 CH 数为 2CH）	
	输出信号量程	0 ~ 5 V、1 ~ 5 V、0 ~ 10 V、－10 ~ 10 V	0 ~ 20 mA、4 ~ 20 mA
	外部输出允许负载电阻	1 kΩ 以上	600 Ω 以下
	外部输出阻抗	0.5 Ω 以下	—
	分辨率	1/6 000 或者 1/12 000（FS：满量程）②	
	综合精度	25 ℃时为 ±0.4% FS；0 ℃ ~ 55 ℃时为 ±0.8% FS	
	D/A 转换数据	当－10 ~ 10 V 时：满量程值为 F448（E890）~ 0BB8（1770）Hex 上述以外：满量程值为 0000 ~ 1770（2EE0）Hex	
转换时间		1 ms/点③	
隔离方式		模拟输入/输出与内部电路间采用光电耦合器隔离（但模拟输入/输出间为不隔离）	

注：①电压输入/电流输入的切换由内置模拟量输入切换开关选择。
②分辨率 1/6 000、1/12 000 的切换由 PLC 系统设定进行，所以输入/输出通道只能用同一个分辨率。
③合计转换时间为所使用的点数的转换时间的总和。使用模拟输入 4 点＋模拟输出 2 点时为 6 ms

（3）当输入量程为 1 ~ 5 V、输入信号小于 0.8 V 时，或者输入量程为 4 ~ 20 mA、输入信号小于 3.2 mA 时，判断为输入发生断线，断线检测功能工作。数据转为 8000Hex，并且其工作时间、解除时间和转换时间都相同。当输入再恢复到可转换的范围时，断线检测功能自动被清除，恢复到通常的转换数据。断线检测标志被分配到特殊辅助继电器 A434CH 的 00 ~ 03 位。

3）模拟量输入/输出功能的使用

（1）输入切换开关设定。切换各模拟量输入，使其在电压输入下使用，或者在电流输入下使用。切换开关为 ON 时为电流输入；切换开关为 OFF 时为电压输入。

模拟输出有专门的电压输出和电流输出端，不需要做选择设定。

（2）PLC 系统设定。使用模拟量输入/输出功能之前必须进行设定，在 PLC 的 CX－Programmer 编程软件的工程目录，双击“设置”菜单命令，弹出“PLC 设定”窗口，在“内建 AD/DA”标签的页面下进行模拟量功能的设置，如图 2.32 所示。

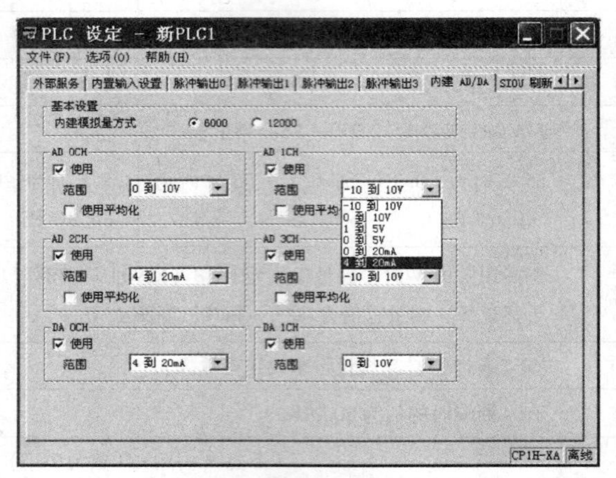

图 2.32　模拟量输入/功能的设定

分辨率的设定是对所有的输入/输出而言的，输入/输出是否可用、输入/输出量程是否使用平均化处理可以按照各个输入/输出逐个设定。

电压输入/输出信号范围（量程）有 4 种：0～5 V、1～5 V、0～10 V、－10～10 V；电流输入/输出信号范围（量程）有 2 种：0～20 mA、4～20 mA。

（3）输入/输出连线。输入/输出连线如图 2.33 所示。PLC 的内置模拟量输入有电压输入和电流输入两种接法。PLC 的模拟量输出单元有电压输出和电流输出两种接法。

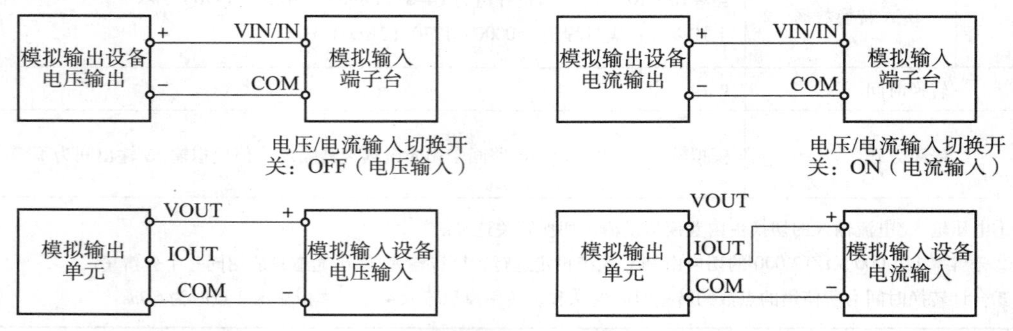

图 2.33　模拟量输入/输出的连线

（4）内置模拟量输入/输出继电器区。输入/输出转换数据被分配到 I/O 继电器区域的通道 200CH～203CH、210CH 和 211CH。模拟输入进行 A/D 转换，并输入到 200CH～203CH。设定到 210CH 和 211CH 的数据进行 D/A 转换，并作为模拟电压/电流输出。模拟输入/输出通道的分配如表 2.16 所示。

与内置模拟量模块相关的特殊寄存器区：

若输入量程为 1～5 V 且输入信号不足 0.8 V（或输入量程为 4～20 mA 且输入信号不足 3.2 mA）时，系统判断为输入断线。

表2.16　模拟输入/输出通道的分配

种类	占用CH编号	内容		
		模拟量数据	6 000分辨率	12 000分辨率
A/D	200CH	模拟输入0	-10~10 V量程： F448~0BB8Hex； 其他量程： 0000~1770Hex	-10~10 V量程： E890~1770Hex； 其他量程： 0000~2EE0Hex
	201CH	模拟输入1		
	202CH	模拟输入2		
	203CH	模拟输入3		
D/A	210CH	模拟输出0		
	211CH	模拟输出1		

由表2.17可知，通过断线检测功能获得的断线信息被输出到特殊辅助继电器断线检测标志（A434CH位00~03）中；内置模拟输入/输出的初始处理结束信息，被输出到特殊辅助继电器内置模拟初始处理结束标志（A434CH位04）中。

表2.17　与内置模拟量模块相关的特殊寄存器区

地址	位	说明	状态
A434	0	AD0断线异常	内置模拟量异常发生时，为1（ON）
	1	AD1断线异常	
	2	AD2断线异常	
	3	AD3断线异常	
	4	内置模拟的初始处理完成标志	内置模拟的初始处理完成时，标志为1

5. CP1H系列扩展模拟量输入/输出单元

CP1H CPU单元可以连接CPM1A系列的扩展模拟量输入/输出单元和CJ系列的扩展模拟量输入/输出单元。本书只介绍CPM1A系列的扩展模拟量输入/输出单元。

1）CPM1A系列的扩展单元

CP1H可以连接CPM1A系列的扩展单元，能够连接的台数含CPM1A扩展I/O单元最多为7台。但是，温度调节单元CPM1A-TS002/102中因为占有输入继电器区域4CH，当包含这些单元时，要减少可连接的台数。

CP1H CPU单元能连接CPM1A的扩展单元，最多台数为7台，包含扩展模拟输入/输出单元。CPM1A的模拟扩展单元有多种：CPM1A-MAD01（模拟输入2点，模拟输出1点）、CPM1A-MAD11（模拟输入2点，模拟输出1点）、CPM1A-MAD041（模拟输出4点）。下面以CPM1A-MAD01为例，介绍模拟量扩展单元。

2）CPM1A-MAD01模拟量输入/输出单元

CPM1A-MAD01模拟量输入/输出单元模拟输入2点，模拟输出1点。

（1）CPM1A-MAD01模拟量输入/输出端子的含义。

CPM1A-MAD01模拟量输入/输出端子的含义如图2.34所示。注意，当使用电流输入时，须将VIN1和IIN1、VIN2和IIN2短接。

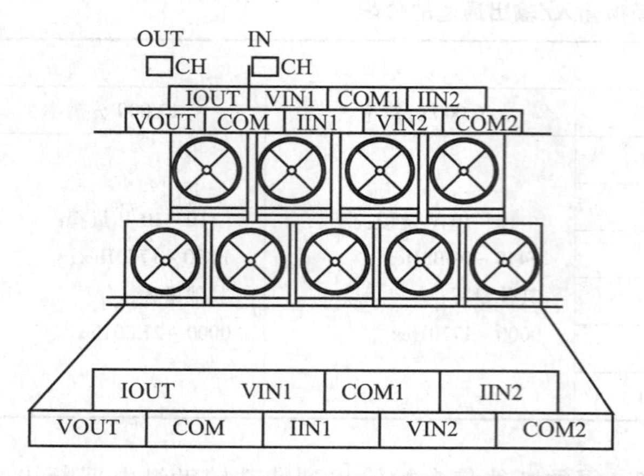

VOUT	电压输出
IOUT	电流输出
COM	输出公共端COM
VIN1	电压输入1
IIN1	电流输入1
COM1	输入公共端COM1
VIN2	电压输入2
IIN2	电流输入2
COM2	输入公共端COM2

图 2.34　CPM1A－MAD01 模拟量输入/输出单元及输入/输出端子含义

（2）CPM1A－MAD01 模拟量输入/输出单元的性能指标。

CPM1A－MAD01 模拟量输入/输出单元的性能指标如表 2.18 所示。

表 2.18　CPM1A－MAD01 模拟量输入/输出单元的性能指标

项目		电压输入/输出	电流输入/输出
模拟输入	模拟输入点数	2 点	
	输入信号量程	0～10 V/1～5 V	4～20 mA
	最大额定输入	±15 V	±30 mA
	外部输入阻抗	1 MΩ 以上	250 Ω 额定值
	分辨率	1/256	
	综合精度	1.0% FS	
	A/D 转换数据	8 位二进制	
模拟输出	模拟输出点数	1 点	
	输出信号量程	0～10 V/－10～10 V	4～20 mA
	外部输出最大电流	5 mA	
	外部输出允许负载电阻	—	350 Ω
	分辨率	1/256（输出信号量程为－10～10 V 时是 1/512）	
	综合精度	1.0% FS	
	设定数据	8 位二进制＋符号位	
转换时间		10 ms 以下/单元	
隔离方式		输入/输出端子和 PLC 信号间采用光电耦合器隔离； 但是模拟输入/输出间为不隔离	
消耗电流		DC 5 V、66 mA 以下/DC 24 V、66 mA 以下	

（3）CPM1A－MAD01 模拟量输入/输出单元与 CP1H CPU 单元主机的连接。

CPM1A－MAD01 模拟量输入/输出单元与 CP1H CPU 单元主机的连接如图 2.35 所示。

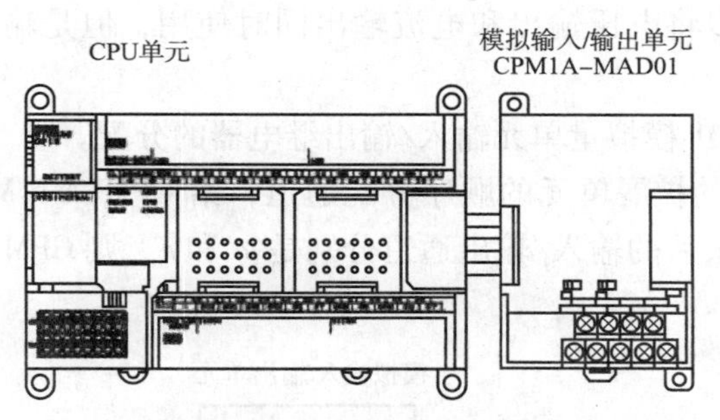

图 2.35　CPM1A－MAD01 模拟量输入/输出单元与 CP1H CPU 单元主机的连接图

（4）CPM1A－MAD01 模拟量单元的布线。

电压/电流的选择用布线来切换，CPM1A－MAD01 模拟量单元的输入布线如图 2.36 所示。注意电压电流输入的不同连接。

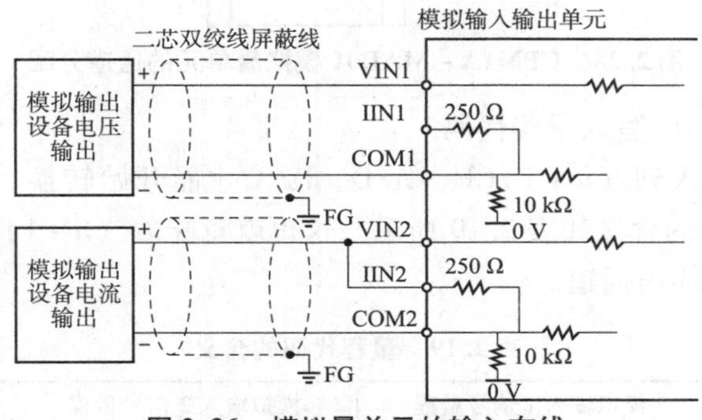

图 2.36　模拟量单元的输入布线

CPM1A－MAD01 模拟量单元的输出布线如图 2.37 所示。注意电压电流输出的不同连接。

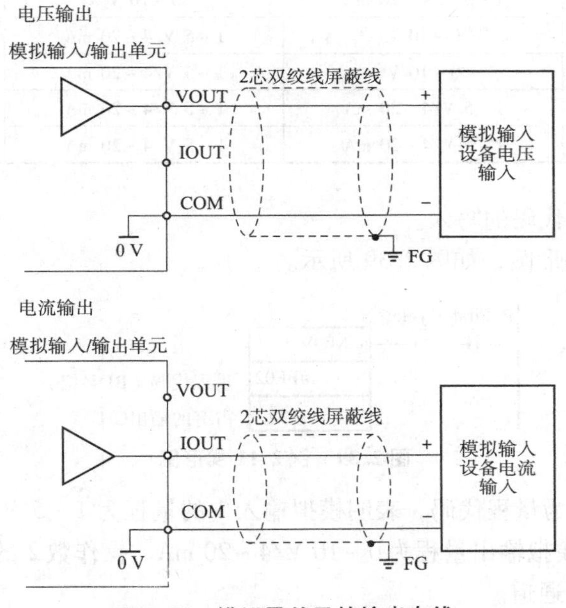

图 2.37　模拟量单元的输出布线

注意，模拟输出可以将电压输出和电流输出同时使用，但是输出的电流总和应控制在 21 mA 以下。

（5）CPM1A－MAD01 模拟量单元输入/输出继电器的分配。

按与 CPU 单元连接的扩展单元的顺序分配通道，给 CPM1A－MAD01 分配输入 2CH 和输出 1CH。若前面单元最后的输入/输出通道分别是 m 和 n，则 CPM1A－MAD01 扩展单元的通道分配如图 2.38 所示。

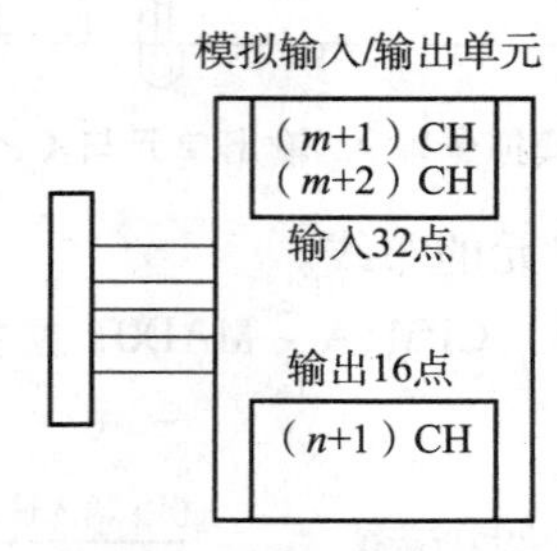

图 2.38　CPM1A－MAD01 模拟量单元的通道分配

（6）CPM1A－MAD01 写入量程代码。

只有将量程代码写入到（$n+1$）CH，A/D、D/A 才能开始转换。有如下 8 种量程代码 FF00～FF07，量程代码的含义如表 2.19 所示。这也就意味着（$n+1$）CH 通道既是写入量程代码的通道，又是模拟输出通道。

表 2.19　量程代码的含义

量程代码	模拟输入 1 信号量程	模拟输入 2 信号量程	模拟输出信号量程
FF00	0～10 V	0～10 V	0～10 V/4～20 mA
FF01	0～10 V	0～10 V	－10～10 V/4～20 mA
FF02	1～5 V/4～20 mA	0～10 V	0～10 V/4～20 mA
FF03	1～5 V/4～20 mA	0～10 V	－10～10 V/4～20 mA
FF04	0～10 V	1～5 V/4～20 mA	0～10 V/4～20 mA
FF05	0～10 V	1～5 V/4～20 mA	－10～10 V/4～20 mA
FF06	1～5 V/4～20 mA	1～5 V/4～20 mA	0～10 V/4～20 mA
FF07	1～5 V/4～20 mA	1～5 V/4～20 mA	－10～10 V/4～20 mA

【例 2.11】　量程代码的写入。

将量程代码写入梯形图，如图 2.39 所示。

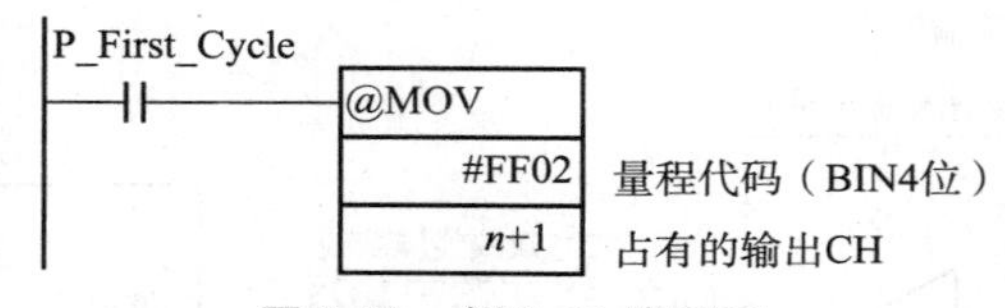

图 2.39　例 2.11 梯形图

操作数 1 的#FF02 为量程代码，表明模拟输入 1 的量程为 1～5 V/4～20 mA；模拟输入 2 的量程为 0～10 V；模拟输出量程为 0～10 V/4～20 mA。操作数 2 的 $n+1$ 为量程代码写入通道，也是模拟量输出通道。

（7）读出 A/D 转换数据。

A/D 转换数据在（$m+1$）CH 和（$m+2$）CH 的 00～07 位，A/D 转换数据输出如图 2.40 所示。

断线检测标志在 1～5 V/4～20 mA 输入信号量程时，输入信号电压/电流为 1 V 或者 4 mA以下时为 ON。在 0～10 V 输入信号量程内不能使用。

（8）A/D 转换数据的设定。

向分配给模拟输入/输出单元的输出通道（$n+1$）CH 写入输出数据。（$n+1$）CH 用于电源刚通电时量程代码的写入，又是正常工作时的模拟量输出通道。D/A 转换数据输出如图 2.41 所示。

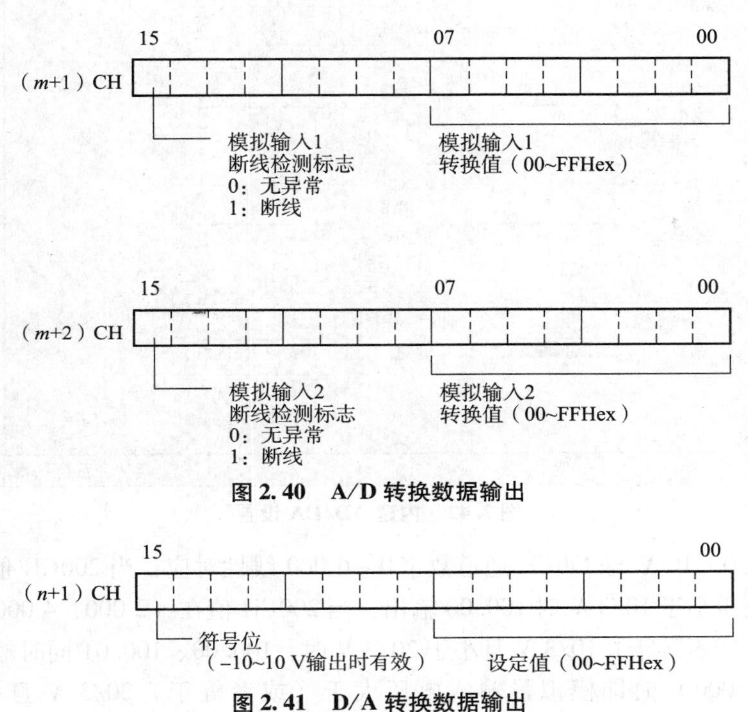

图 2.40　A/D 转换数据输出

图 2.41　D/A 转换数据输出

注意：

输出信号在 0～10 V/4～20 mA 的量程范围时，设定值范围为 0000～00FFHex。

输出信号在 -10～+10 V 的量程范围时，正数设定值范围为 0000～00FFHex，负数设定值范围为 8000～80FFHex。

输出信号为 -10～+10 V 时，输出值设定的 8～14 bit 无用，输出信号为 0～10 V/4～20 mA时输出值设定的 8～15 bit 无用。

（9）电源为 ON 时的模拟输入/输出等待程序。

接通电源，从开始运行后到最初的转换数据保存到输入通道中为止，要花费两个周期约 100 ms 的时间。因此在电源为 ON 时开始运行，同时应制定如例 2.12 所示的有效转换数据等待程序，在初始处理完成前，模拟输入数据为 0000。模拟输出在写入量程代码之前为 0 V 或者 0 mA，量程代码写入后，0～10 V/-10～+10 V 量程时的输出为 0 V，4～20 mA量程时的输出为 4 mA。

【例 2.12】 采集200CH 通道的电压值，当其值在（0，2 000）时100.00 输出，在（2 000，4 000）时，100.00、100.01 同时输出，在（4 000，6 000）时，100.00、100.01、100.02 同时输出。并且其值输出到210 通道，控制变频器。

解：在 CX-Programmer 工程“设置”的“内建 AD/DA”标签页中，“内建模拟量方式”选择6000 分辨率；“AD 0CH”选择0~10 V；“DA 0CH”选择0~10 V。如图2.42 所示。

注：“设置”下载到 PLC 后需要断电，重新上电后生效。

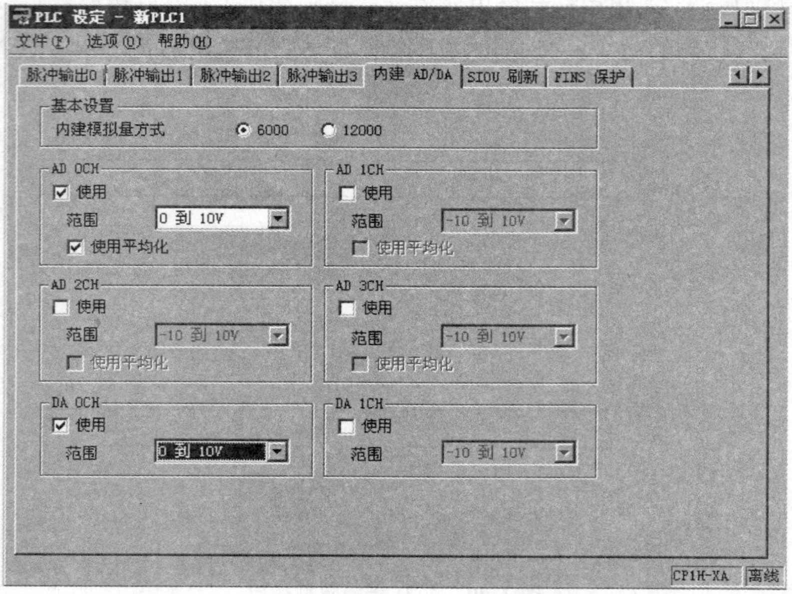

图 2.42 内建 AD/DA 设置

模拟量输入0~10 V 与200CH 通道数字0~6 000 线性对应：当200CH 值小于2 000 时即模拟量输入电压小于10/3 V 时100.00 输出；当200CH 值在（2 000，4 000）时即模拟量输入电压大于（或者等于）10/3 V 且小于20/3 V 时，100.00、100.01 同时输出，当200CH 值在（4 000，6 000）时即模拟量输入电压大于（或者等于）20/3 V 且小于10 V 时，100.00、100.01、100.02 同时输出。并且其值输出到210CH 通道，控制变频器。

实现题目要求的指令程序如下，对应梯形图程序如图2.43 所示。

指令程序：

```
LD              W0.00
AND<(310)       200
                &2000
AND>=(325)      200
                &0
OUT             W0.01
LD              W0.00
AND<(310)       200
                &4000
```

```
AND >=(325)          200
                     &2000
OUT                  W0.02
LD                   W0.00
AND <(310)           200
                     &6000
AND >=(325)          200
                     &4000
OUT                  W0.03
LD                   W0.01
OR                   W0.02
OR                   W0.03
OUT                  100.00
LD                   W0.02
OR                   W0.03
OUT                  100.01
LD                   W0.03
OUT                  100.02
LD                   P_On
MOV(021)             200          ;模拟量输入 200CH 通道值输出到
                     210          ;模拟量输出 210CH 通道
```

【例 2.13】　采集 200CH 通道的 4 ~ 20 mA 传感器电流值，转换为工程值，传感器为压力传感器，量程为 0 ~ 1.6 MPa。

解：在 CX - Programmer 工程“设置”的“内建 AD/DA”标签页中，“内建模拟量方式”选择 6000 分辨率；“AD　0CH”选择 4 ~ 20 mA；“DA　0CH”选择 0 ~ 10 V（如果输入设置为 0 ~ 20 mA，而不是 4 ~ 20 mA 时，则需要在“AD　0CH”选择 0 ~ 20 mA）。

压力 0 ~ 1.6 MPa 线性对应 4 ~ 20 mA，同样线性对应 200CH 数值 0 ~ 6 000。

实现题目要求的指令程序如下：

```
LD              W0.00
FLT(452)        200
                D2                ;16 位有符号二进制数转换为浮点数
 *F(456)        D2
                 +1.6
                D4                ;浮点数乘法
/F(457)         D4
                 +6000.0
                D6                ;浮点数除法
```

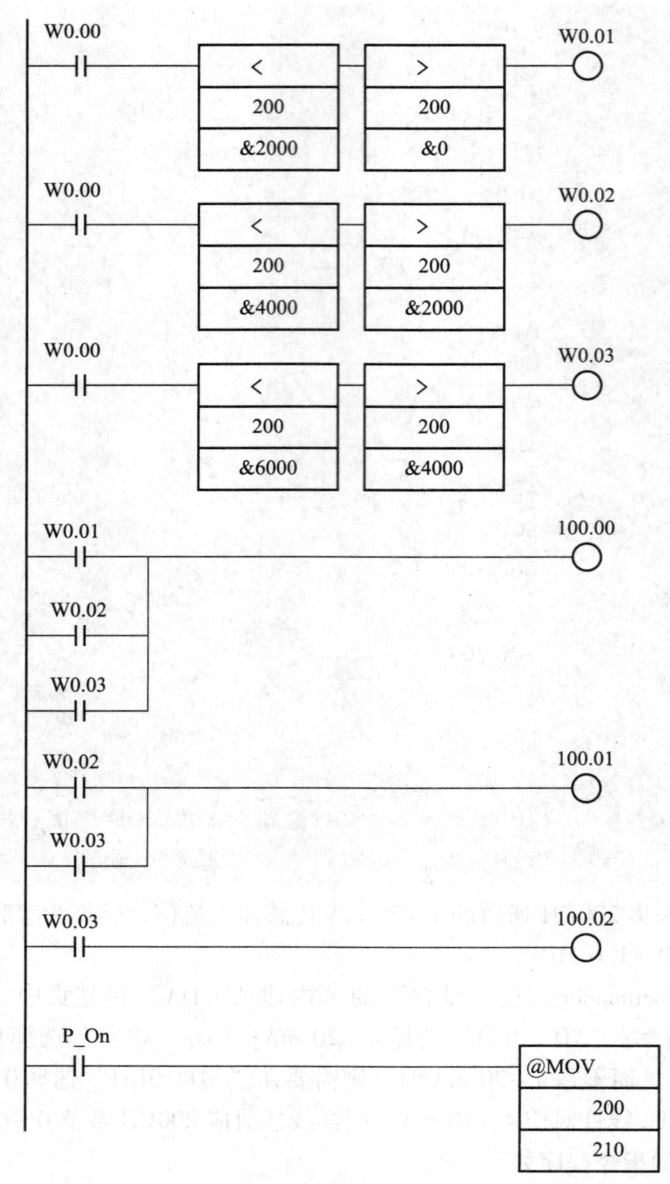

图 2.43　梯形图程序

注：

FLT（452）为浮点数转换指令，将 16 位整数转换为浮点数；

FLTL（453）为浮点数转换指令，将 32 位整数转换为浮点数；

FIX（450）为浮点数转换指令，将浮点数转换为 16 位整数；

FIXL（451）为浮点数转换指令，将浮点数转换为 32 位整数。

梯形图程序如图 2.44 所示。

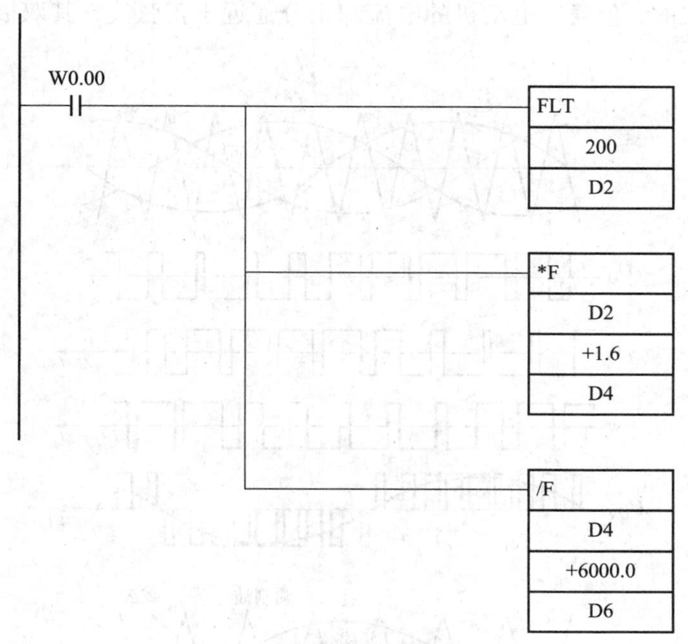

图 2.44　梯形图程序

2.4.2　变频器原理

1. SPWM 正弦脉宽调制

变频器主电路结构由整流电路和逆变电路构成，整流电路是三相二极管桥式整流桥，把三相交流电整流成脉动直流电压，再经过电容滤波，减小脉动成分，成为更加平稳的直流电压。逆变电路是由 IGBT 构成的三相桥式逆变电路，采用一定的调制方式把直流电压逆变成控制电动机的三相交流电压，此交流电压的频率就是变频器的输出电压基波频率。变频器常用的调制方式就是正弦脉宽调制（SPWM），如图 2.45 所示。变频器输出的脉冲宽度和占空比的大小按正弦规律分布。正弦波称为调制波，其频率就是变频器输出电压基波频率。三角波称为载波，载波频率在变频器参数中称为开关频率。

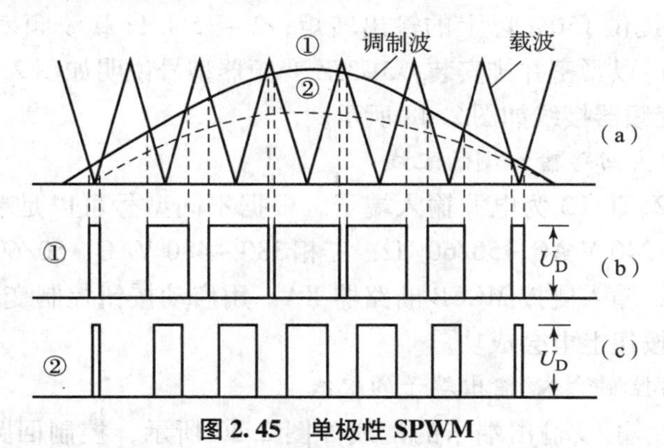

图 2.45　单极性 SPWM

（a）载波和调制波；（b）电压 U 较大时脉冲系列；（c）电压 U 较小时脉冲系列

SPWM 的显著优点是：由于电动机的绕组具有电感性，因此，尽管电压是由一系列的宽度可变的脉冲构成的，但通入电动机的电流却十分逼近于正弦波，其双极性 SPWM 调制方式如图 2.46 所示。

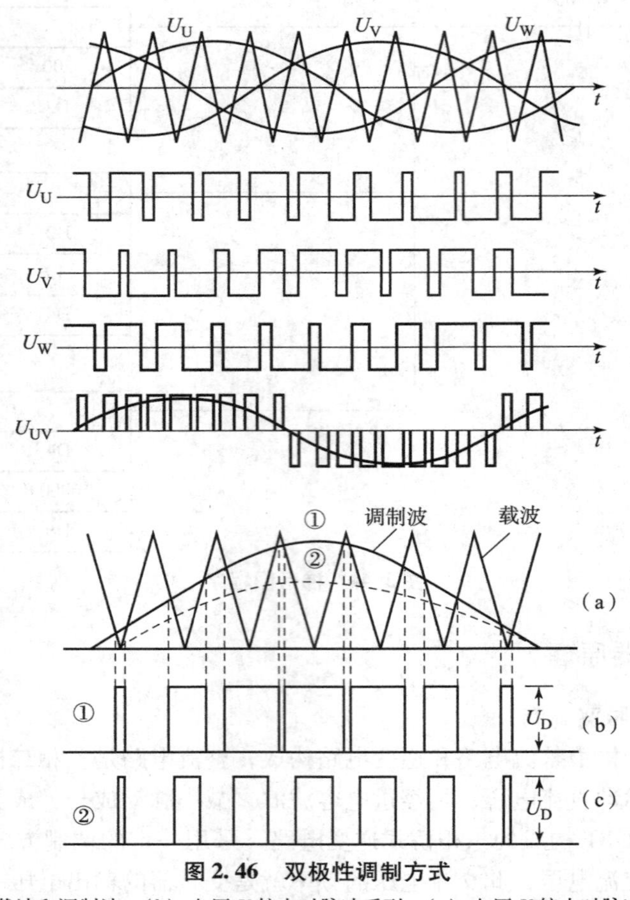

图 2.46　双极性调制方式

(a) 载波和调制波；(b) 电压 U 较大时脉冲系列；(c) 电压 U 较小时脉冲系列

2. 3G3JZ 变频器设置方法

OMRON 3G3JZ 变频器是日本欧姆龙公司变频器，标准配置有 RS－485 接口；Modbus 总线通信功能，3 Hz 时提供 150% 以上的输出转矩；2～15 kHz 载波频率，能实现静音驱动；搭载简易节能功能；可以紧密并排安装；3G3JZ 变频器型号说明如图 2.47 所示。

OMRON 3G3JZ 变频器接线如图 2.48 所示。

1）3G3JZ 变频器主回路输入侧的配线

端子 R/L1、S/L2、T/L3 为电源输入端子。根据不同型号可以是单相 220～240 V AC，50/60 Hz；三相 220～240 V AC，50/60 Hz；三相 380～480 VAC，50/60 Hz；图 2.49 所示为主回路输入侧的配线，输入侧接 MCCB 断路器 XA，用启动按钮控制变频器上电，当变频器没有故障时，用启动按钮上电会成功。

2）3G3JZ 变频器控制输入/输出端子的配线

3G3JZ 变频器控制输入/输出端子的配线如图 2.50 所示，控制回路端子功能如表 2.20 所示。

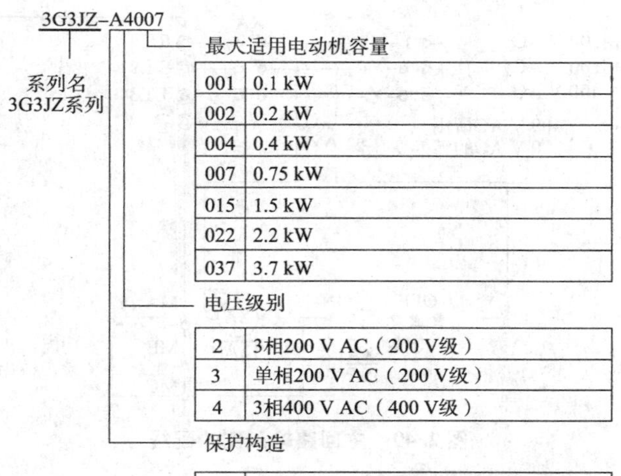

图 2.47　3G3JZ 变频器型号

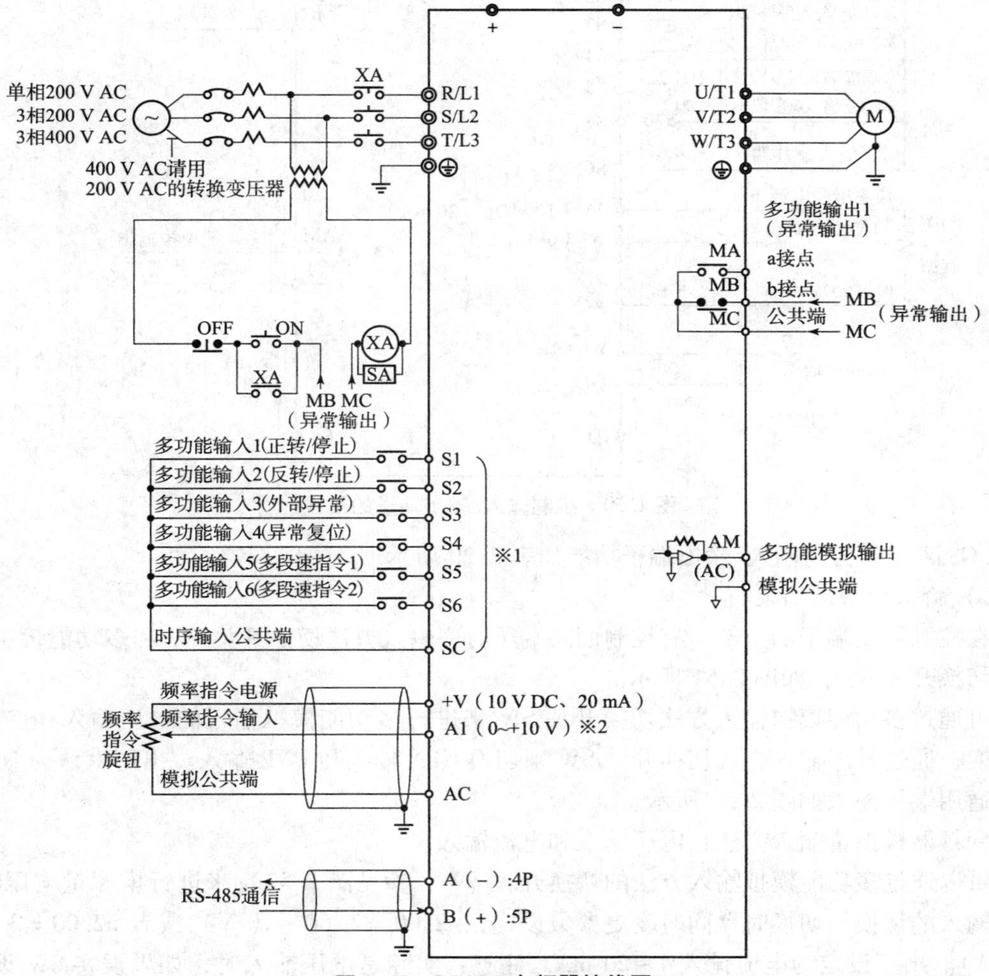

图 2.48　3G3JZ 变频器接线图

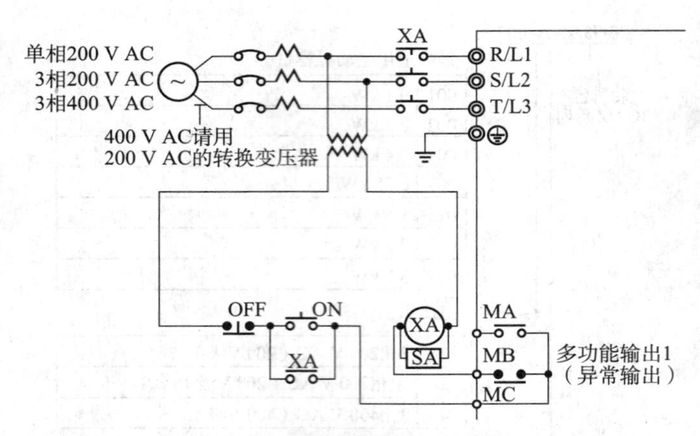

图 2.49　主回路输入侧的配线

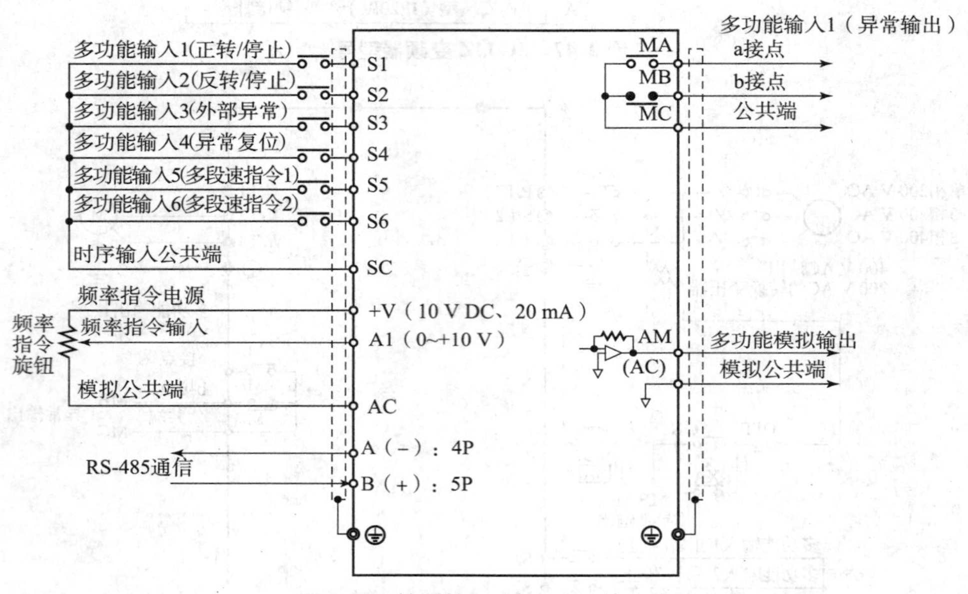

图 2.50　控制输入/输出端子的配线

3G3JZ 变频器的输入/输出端子功能如表 2.20 所示。

3）输入方法的切换

在控制回路端子的上部，有控制回路端子时序输入方法切换开关 SW 和多功能模拟输入方法切换开关 SW，如图 2.51 所示。

可通过多功能模拟输入方法切换开关 SW 来进行多功能模拟输入的电压输入/电流输入的切换，通过时序输入方法切换开关 SW 来切换 NPN 输入和 PNP 输入。出厂默认为 NPN 输入。通用端子输入如图 2.52 所示。

变频器模拟量输入方法：电压输入和电流输入。

可以通过多功能模拟输入方法的切换开关 SW（参见图 2.52）来进行模拟量电压输入/电流输入的切换。切换时需同时变更参数设定，n2.00＝2（0～10 V）或者 n2.00＝3（4～20 mA）。出厂设定为电流输入 4～20 mA。注意：实际是电压输入时，如果误将 SW 设定为“ACI”，就可能会导致输入回路的电阻烧毁。

表 2. 20　控制回路端子功能

记号		内容	规格
输入	S1	多功能输入 1（正转/停止）	光耦合器。 DC：+24（1±10%）V、16 mA ※1. 初期设定时设定为 NPN，因此请用 GND 公共端配线，不需要使用外部电源。 ※2. 使用外部电源在 + 侧公共电源时，将 SW1 切换为 PNP，使用 DC 24（1±10%）V 电源。
	S2	多功能输入 2（反转/停止）	
	S3	多功能输入 3（外部异常）	
	S4	多功能输入 4（异常复位）	
	S5	多功能输入 5（多段速指令 1）	
	S6	多功能输入 6（多段速指令 2）	
	SC	时序输入公共端	
	SP	时序电源 +24 V	+24 V DC、20 mA
	AC	模拟公共端	模拟输入、模拟输出的 0 V
	A1	频率指令输入	0 ~ +10 V DC（10 位）/47 kΩ
	+V	频率指令电源	+10 V DC、20 mA
输出	MA	多功能输出 1 a 常开触点（异常输出）	继电器输出。 电阻负载时：+24 V DC、3A 以下/250 V AC、3 A 以下； 电感负载时：+24 V DC、0.5 A 以下/250 V AC、0.5 A 以下
	MB	多功能输出 1 b 常闭触点（异常输出）	
	MC	多功能输出 1 公共端	
	AM	多功能模拟输出	0 ~ +10 V DC（8 位）、2 mA
	（AC）	模拟公共端	

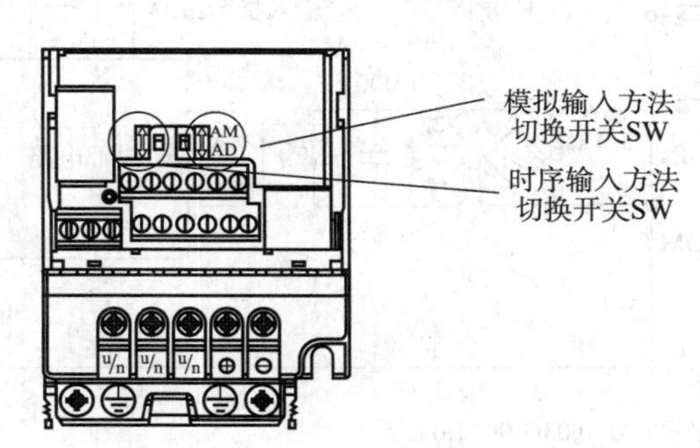

图 2. 51　输入方法的切换

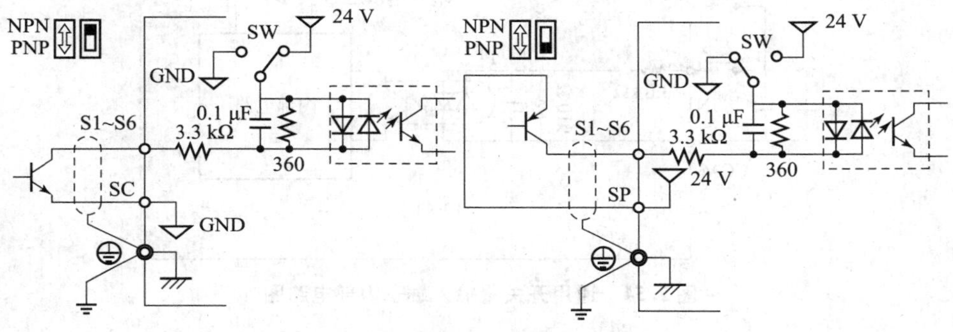

图 2. 52　通用端子输入

2.4.3 CP1H 对变频器控制的方法

PLC 型号 CP1H－XA40DT－D，直流 24 V 供电，24 点输入，16 点输出，晶体管漏型输出；内置 4 路模拟量输入、2 路模拟量输出。通用输入、输出端子如图 2.53 所示。

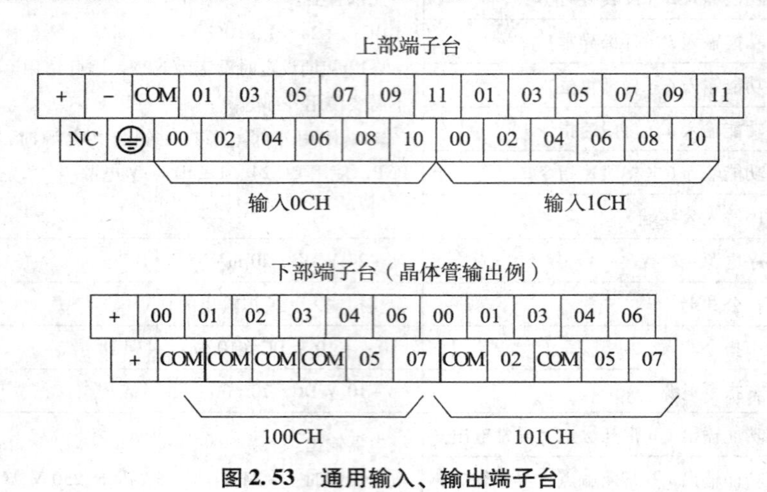

图 2.53 通用输入、输出端子台

CP1H CPU 的开关量输入端子内部电路图结构如图 2.54 所示。

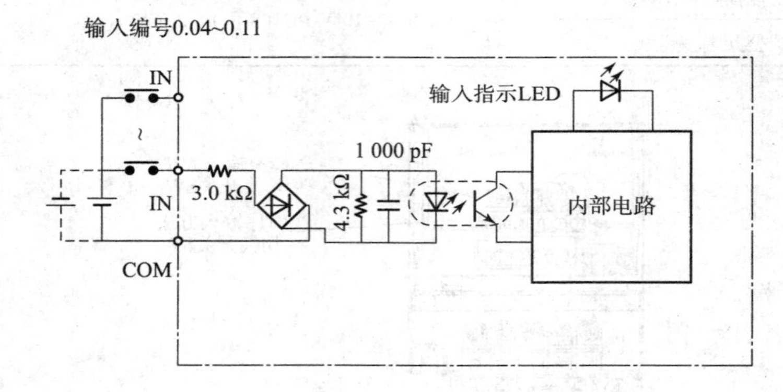

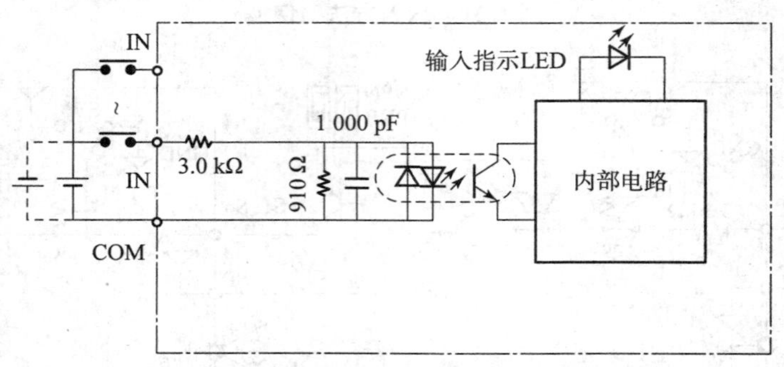

图 2.54 通用开关量输入端子内部电路图

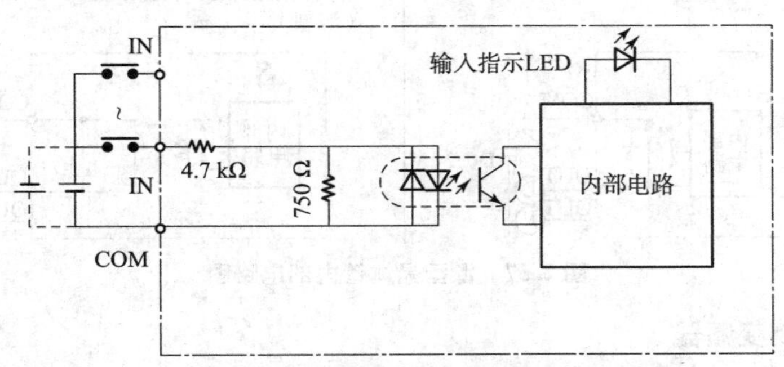

图 2.54　通用开关量输入端子内部电路图（续）

CP1H I/O 输入端子可以连接相应的直流输入设备，示例如图 2.55 所示。

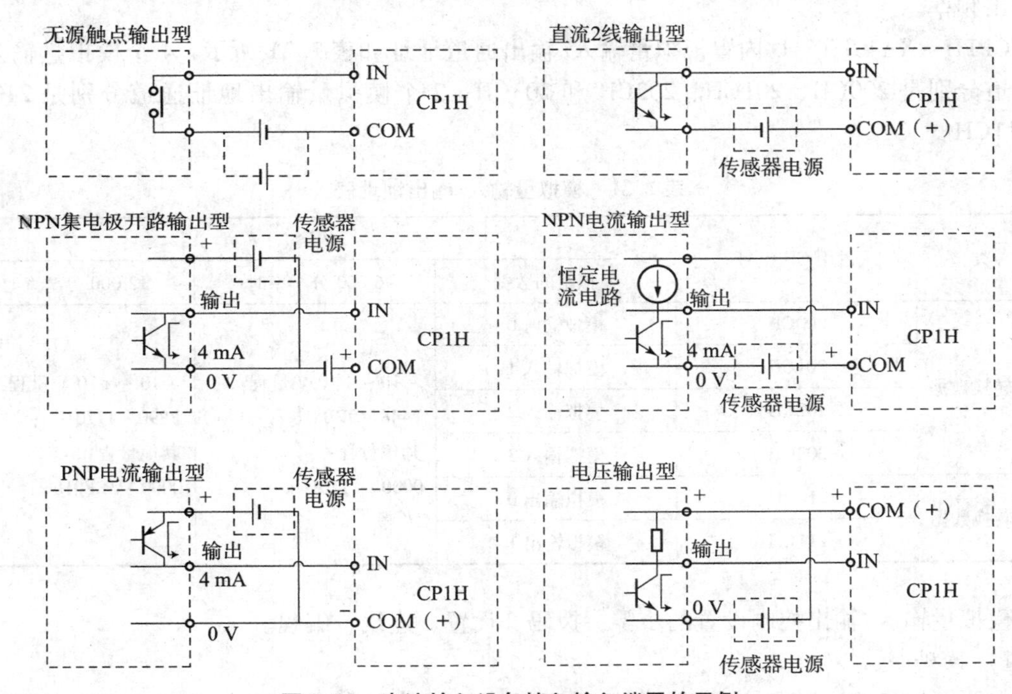

图 2.55　直流输入设备接入输入端子的示例

CP1H－XA40DT－D 漏型晶体管输出单元内部电路如图 2.56 所示。

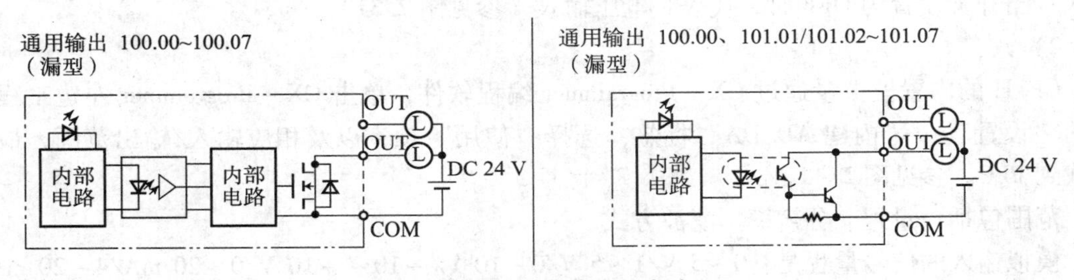

图 2.56　漏型晶体管内部电路图

CP1H－XA40DT1－D 源型晶体管输出单元内部电路如图 2.57 所示。

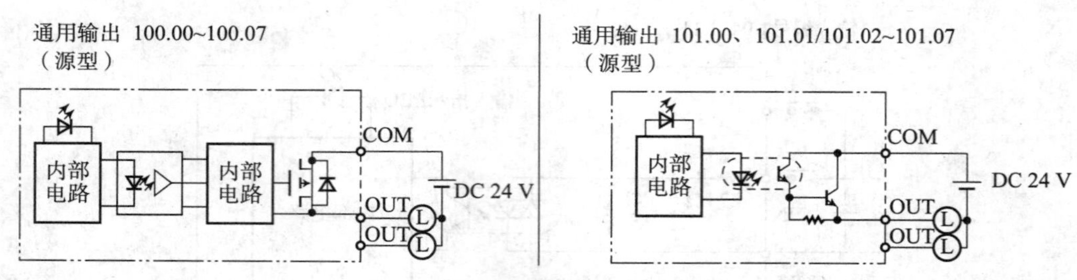

图 2.57　源型晶体管内部电路图

1. 模拟量控制变频器

PLC 模拟量控制变频器的方法：将给定模拟量信号送给 CP1H，CP1H 接收到给定量后采用一定算法，比如 PID 算法，CP1H 计算出控制量，采用 CP1H 的模拟量输出控制变频器的输出频率。

CP1H－XA40DT－D 内置模拟量输入/输出通道地址如表 2.21 所示，4 个模拟量输入地址通道分别是 200CH、201CH、202CH 和 203CH。2 个模拟量输出地址通道分别是 210CH 和 211CH。

表 2.21　模拟量输入/输出地址表

种类	占用 CH 编号	内容		
		模拟量的数据	6 000 分辨率时	12 000 分辨率时
A/D 转换数据	200CH	模拟输入 0	－10 ~ ＋10 V 量程： F448 ~ 0BB8Hex； 其他量程： 0000 ~ 1770Hex	－10 ~ ＋10 V 量程： E890 ~ 1770Hex； 其他量程： 0000 ~ 2EE0Hex
	201CH	模拟输入 1		
	202CH	模拟输入 2		
	203CH	模拟输入 3		
D/A 转换数据	210CH	模拟输出 0		
	211CH	模拟输出 1		

模拟量输入/输出控制设置的步骤：拨码、设置、连线、编程。

1）拨码

内置模拟量输入的电流电压选择，需要通过 CPU 上的开关选择来实现。开关在模拟量接线端子排的右上角，内部有 4 个开关，对应 4 路输入，当开关设置为 ON 时，代表是电流输入；当开关设置为 OFF 时，代表是电压输入（参见图 2.31）。

2）设置

CP1H 的内置模拟量通过 CX－Programmer 编程软件，单击 CX－Programmer 左边工程框中的“设置”→“内建 AD/DA”标签，选择“使用”项，以及相应输入/输出范围，最后下载到 PLC。参见图 2.42。

范围包括：量程、分辨率、滤波方式。

模拟输入的信号量程是：0 ~ 5 V/1 ~ 5 V/0 ~ 10 V/－10 ~ ＋10 V/0 ~ 20 mA/4 ~ 20 mA。

分辨率为：1/6 000、1/12 000。

CP1H－XA 内置模拟量输入的断线检测标志位的地址：A434.00 ~ A434.03。只有在模拟量输入 1 ~ 5 V 或 4 ~ 20 mA 的时候，才有断线检测功能。在 0 ~ 10 V 模拟量输入的时候没有断线检测功能。输入量程为 1 ~ 5 V、输入信号不足 0. 8 V 时，或输入量程为 4 ~ 20 mA、输入信号不足 3. 2 mA 时，判断为输入布线发生断线，断线检测功能工作。如断线检测功能工作，数据转为 8000Hex。断线检测标志被分配到特殊辅助继电器 A434CH 位 00 ~ 03。

注意：设置下载到 PLC 后需要断电上电生效。

3）连线

CP1H 模拟量输入和模拟量输出端子台参见图 2. 30。

CP1H 模拟量输入、输出的布线如图 2. 36 和图 2. 37 所示，4 路模拟量输入信号可以接收电压信号或者电流信号。2 路模拟量输出可以是电压信号或者电流信号。

4）编程

（1）A/D 转换值的读取。

通过 MOV 指令读取 200CH ~ 203CH 通道的值，并进行与工程量的转换，如图 2. 58 所示。

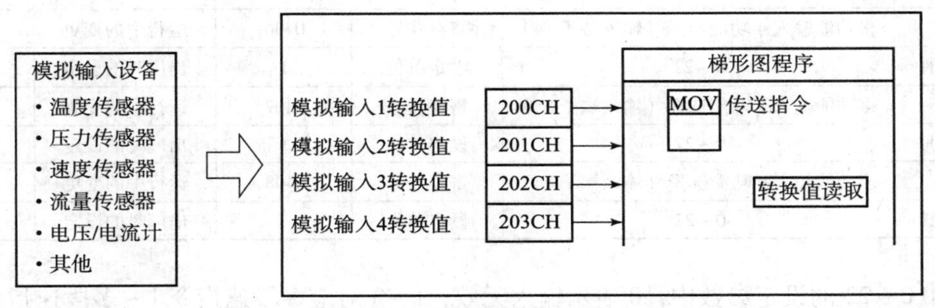

图 2. 58　模拟量输入通道

（2）D/A 转换值的写入。

将要通过 D/A 送出的数据写入 210CH 或 211CH，如图 2. 59 所示。

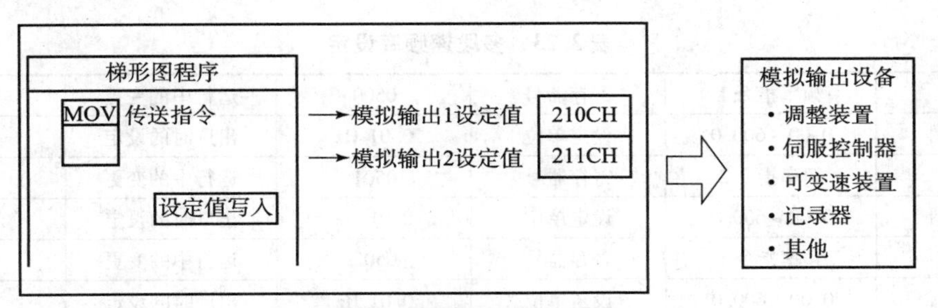

图 2. 59　模拟量输出通道

设置变频器的输出频率、控制方式，对应参数为：频率指令的选择参数 n2. 00；运行指令选择参数 n2. 01，如图 2. 60 所示。

2. 多段速控制变频器

通过端子控制变频器多功能端子，对变频器进行合理参数设置，控制变频器完成多段速输出。

参见图 2. 50 变频器多功能控制端子，分别为 S1、S2、S3、S4、S5、S6。其中 S1、S2 控制正反转，S3 ~ S6 为多段速输入端子，其功能设定如表 2. 22 所示。

■参数设定例

图 2.60　变频器参数设置

表 2.22　S3 ~ S6 的功能设定

n4. 05	多功能输入 3 功能选择（输入端子 S3）	寄存器号	0405	运行中的变更	×
设定范围	0 ~ 22	设定单位	1	出厂时的设定	14
n4. 06	多功能输入 4 功能选择（输入端子 S4）	寄存器号	0406	运行中的变更	×
设定范围	0 ~ 22	设定单位	1	出厂时的设定	5
n4. 07	多功能输入 5 功能选择（输入端子 S5）	寄存器号	0407	运行中的变更	×
设定范围	0 ~ 22	设定单位	1	出厂时的设定	1
n4. 08	多功能输入 6 功能选择（输入端子 S6）	寄存器号	0408	运行中的变更	×
设定范围	0 ~ 22	设定单位	1	出厂时的设定	2

其中 0 ~ 22 的设定参数中，0 表示输入无效，1 ~ 3 对应多段速指令 1 ~ 多段速指令 3，5 表示异常复位，14 表示外部异常。S3 ~ S6 四个多功能输入端子中最多可以选择三个作为多段速输入，组合出 7 段可设定频率，可以通过 n5. 00 ~ n5. 06 设定，范围是 0. 00 ~ 600. 00，如表 2. 23 所示。

表 2.23　多段速频率设定

n5. 00	频率指令 1	寄存器号	0500	运行中的变更	○
设定范围	0. 00 ~ 600. 0	设定单位	0. 01 Hz	出厂时的设定	0. 00
n5. 01	频率指令 2	寄存器号	0501	运行中的变更	○
设定范围	0. 00 ~ 600. 0	设定单位	0. 01 Hz	出厂时的设定	0. 00
n5. 02	频率指令 3	寄存器号	0502	运行中的变更	○
设定范围	0. 00 ~ 600. 0	设定单位	0. 01 Hz	出厂时的设定	0. 00
n5. 03	频率指令 4	寄存器号	0503	运行中的变更	○
设定范围	0. 00 ~ 600. 0	设定单位	0. 01 Hz	出厂时的设定	0. 00
n5. 04	频率指令 5	寄存器号	0504	运行中的变更	○
设定范围	0. 00 ~ 600. 0	设定单位	0. 01 Hz	出厂时的设定	0. 00
n5. 05	频率指令 6	寄存器号	0505	运行中的变更	○
设定范围	0. 00 ~ 600. 0	设定单位	0. 01 Hz	出厂时的设定	0. 00
n5. 06	频率指令 7	寄存器号	0506	运行中的变更	○
设定范围	0. 00 ~ 600. 0	设定单位	0. 01 Hz	出厂时的设定	0. 00

多段速速度曲线的加减速时间可以通过n1.09～n1.12设定，两组加减速时间可以切换。

变频器多功能端子7段调速参数设置如下：

(1) 首先进行运转方式指令选择，选择端子控制模式（即远程控制模式）：将n2.01参数设置为1（出厂时为0）。

(2) 启停功能选择：S1端子为正转/停止功能，S2端子为反转/停止功能。将n4.04参数设置为0（出厂时为0）。

(3) 设置端子S3、端子S4、端子S5为多段速控制功能。参数为n4.05、n4.06、n4.07。

注意：将频率旋钮置0位置时才能设定。端子用于选择多段速；具体每一段速度的频率值设置在n5.00～n5.06，可以产生7段速度值：

				S5	S4	S3
n5.00	10	（出厂0.0）	频率指令1	×	×	○
n5.01	15	（出厂0.0）	频率指令2	×	○	×
n5.02	20	（出厂0.0）	频率指令3	×	○	○
n5.03	25	（出厂0.0）	频率指令4	○	×	×
n5.04	30	（出厂0.0）	频率指令5	○	×	○
n5.05	40	（出厂0.0）	频率指令6	○	○	×
n5.06	50	（出厂0.0）	频率指令7	○	○	○

例如，可以进行如下设置：

n4.04	0	（出厂0）	为0：S1正转，S2反转
n4.05	1	（出厂14）	为1：S3端子多段速指令1
n4.06	2	（出厂5）	为2：S4端子多段速指令2
n4.07	3	（出厂1）	为3：S5端子多段速指令3
n4.08	4	（出厂2）	为0：输入无效

设置参数：n5.00 = 10 Hz，n5.01 = 15 Hz，n5.02 = 20 Hz，n5.03 = 25 Hz，n5.04 = 30 Hz，n5.05 = 40 Hz，n5.06 = 50 Hz。

3. 3G3JZ变频器参数设置的方法

变频器的按键很少，操作简单易学。有进行参数设定与监控的菜单键、状态键、上选择键、下选择键4个键；有RUN和STOP操作键两个。另外有电位器调速旋钮一个。

变频器的显示窗口只有4位数字显示。主菜单采用发光管显示。变频器的显示窗口如图2.61所示，各个按键功能如表2.24所示。

图 2.61　变频器的显示窗口

表 2.24　按键功能

项目	名称	功能
变频器的显示窗口 8.8.8.8	数据显示部	显示频率指令值、输出频率数值及参数常数设定值等相关数据
MIN MAX	频率指令旋钮	通过旋钮设定频率时使用。 旋钮的设定范围可在 0 Hz 至最高频率之间变动
RUN	运转显示	运转状态下 LED 亮灯。运转指令 OFF 时在减速中闪烁
FWD	正转显示	正转指令时 LED 亮灯。从正转变为反转时，LED 闪烁
REV	反转显示	反转指令时 LED 亮灯。从反转变为正转时，LED 闪烁
STOP	停止显示	停止状态下 LED 亮灯。运转中低于最低输出频率时 LED 闪烁
•	（进位显示）	在参数等显示中显示 5 位数值的前 4 位时亮灯
	状态键	按顺序切换变频器的监控显示。 在参数常数设定过程中按此键则为跳过功能
	输入键	在监控显示的状态下按下此键可进入参数编辑模式。 在决定参数 No. 显示参数设定值时使用。 另外，在确认变更后的参数设定值时按下
	减少键	减少频率指令、参数常数的数值、参数常数的设定值
	增加键	增加频率指令、参数常数的数值、参数常数的设定值
RUN	RUN 键	启动变频器（但仅限于用数字操作器选择操作/运转时）
STOP RESET	STOP/RESET 键	使变频器停止运转（只在参数 n2.01 设定为「STOP 键有效」时停止）。另外，变频器发生异常时可作为复位键使用

变频器通电后，观察变频器显示，如图 2.62 所示。

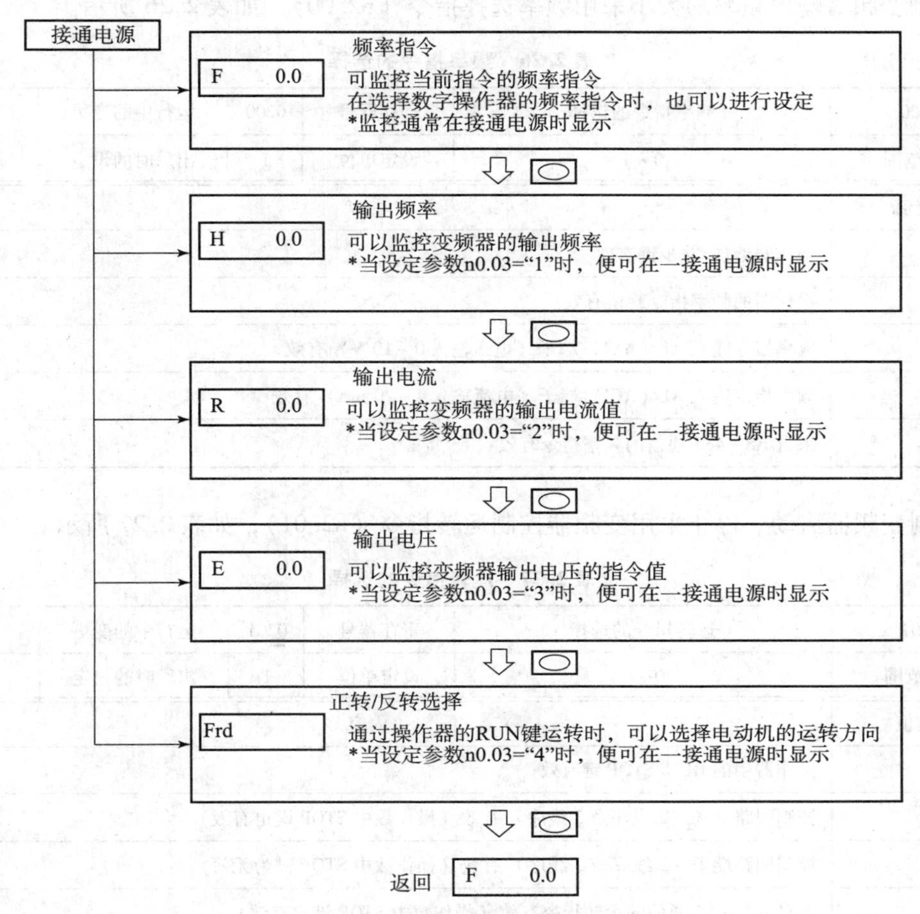

图 2.62　观察变频器显示功能

首先，为了不受过去设定的参数的影响，请先进行参数初始化，如表 2.25 所示。

表 2.25　参数的初始化（n0.02）

n0.02	参数写入禁止选择/参数初始化	寄存器 No.	0002	运行中的变更	×
设定范围	0～10	设定单位	1	出厂时的设定	0

设定值	内容
0	所有的参数都可以设定和修改
1	只有 n0.02（参数写入禁止选择/参数初始化）可以设定和修改。 注意：即使变更禁止写入参数的设定值，也显示 Err，此时设定值会被忽略
2～7	（未使用） 注意：请勿设定未使用的设定值
8	操作键锁定
9	最高频率 50 Hz 时的初始化。 注意：以 n1.00（最高频率）和 n1.01（最大电压频率）为 50.00 Hz 进行初始化
10	最高频率 60 Hz 时的初始化。 注意：以 n1.00（最高频率）和 n1.01（最大电压频率）为 60.00 Hz 进行初始化

控制变频器输出频率的大小采用频率选择指令（n2.00），如表 2.26 所示。

表 2.26　频率指令的选择

n2.00	频率指令的选择	寄存器号	0200	运行中的变更	○
设定范围	0～4	设定单位	1	出厂时的设定	1

设定值	内容
0	操作器增加/减少键有效
1	操作器的频率指令旋钮有效
2	频率指令输入 A1（AVI）端子（电压输入 0～10 V）有效
3	频率指令输入 A1（ACI）端子（电流输入 4～20 mA）有效
4	来自 RS－485 通信的频率指令有效

控制变频器启动、停止采用变频器控制运转指令（n2.01），如表 2.27 所示。

表 2.27　运转指令的选择

n2.01	运转指令的选择	寄存器号	0201	运行中的变更	○
设定范围	0～4	设定单位	1	出厂时的设定	0

设定值	内容
0	操作器中的 RUN/STOP 键有效
1	控制回路端子（2 线序及 3 线序）有效（操作数中 STOP 键也有效）
2	控制回路端子（2 线序及 3 线序）有效（操作数中 STOP 键为无效）
3	来自 RS－485 通信的运转指令有效（操作数中 STOP 键也有效）
4	来自 RS－485 通信的运转指令有效（操作数中 STOP 键为无效）

变频器面板给定频率指令的设定如表 2.28 所示。

表 2.28　面板给定频率指令

操作键	数据显示部	说　明
–	A　0.0	可显示的监控模式都可变更频率指令
		例如输出电流的监控显示时
		但在正转/反转选择的监控显示中无法变更频率指令
︽ ︾	F　0.0	按下增加键或者减少键便可将显示切换至频率指令并设定频率指令
		变更后的数值就以频率指令的形式反映出来
		变更频率指令无须操作输入键

面板控制中的正反转控制如表 2.29 所示。

表 2.29　面板控制中的正反转控制

操作键	数据显示部	说　明
（模式键）	Frd	按下模式键显示正转/反转选择的监控。 Frd：正转；rEu：反转
（增加键/减少键）	rEu	按下增加键或者减少键后，监控的旋转方向改变。 （在按下键后显示改变时旋转方向立即改变）

多功能输入 1/2 功能选择（n4.04）如表 2.30 所示。

表 2.30　多功能输入 1/2 功能选择（n4.04）

n4.04	多功能输入 1/2 功能选择（输入端子 S1/S2）	寄存器号	0404	运行中的变更	×
设定范围	0～2	设定单位	1	出厂时的设定	0
设定值	内容				
0	2 线序（S1 端子：正转/停止；S2 端子：反转/停止）				
1	2 线序（S1 端子：运转/停止；S2 端子：正转/反转）				
2	3 线序				

2.4.4　PID 控制指令

1. 模拟量闭环控制系统的组成

闭环控制是根据控制对象输出反馈来进行校正的控制方式，它是在测量出实际值和给定值偏差时，按一定算法进行纠正。

2. PID 控制原理

PID（Proportional Integral Derivative）即比例（P）-积分（I）-微分（D），可以在有模拟量的自动控制领域中，按照 PID 控制规律进行自动调节，如温度、压力、流量等。PID 是根据被控制输入的模拟物理量的实际数值与用户设定的调节目标值的相对差值，按照 PID 算法计算出结果，输出到执行机构进行调节，以达到自动维持被控制的量跟随用户设定的调节目标值变化的目标。

3. PID 功能指令

在 CP1H 系列 PLC 中设有两条 PID 功能指令：PID 运算指令（PID）和带自整定 PID 运算指令（PIDAT）。

1）PID 运算指令

PID 运算指令是将 S 通道的数据作为输入值，按 C～(C+8)CH 通道中设定的参数对输入值进行 PID 运算，运算结果作为输出量送入 D 通道，其指令格式如表 2.31 所示。

在执行 PID 运算指令前，需要设置 PID 运算的各种参数；在执行 PID 运算指令时，PLC 按照设定的参数对输入值进行 PID 运算，运算结果作为输出操作量去控制受控对象。操作数 C～(C+8)CH 为 PID 运算指令的参数设置区，其设置内容如图 2.63 所示，C～(C+8)CH 的参数详细设置说明如表 2.32 所示。

表 2.31　PID 指令格式

指令	LAD	STL	操作数说明
PID 指令	PID S C D	PID（190）　S　C　D	S 为测定值输入 CH 编号；C 为 PID 参数保存低位 CH 编号；D 为操作量输出 CH 编号

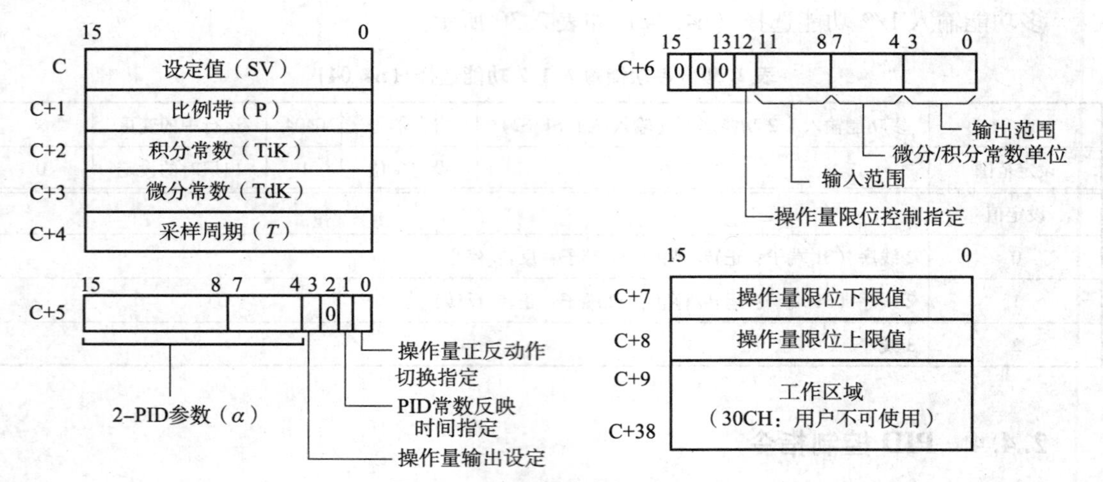

图 2.63　PID 指令参数设置区

表 2.32　PID 指令参数详细设置

控制数据	项目	内容	设定范围	输入条件为 ON 时能否进行变更
C	设定值 SV	控制对象的目标值	输入范围的位数的 BIN 数据（0 ~ 指定输入范围最大值）	可以
C + 1	比例系数 P	比例控制参数	0x0001 ~ 0x270F（1 ~ 9 999）（0.1% 单位、0.1% ~ 999.9%）	输入条件为 ON 时，C + 5 的位为 1 时可以
C + 2	积分常数 TiK	积分常数。值变大时，积分效果减弱	0x0001 ~ 0x1FFF（1 ~ 8 191）； 0x270F（9 999）无积分动作的设定；积分、微分常数单位指定为 1 时为 1 ~ 8 191 倍，指定为 9 时为 0.1 ~ 819.1 s	
C + 3	微分常数 TdK	微分常数。值变大时，微分效果减弱	0x0001 ~ 0x1FFF（1 ~ 8 191）； 0x270F（9 999）无微分动作的设定；积分、微分常数单位指定为 1 时为 1 ~ 8 191 倍，指定为 9 时为 0.1 ~ 819.1 s	

续表

控制数据	项目	内容	设定范围	输入条件为 ON 时能否进行变更
C+4	采样周期 T	设定 PID 运算的周期	0x0001 ~ 0x270F（1 ~ 9 999）（10 ms 单位、0.1 ~ 99.99 s）	不可以
C+5 的位 4 ~ 位 15	2 - PID 参数 α	输入滤波系数，通常使用 0.65	0x0001：α = 0.65（十六进制 3 位）；如果为 100 ~ 163Hex，低位 2 位的值意味着 α = 0.00 ~ 0.99	
C+5 的位 3	操作量输出设定	指定测量值 = 设定值时的操作量	0：输出 0%；1：输出 50%	
C+5 的位 1	PID 常数反映定时指定	指定在何时将 P、TiK、TdK 的各参数反映到 PID 运算	0：仅在输入条件上升时；1：输入条件上升时，以及每个采样周期	可以
C+5 的位 0	操作量正反动作切换指定	决定比例动作方向的参数	0：反动作；1：正动作	不可以
C+6 的位 12	操作量限位控制指定	指定是否对操作量进行限位控制	0：无效；1：有效（进行限位控制）	
C+6 的位 8 ~ 位 11	输入范围	输入数据位数	0：8 位；1：9 位；2：10 位；3：11 位；4：12 位；5：13 位；6：14 位；7：15 位；8：16 位	
C+6 的位 4 ~ 位 7	积分/微分常数单位指定	指定 TiK、TdK 的时间单位	1：采样周期倍数指定，将积分、微分时间作为采样周期的指定倍数加以指定；9：时间指定，以 100 ms 为单位指定积分、微分时间	
C+6 的位 0 ~ 位 3	输出范围	输出数据的位数	设定范围与输入范围相同	
C+7	操作量限位下限值	将操作数作为限位控制时的限位下限值	0x0000 ~ 0xFFFF（BIN 数据）	
C+8	操作量限位上限值	将操作数作为限位控制时的限位上限值	0x0000 ~ 0xFFFF（BIN 数据）	

【例 2.14】　PID 指令的使用如图 2.64 所示，PID 指令参数设置区如图 2.65 所示。当 0.00 常开触点为 ON 时，执行 PID 指令。先将 D209 ~ D238 工作区初始化（清零），然后按

D200 ~ D208 设置的参数，将 1000CH 中的数据作为输入值 PV 进行 PID 运算，运算结果作为输出操作量 MV 送入 2000CH 中。

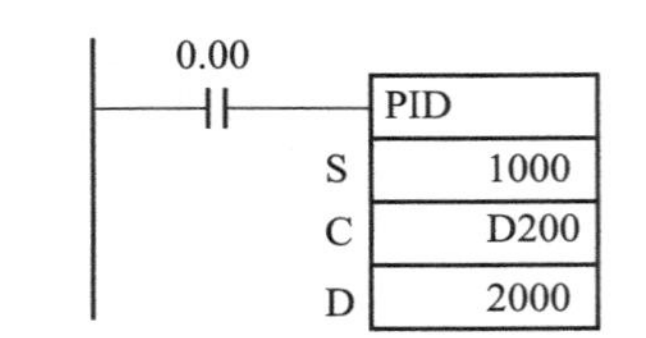

图 2.64　PID 指令使用示例

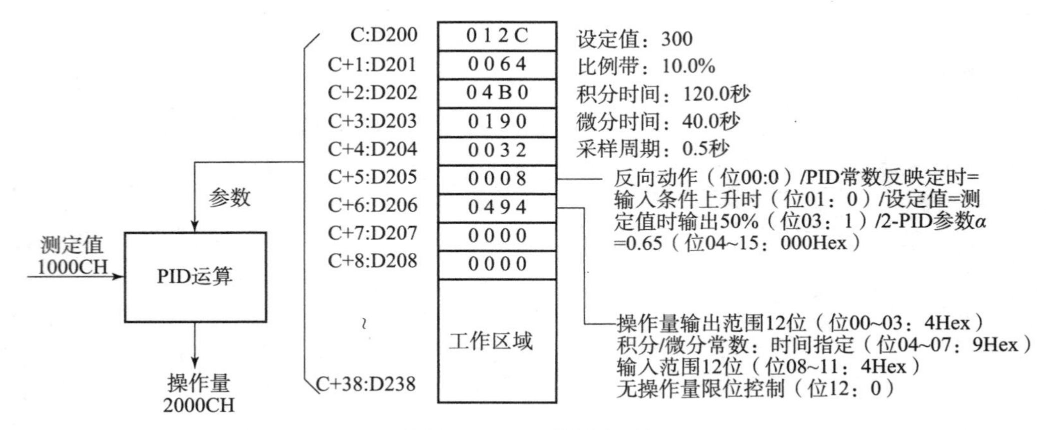

图 2.65　PID 指令使用

2）带自整定 PID 运算指令

在使用 PID 指令时需要设置大量的参数，这些参数设置烦琐并且需要反复调试，带自整定 PID 运算指令可以通过测试受控对象的特性来自动计算合适的 PID 控制参数。PIDAT 为带自整定 PID 运算指令，它可以根据指定的参数进行 PID 运算，可以执行 PID 常数的自整定，其指令格式如表 2.33 所示。

表 2.33　PIDAT 指令表

指令	LAD	STL	操作数说明
PIDAT 指令	PIDAT S C D	PIDAT（191）　S　C　D	S 为测定值输入 CH 编号； C 为 PID 参数保存低位 CH 编号； D 为操作量输出 CH 编号

当 C +9 的第 15 位为 0 时，指令将 S 通道的数据作为输入值，按 C ~ C +8 通道中设定的参数对输入值进行 PID 运算，运算结果作为输出操作量送入 D 通道。当 C +9 的第 15 位为 1 时，指令强制输出操作量在最大到最小范围内变化，让受控对象在幅度范围内变化，通过观测受控对象反馈值的变化来分析受控对象的特性，自动计算出新的 P、I、D 常数，按 C ~ C +8 通道中设定的参数对输入值进行 PID 运算，运算结果作为输出量送入 D 通道。

PIDAT、PID 指令的 C ~ C +8 通道参数设置内容相同，PIDAT 指令增加了 C +9、C +10 两个通道设置参数，其设置内容如图 2.66 所示，C +9 ~ C +10 通道的参数详细设置说明如

表 2.34 所示。

表 2.34　PIDAT 指令 C+9、C+10 通道参数详细设置

控制数据	项目	内容	设定范围	输入条件为 ON 时能否进行变更
C+9 的位 15	AT 指令/执行中	同时兼具 PID 常数的 AT 执行指令和 AT 执行中的标志作用。AT 执行时设置为 1；AT 执行结束后，自动返回 0	（1）作为 AT 执行指令时，0→1：AT 执行指示；1→0：AT 终止指示或者 AT 结束时自动发生变化。（2）作为 AT 执行中标志时，0：AT 非执行中；1：AT 执行中	可以
C+9 的位 0~11	AT 计算增益	对通过 AT 进行 PID 调整的计算结果，自动存储增益值，并通过用户定义在调整时加以设定。通常在默认值下进行。重视稳定值时变大，重视速度性时变小	0x0001：1.00（默认值）；0x0001~0x03E8：0.01~10.00%（0.01 单位）	可以（但反映定时为 AT 开始时）
C+10	限位周期滞后	在 SV 中，设定发生限位周期时的滞后值。默认值中，在逆动作的情况下，在 SV 为 0.20% 的滞后中，将 MV 置于 ON。由于 PV 不稳定，在无法发生正常的限位周期时，增大该值。但是，如果过大，AT 精度将变低	0x0001：1.00（默认值）；0x0001~0x03E8：0.01~10.00%（0.01 单位）；0xFFFF：0.00%	

注：（1）将积分/微分常数单位指定设定为时间指定（“9”）时，请将积分时间/微分时间的指定设定在采样周期的 1~8 191 倍的时间内。

（2）如果设定为 000，2-PID 参数 α 将转成 0.65。通常设定为 000。

（3）操作量限位控制指定设定为有效（“1”）时，请对各值进行如下所示的设定：0000≤操作量限位下限值≤操作量限位上限值≤指定输出范围最大值。

【例 2.15】　PIDAT 指令的梯形图如图 2.67 所示，PIDAT 指令的使用说明如图 2.68 所示。

当 0.00 有上升沿（OFF→ON）时，根据设定在 D200~D208 中的参数，进行 D211~D240 的工作区域的初始化。初始化结束后，进行 PID 运算，将操作量输出到 2000CH 中。

当 0.00 为 ON 时，根据设定在 D200~D210 中的参数，以采样周期的间隔执行 PID 运算，将操作量输出到 2000CH 中。

在 0.00 变为 ON 以后，比例常数（P）、积分常数（TiK）、微分常数（TdK）等 PID 参数的改变不再反映在 PID 运算中。

当 W0.00 有上升沿（OFF→ON）时，根据 SETB 指令，将 D209（C+9）的位设为 1（ON），开始 AT 执行。AT 执行结束后，在 C+1、C+2、C+3 中分别设置计算出的 P、I、D，根据该 PID 常数执行 PID 运算。

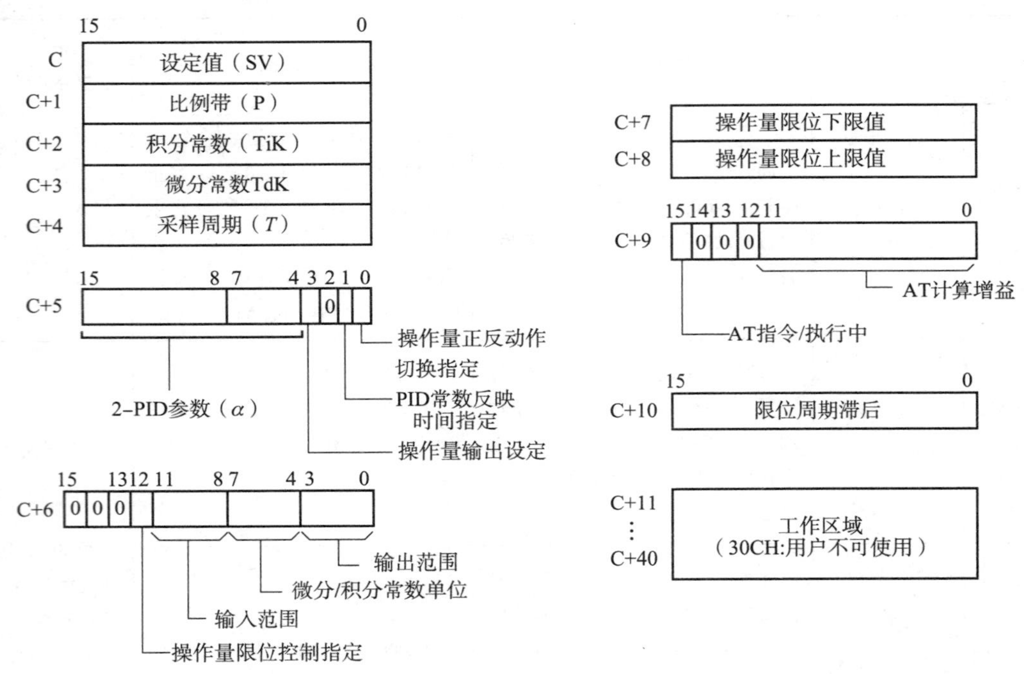

图 2.66　PIDAT 指令参数设置区

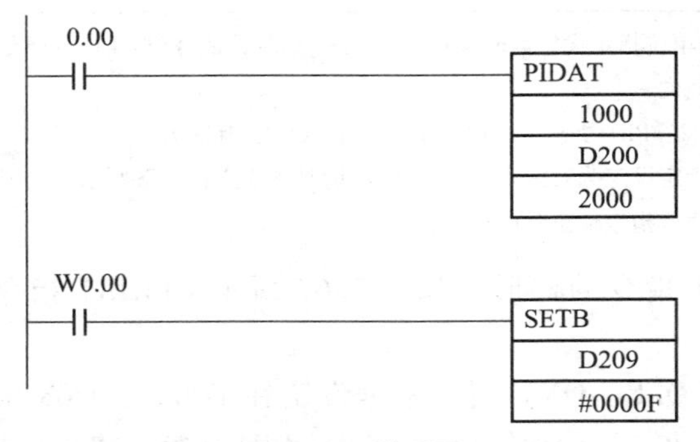

图 2.67　梯形图

【例 2.16】　以某单位冲压车间空调机组的 PLC 控制项目为例，介绍设计方案要点。

冲压车间的空调系统共包含 32 台空调机组，采用欧姆龙 PLC 控制，要求如下：

（1）一台 PLC 控制一台空调机组，控制方式为本地控制，通过触摸屏对空调机组的各项参数实施监视、设定及调整。

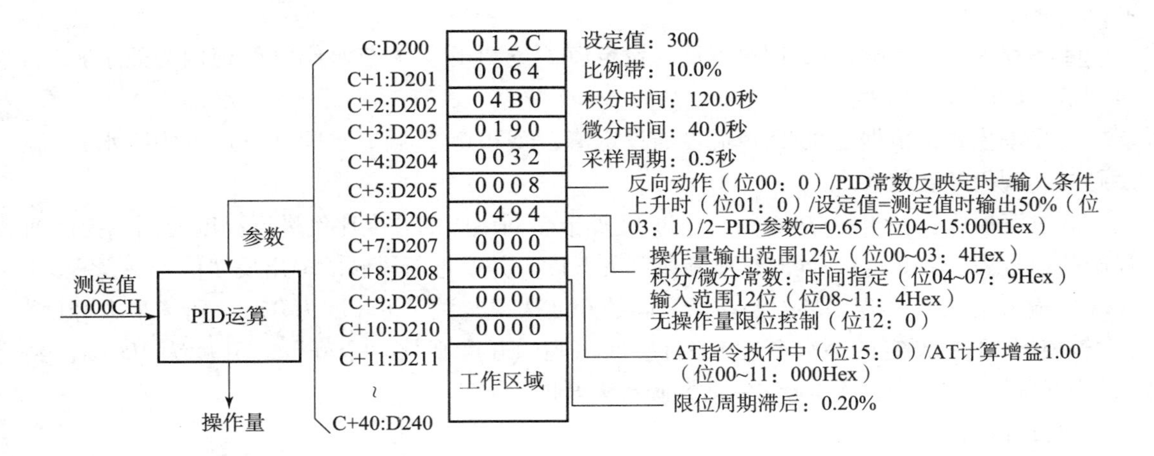

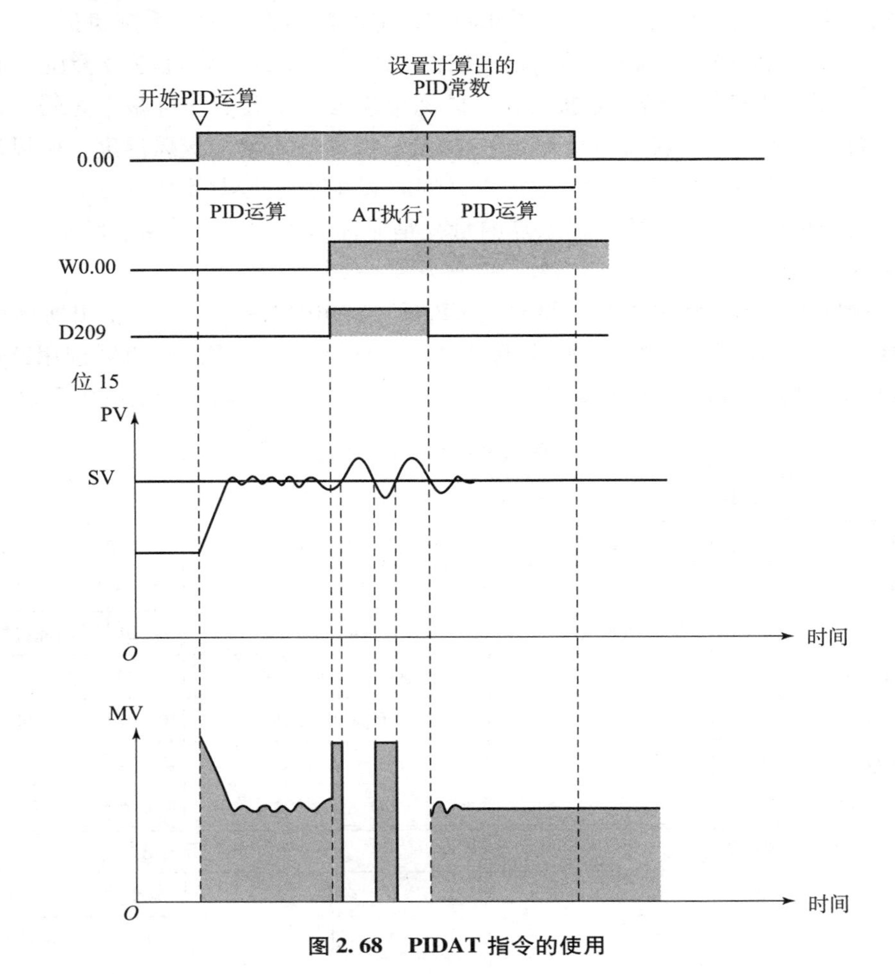

图 2.68　PIDAT 指令的使用

(2) PLC 不控制风机的启动和停止，启动和停止由动力柜完成，只监视风机的运行状态。

①冬季模式：根据送风/回风温度与设定值，经 PI 运算调节水阀（管道内为热水），温度越低，阀门开度越大。

②夏季模式：根据送风/回风温度与设定值，经 PI 运算调节水阀（管道内为冷水），温度越高，阀门开度越大。

③过渡模式：关闭冷/热水阀，通过 PI 调节新回风阀的开度比例进行温度控制。控制回风阀的信号为 4 ~ 20 mA，同时控制新风阀的开度，并通过新风阀的输出反馈信号（量程2 ~ 10 V）输入给 PLC 实现闭环控制。新风阀的开度从“全关”（开度为 0%）到“最大开度”（在触摸屏 PT 中设定的最大开度），对应回风阀的开度则从“全开”（开度为 100%）到“最小开度”（最小开度 = 100% − 新风阀最大开度）。

项目分析：

空调机组属于连续性控制对象，以车间温度设定值控制为目标。系统包括：5 个开关量输入点（风机运行状态位、风机故障位、初效过滤报警位、中效过滤报警位、消防报警位），6 个开关量输出点（综合异常报警位、防冻报警至 PLC 位、防冻报警至强电位、新风阀全开位、新风阀全关位、新风阀开 50%），4 个模拟量输入点（送风温度、回风温度、防冻温度、新风阀位反馈），2 个模拟量输出点（回风阀开度、冷/热水阀开度）。

新风阀的输出反馈信号模拟量输入点的量程是非标准量程 2 ~ 10 V，其他 AD/DA 的量程都为 4 ~ 20 mA。

根据系统要求，选择欧姆龙 PLC 型号为 CP1H − XA40DR − A，有 24 点开关量输入，16 点开关量输出，4 路模拟量输入，2 路模拟量输出，符合系统要求。触摸屏选用欧姆龙 PT，型号为 NT31C，通过串口 RS − 232C 与 CP1H PLC 相连。PLC 的地址分配见表 2. 35。

表 2. 35　空调控制系统 I/O 地址分配

开关量输入			开关量输出		
名称	地址	说明	名称	地址	说明
DI_Fjyunxing	0. 00	风机运行	DO_Azonghe	100. 00	综合异常报警
DI_Fjguzhang	0. 01	风机故障	DO_Afangdong_PLC	100. 01	防冻报警至 PLC
DI_Axiaofang	0. 02	消防报警	DO_Afangdong_QD	100. 02	防冻报警至强电
DI_Achuxiao	0. 03	初效过滤报警	DO_XinfengON	100. 03	新风阀全开
DI_Azhongxiao	0. 04	中效过滤报警	DO_XinfengOFF	100. 04	新风阀全关
			DO_Xinfeng50	100. 05	新风阀开 50%
模拟量输入			模拟量输出		
名称	地址	说明	名称	地址	说明
AI_T_songfeng	200	送风温度	AO_V_huifeng	210	回风阀开度
AI_T_huifeng	201	回风温度	AO_V_heat_cool	211	冷/热水阀开度
AI_T_fangdong	202	防冻温度			
AI_V_fankui	203	新风阀位反馈			

触摸屏 NT31C 使用的显示、设定数据所占用的位和通道以及编程中使用的地址分配见表 2.36。

表 2.36　空调控制系统 PLC 内存地址分配

CIO 区	DM 区	H 区
7.00：主菜单	D1：送风温度显示 BCD 值	H0.00：夏季模式设定
7.01：加页	D2：回风温度显示 BCD 值	H0.01：冬季模式设定
7.02：减页	D3：防冻温度显示 BCD 值	H0.02：过渡模式设定
7.03：温度画面		H1.00：送风温度受控
7.04：返回主菜单	D5：新风阀开度显示 BCD 值	H1.01：回风温度受控
8.01：送风温度异常报警	D6：冷/热水阀开度显示 BCD 值	H2：被控温度设定 BCD 值
8.02：回风温度异常报警		H3：新风阀最大开度设定 BCD 值
8.03：防冻温度异常报警		H4：防冻温度 1 设定 BCD 值
	D9：快速制热时间设定 BCD 值	H5：快速制热模式
8.05：风阀开度异常报警	D10：快速制冷时间设定 BCD 值	H5.00：快速制热标志
8.06：控温失灵异常报警	D11：被控温度显示 BCD 值	H6：全新风模式
8.07：新风阀位反馈报警	D12：新风阀开度 Hex 值	H6.00：过渡全新风标志
	D13：回风阀最小开度 BCD 值	H6.01：过渡 PI 标志
	D14：回风阀开度输出 BCD 值	H8：防冻温度 2 设定 BCD 值
	D15：新风阀开度输出 BCD 值	H10.00：手动状态
		H11：防冻温度 1_Hex 值
		H12：防冻温度 2_Hex 值
		H13：被控温度设定 Hex 值
		H14：被控温度实测值 Hex 值
		H15：手动回风阀开度设定 BCD 值
		H16：手动冷热水阀开度设定 BCD 值

4 路模拟量输入中的前 3 路为送风温度、回风温度和防冻温度，选用的信号量程为 4 ~ 20 mA。第 4 路模拟量信号为新风阀位开度，选用的信号量程为 0 ~ 10 V，实际信号范围是 2 ~ 10 V。

2 路模拟量输出选用的信号量程为 4 ~ 20 mA。模拟量输入/输出设置如图 2.69 所示。

用 NT31C 中显示的温度、风阀开度等信息，显示的单位为工程单位，因此需要进行量程转换。以显示冷/热水阀开度值的量程转换为例，CP1H 的第 2 路模拟输出为 4 ~ 20 mA，满量程为十六进制数 0000H ~ 1770H；对应于冷/热水阀开度的实际工程值范围是 0% ~ 100%，利用标度指令进行量程转换，参数值存储于 D1020 ~ D1023 中，显示的工程值存储在 D6 通道中。程序如图 2.70 所示。

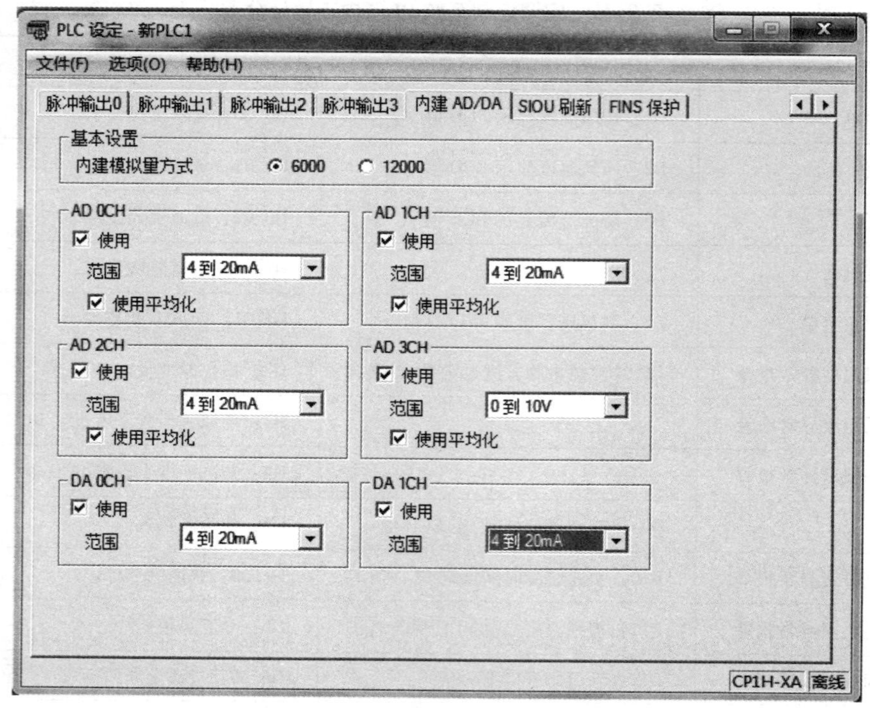

图 2.69 模拟量输入/输出设置

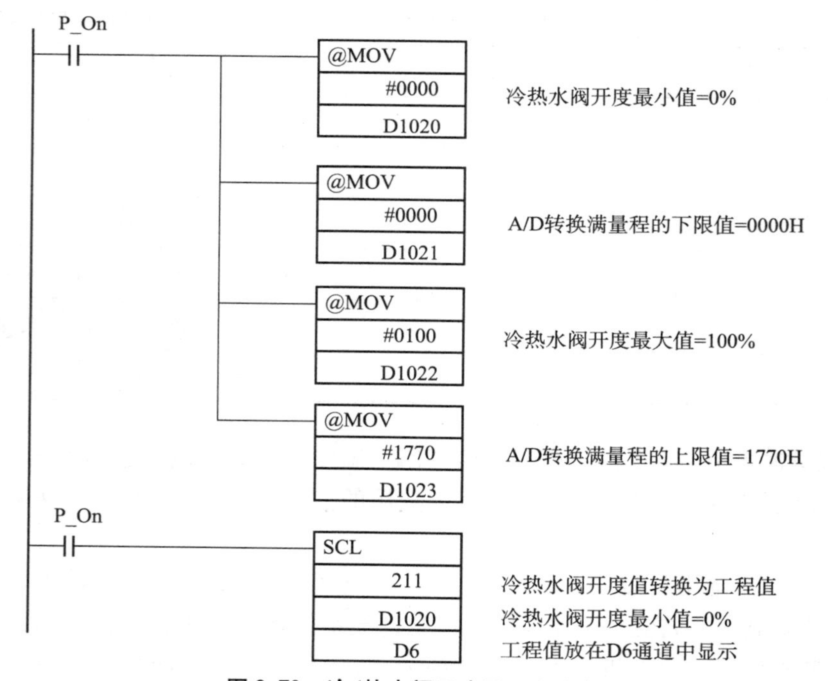

图 2.70 冷/热水阀开度显示程序段

4. 工程量值设定

NT31C 的作用不仅显示过程信息，而且也可以手动设置温度、阀门开度，可以用标度 3 指令 SCL3 进行量程逆变换。

以手动回风阀开度设定值的量程转换为例，由用户设置的回风阀开度实际工程值是 0% ~ 100%，转换为十六进制数为 0000H ~ 1770H；用标度 3 指令 SCL3 进行量程转换。参数值存于 D1010 ~ D1014 中，其中 D1010 = 0（*Y* 轴截取值），D1011 = 100（*X* 的变化量，即最大开度 100%），D1012 = 1770H（*Y* 的变化量，满量程为 1770H），D1013 = 1770（上限值），D1014 = 0（下限值），程序段如图 2.71 所示。

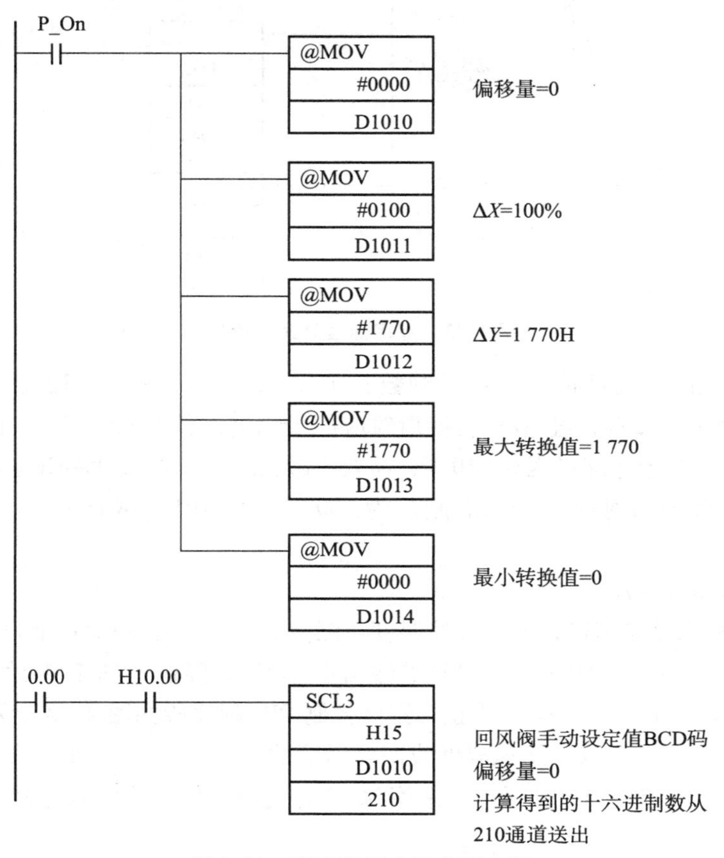

图 2.71　回风阀开度设定程序段

5. 量程标准化处理

车间的新风阀和回风阀采用机械反向装置，控制回风阀的输出 4 ~ 20 mA 信号也间接控制新风阀，但是由于新风阀的反馈信号量程为 2 ~ 10 V，属于非标准量程的电压输入信号，2 V 对应新风阀的实际开度值 0。10 V 对应新风阀的实际开度值为 100%；当将其直接接入 CP1H 的标准量程为 0 ~ 10 V 的 AD 通道时，2 V 对应的理论开度值应为 20%，10 V 对应的理论开度值应为 100%，存在明显的偏差。

若将非标准量程信号进行 A/D 转换后的值不做标准化处理，则必然造成反馈检测值的系统误差，严重影响回路调节效果。将非标准量程 2 ~ 10 V 转化为标准量程的 0 ~ 10 V 的处理程序段如图 2.72 所示。

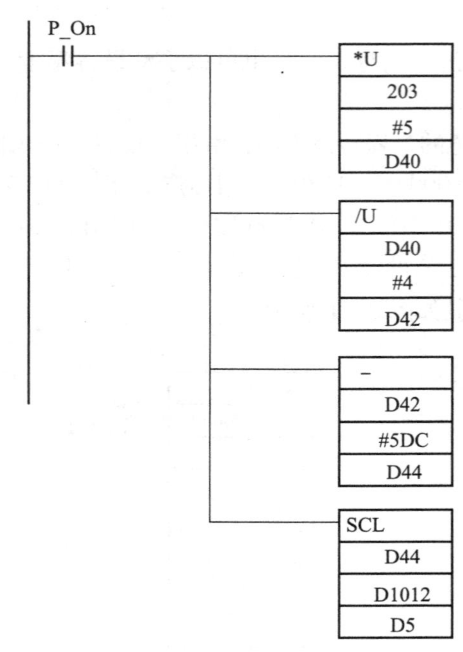

图 2.72　量程标准处理程序段

将实际的新风阀位反馈值（十六进制数）乘以 5，再除以 4，量程放大了 1.25 倍，由 2～10 V 变为 2.5～12.5 V，经 A/D 转换后对应的十六进制数为 05DCH～1D4CH（BCD 码：1 500～7 500），为符合标准量程 0～10 V，需要再减去十六进制数 05DCH。如此处理后，反馈信号 2～10 V 转换后对应的十六进制数为 0000H～1770H（BCD 码：0～6 000），达到要求。

6. PID 回路调节程序

PID 指令的输入字是 H14，表示被控温度实测值。由用户在 NT31C 上自行设置被控温度是选择送风温度还是选择回风温度。PID 的输出字为 211，经过 D/A 转换后控制热水阀开度（冬季管内流热水）。自动模式下冬季正常温度控制 PID 程序段如图 2.73 所示。

设定值通道为 D100，表示送风温度或回风温度的设定值（十六进制数）由用户在触摸屏 NT31C 上设定十进制数（BCD 码），采用 SCL3 进行量程转换为十六进制数，存储在 D100 中。

比例带宽设定通道是 D101，由用户在触摸屏 NT31C 上设定，默认设定为 1000。

积分时间的设定值通道为 D102，由用户在触摸屏 NT31C 上设定，默认设定为 100 s。

微分时间的设定值通道为 D103，本例设定为 0。

采样周期的设定值通道为 D104，设置为 100，因此 D104 的值为 64H（BCD 数为 100）。

以上为冲压车间空调机组控制项目的设计要点和编程思路。

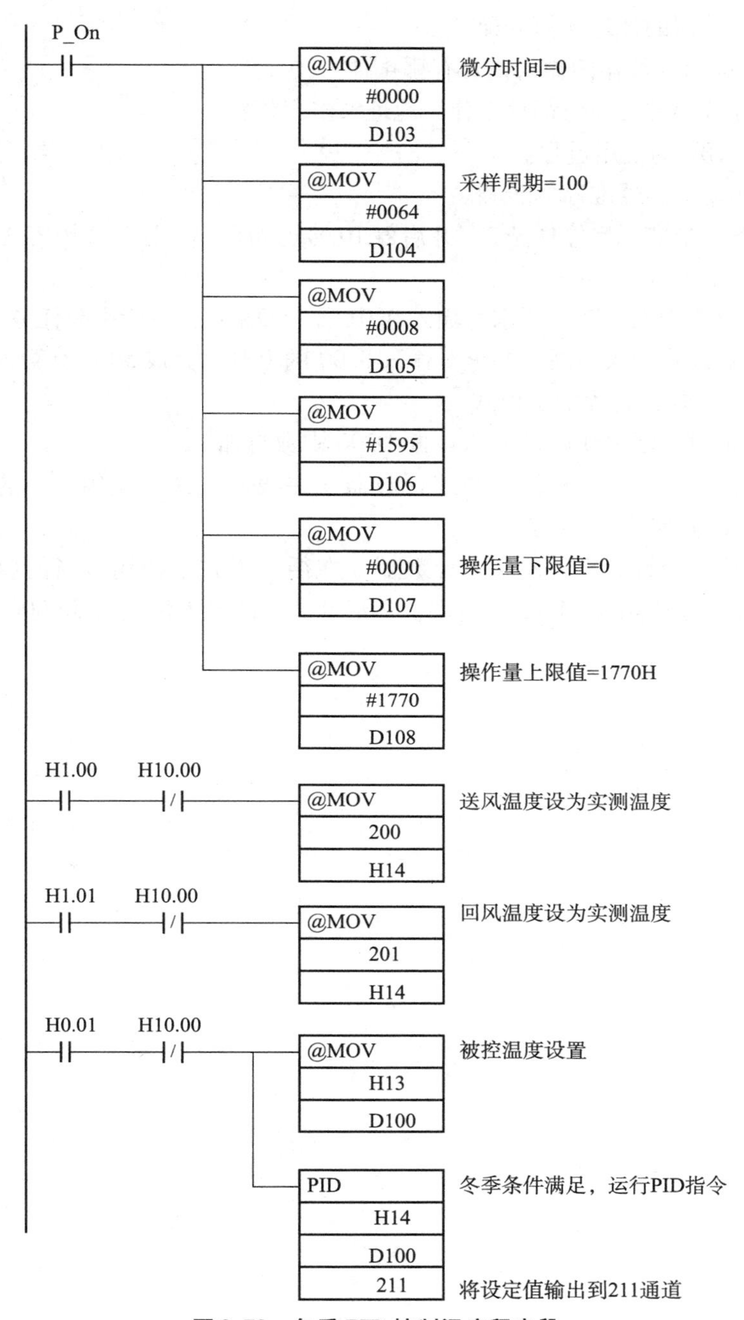

图 2.73　冬季 PID 控制温度程序段

思考与习题

2.1　简述 CP1H 中任务的种类及执行顺序。

2.2　简述 CP1H 中断的类型及优先级。

2.3　简述输入计数中断的处理步骤。

2. 4　高速计数器的地址如何分配?

2. 5　CP1H 高速计数器的输入模式有哪 4 种?

2. 6　高速计数器的当前值都存于什么地址? 多少位?

2. 7　简述 CTBL 的使用过程。

2. 8　叙述实现变频器准停的步骤。

2. 9　在任务 1 中实现启停任务 2，并启停 10 号追加程序。任务 2 内容为 D0 自加 1，10 号追加任务为 D2 自加 1。

2. 10　直接模式输入中断，要求将输入 0. 01 置于 ON 时，执行中断任务 142。

2. 11　计数器模式输入中断，要求对输入 0. 00 的上升沿完成 50 次计数时，执行中断任务 140，要求计数方式设置为加法模式。

2. 12　要求定时中断 100 ms，每次中断 D200 中数自加 1。

2. 13　目标值比较，设计程序使高速计数器 0 在线形模式下使用，当前值达到 10 000 时，使中断任务 10 启动。

2. 14　区域比较，设计程序使高速计数器 1 在循环模式下使用，当前值达到 25 000 ~ 25 500的范围时，使报警中断任务 12 启动。环形计数器的最大值设为 50 000。

第3章　CP1H位置控制功能

随着自动化水平的不断提高，越来越多的工业控制场合需要精确的位置控制。因此，如何更方便、更精确地实现位置控制是工业控制领域内的一个重要问题。欧姆龙 CP1H PLC 具有很强的位置控制功能。本章主要介绍欧姆龙 CP1H 的位置控制和速度控制功能、相关指令以及应用实例。

3.1　位置控制的基本概念和相关术语

3.1.1　PTO/PWM 输出方式

PLC 具有高速脉冲输出功能，可以在指定的输出点上输出两种类型的高速脉冲（PTO/PWM）。PTO（Pulse Train Output）即高速脉冲串输出，是输出占空比固定（50%）的方波脉冲串；PWM（Pulse Width Modulation）即脉冲宽度调制，是输出占空比可变的脉冲串，当指定的脉冲宽度大于周期值时，占空比为100%，输出连续接通；当脉冲宽度为0时，占空比为0，输出断开。

3.1.2　CW/CCW 与脉冲 + 方向控制方式

PLC 可以根据电动机驱动器的脉冲输入方式选择两种控制方式，即 CW/CCW 和脉冲 + 方向控制方式。CW/CCW 方式是在 PLC 的两个指定输出点分别输出正向（CW）脉冲和反向（CCW）脉冲；脉冲 + 方向控制方式是在 PLC 的两个指定输出点分别输出脉冲和方向信号，其中方向信号为高低电平，如图 3.1 所示。两种控制方式在外端子连接和相关指令控制字上都有所区别，使用时要注意。

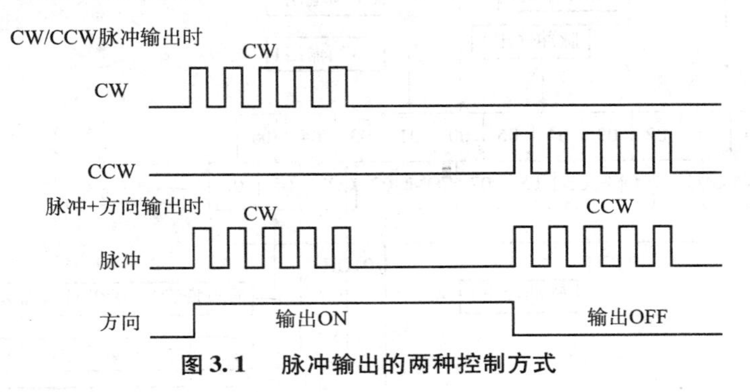

图 3.1　脉冲输出的两种控制方式

3.1.3　运动分类与坐标系

运动分为相对运动和绝对运动。相对于某一固定点（原点）的运动称为绝对运动，相对于前一位置（无绝对原点）的运动称为相对运动。

由绝对运动和相对运动引申出绝对坐标系和相对坐标系。绝对坐标系是原点固定的笛卡儿坐标系；相对坐标系是以运动物体当前位置为坐标原点的坐标系，其坐标轴与绝对坐标系的坐标轴平行。

在 PLC 的位置控制中，绝对坐标系中的脉冲输出为绝对脉冲输出，按照坐标原点进行定位，相对坐标系中的脉冲输出为相对脉冲输出，按照与当前值的相对位置进行定位。

3.1.4 回零及回零方式

一般每个运动部件都有自己的初始位置（原位或零位），完成指定的运动后要能够准确地回到零位（回零），这样可以避免多次重复运动产生累计误差。

回零方式包括原点搜索和原点复位（返回）两种方式。

原点搜索方式是以原点搜索参数指定的形式为基础，通过执行 ORG 指令实际输出脉冲，使电动机动作，将以下三种位置信息作为输入条件，来确定机械原点的功能。

（1）原点输入信号；

（2）原点附近输入信号；

（3）CW 极限输入信号、CCW 极限输入信号。

原点复位（返回）方式是使电动机从任意位置向原点位置动作。通过执行 ORG 指令，按照指定速度进行启动→加速→等速→减速运动，并使其停止在原点位置。

3.2 脉冲输出的端子分配

CP1H PLC 可以最多同时输出 4 路高速脉冲。作为脉冲输出使用的端子，根据 CPU 单元类型的不同而有所不同。

1. X/XA 型

X/XA 型 CPU（晶体管输出）的输出端子台排列及端子分配如图 3.2 所示。

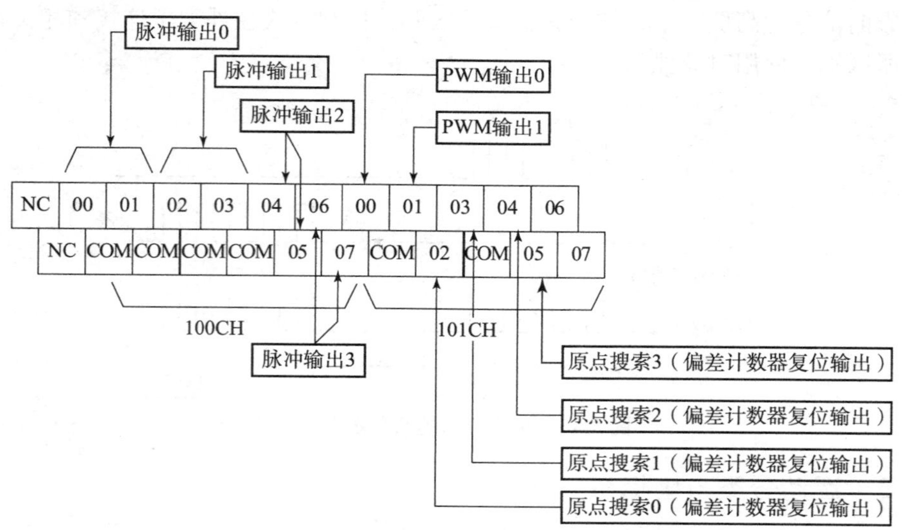

图 3.2 X/XA 型 CPU（晶体管输出）的脉冲输出端子分配

100CH 的 00 ~ 03 控制脉冲输出 0 和脉冲输出 1。对于 CW/CCW 和脉冲 + 方向两种控制方式来说，端子接线稍有不同。使用 CW/CCW 方式时，100CH 的 00、01 分别接脉冲输出 0 的 CW 和 CCW，02、03 分别接脉冲输出 1 的 CW 和 CCW；使用脉冲 + 方向时，100CH 的 00、02 分别接脉冲输出 0 的脉冲和方向，100CH 的 01、03 分别接脉冲输出 1 的脉冲和方向。而脉冲输出 2 和脉冲输出 3 则分别由 04、05 和 06、07 控制，两种方式接法相同，具体见表 3.1。

表 3.1　PLC 脉冲输出端分配

输出点		固定脉冲输出种类	固定脉冲输出方式		可变占空比脉冲输出方式	X/XA 型输出频率范围	Y 型输出频率范围
通道	位		CW/CCW	脉冲 + 方向			
100CH	00	脉冲输出 0	CW	脉冲 0		1 Hz ~ 100 kHz	1 Hz ~ 100 MHz
	01	脉冲输出 0	CCW	脉冲 1			
	02	脉冲输出 1	CW	方向 0			
	03	脉冲输出 1	CCW	方向 1			
	04	脉冲输出 2	CW	脉冲 2		1 Hz ~ 100 kHz	1 Hz ~ 30 kHz
	05	脉冲输出 2	CCW	方向 2			
	06	脉冲输出 3	CW	脉冲 3			
	07	脉冲输出 3	CCW	方向 3			
101CH	00				PWM 输出 0		
	01				PWM 输出 1		

X/XA 型 CPU 的输入端子台排列如图 3.3 所示。

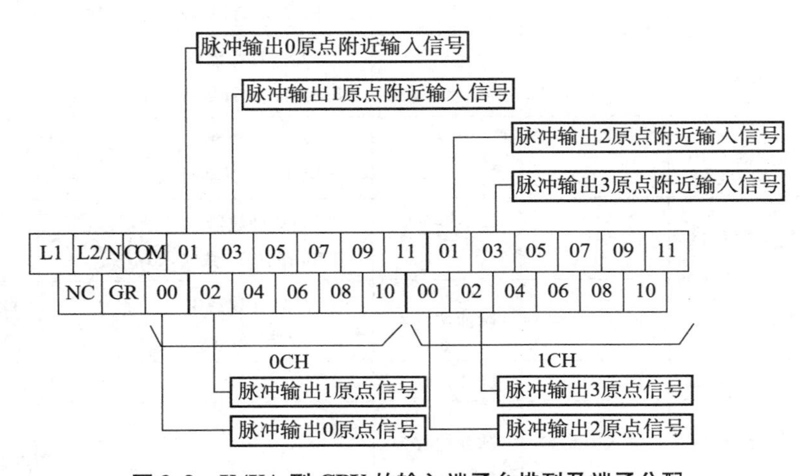

图 3.3　X/XA 型 CPU 的输入端子台排列及端子分配

当使用原点搜索功能时，脉冲输出 0 ~ 3 的原点输入信号和原点附近输入信号要按照图 3.3 进行端子接线。相应的输入功能设定如表 3.2 所示。

表 3.2　X/XA 型 CPU 输入功能设定表

输入端子台		输入动作设定			高速计数器动作设定	
通道	编号（位）	通用输入	输入中断	脉冲接收输入	【使用】高速计数器 0～3	【使用】脉冲输出 0～3 的原点搜索功能
0CH	00	通用输入 0	输入中断 0	脉冲接收 0	—	脉冲 0 原点输入信号
	01	通用输入 1	输入中断 1	脉冲接收 1	高速计数器 2（Z 相/复位）	脉冲 0 原点附近输入信号
	02	通用输入 2	输入中断 2	脉冲接收 2	高速计数器 1（Z 相/复位）	脉冲 1 原点输入信号
	03	通用输入 3	输入中断 3	脉冲接收 3	高速计数器 0（Z 相/复位）	脉冲 1 原点附近输入信号
	04	通用输入 4	—	—	高速计数器 2（A 相/加法/计数输入）	—
	05	通用输入 5	—	—	高速计数器 2（B 相/减法/计数输入）	—
	06	通用输入 6	—	—	高速计数器 1（A 相/加法/计数输入）	—
	07	通用输入 7	—	—	高速计数器 1（B 相/减法/计数输入）	—
	08	通用输入 8	—	—	高速计数器 0（A 相/加法/计数输入）	—
	09	通用输入 9	—	—	高速计数器 0（B 相/减法/计数输入）	—
	10	通用输入 10	—	—	高速计数器 3（A 相/加法/计数输入）	—
	11	通用输入 11	—	—	高速计数器 3（B 相/减法/计数输入）	—
1CH	00	通用输入 12	输入中断 4	脉冲接收 4	高速计数器 3（Z 相/复位）	脉冲 2 原点输入信号
	01	通用输入 13	输入中断 5	脉冲接收 5	—	脉冲 2 原点附近输入信号
	02	通用输入 14	输入中断 6	脉冲接收 6	—	脉冲 3 原点输入信号
	03	通用输入 15	输入中断 7	脉冲接收 7	—	脉冲 3 原点附近输入信号
	04～11	通用输入 16～23	—	—	—	

2. Y 型

Y 型 CPU（晶体管输出）的输出端子台排列如图 3.4 所示。

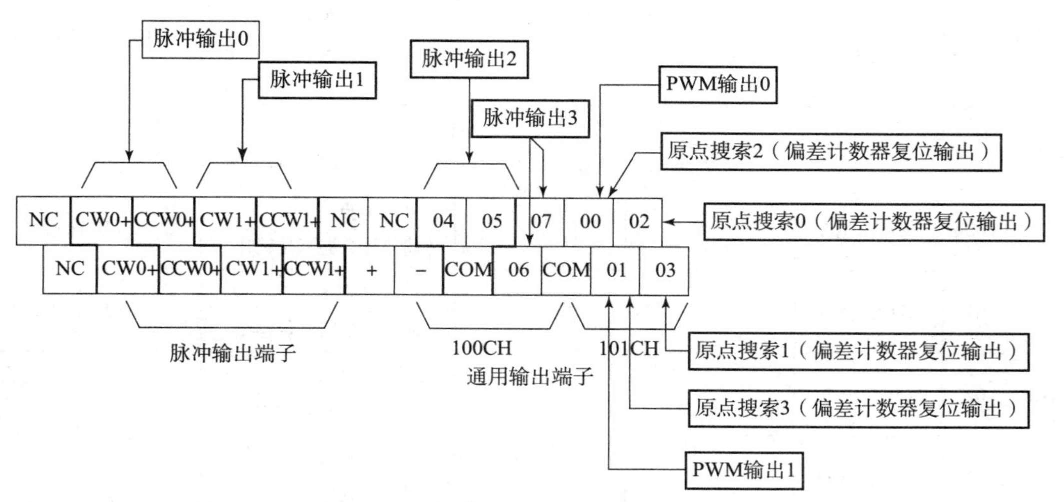

图 3.4　Y 型 CPU（晶体管输出）的输出端子台排列及端子分配

系统对输出端子台端子的功能设定如表 3.3 所示。

表 3.3　Y 型 CPU 输出功能设定表

输出端子台		执行右侧指令时除外	脉冲输出指令（SPED、ACC、PLS2、ORG 中任何一个）执行时		通过 PLC 系统设定，使用原点搜索功能 + ORG 指令执行原点搜索时	PWM 指令执行时
通道	编号（位）	通用输出	固定占空比脉冲输出			可变占空比脉冲输出
			CW/CCW	脉冲 + 方向	—	CW/CCW
—	CW0	不可以	脉冲输出 0（CW）固定	脉冲输出 0（脉冲）固定	—	—
—	CCW1	不可以	脉冲输出 0（CCW）固定	脉冲输出 1（脉冲）固定	—	—
—	CW1	不可以	脉冲输出 1（CW）固定	脉冲输出 0（方向）固定	—	—
—	CCW1	不可以	脉冲输出 1（CCW）固定	脉冲输出 1（方向）固定	—	—
100CH	04	脉冲输出 4	脉冲输出 2（CW）	脉冲输出 2（脉冲）	—	—
	05	脉冲输出 5	脉冲输出 2（CCW）	脉冲输出 2（方向）	—	—
	06	脉冲输出 6	脉冲输出 3（CW）	脉冲输出 3（脉冲）	—	—
	07	脉冲输出 7	脉冲输出 3（CCW）	脉冲输出 3（方向）	—	—

续表

输出端子台		执行右侧指令时除外	脉冲输出指令（SPED、ACC、PLS2、ORG 中任何一个）执行时		通过 PLC 系统设定，使用原点搜索功能 + ORG 指令执行原点搜索时	PWM 指令执行时
通道	编号（位）	通用输出	固定占空比脉冲输出			可变占空比脉冲输出
			CW/CCW	脉冲 + 方向	—	CW/CCW
101CH	00	通用输出 8	—	—	原点搜索 2（偏差计数器复位输出）	PWM 输出 0
	01	通用输出 9	—	—	原点搜索 3（偏差计数器复位输出）	PWM 输出 1
	02	通用输出 10	—	—	原点搜索 0（偏差计数器复位输出）	—
	03	通用输出 11	—	—	原点搜索 1（偏差计数器复位输出）	—
	04 ~ 07	通用输出 12 ~ 15	—	—	—	—

Y 型 CPU 的输入端子台排列如图 3.5 所示。

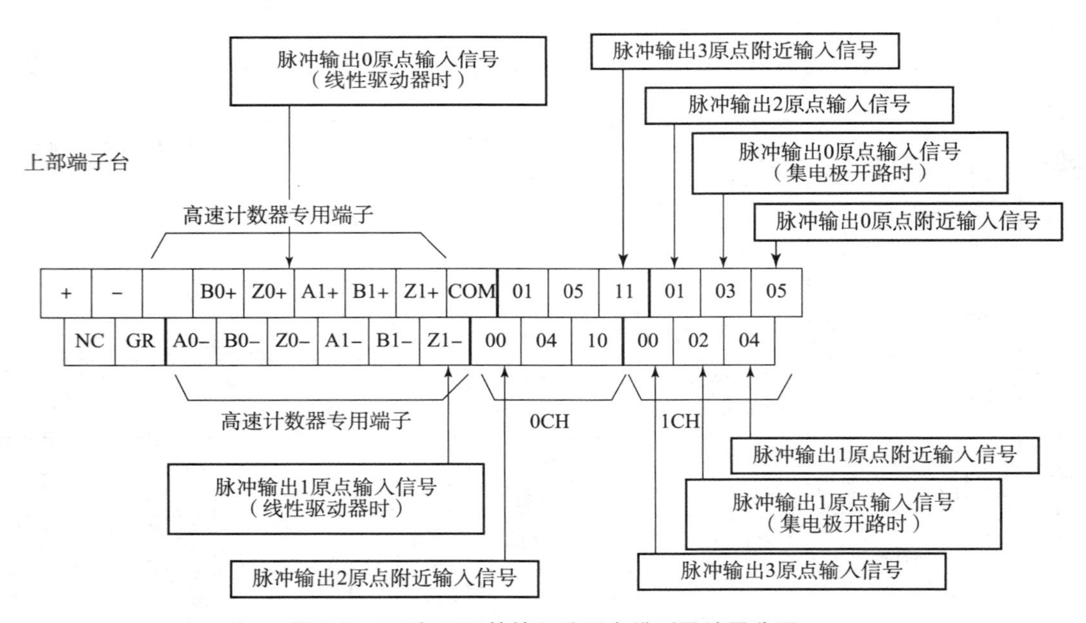

图 3.5　Y 型 CPU 的输入端子台排列及端子分配

当使用原点搜索功能时，脉冲输出 0 ~ 3 的原点输入信号和原点附近输入信号要按照图 3.5 进行端子接线。相应的输入功能设定如表 3.4 所示。

表 3.4　Y 型 CPU 输入功能设定表

输入端子台		输入动作设定			高速计数器动作设定	原点搜索功能
通道	编号（位）	通用输入	输入中断	脉冲接收	高速计数器 0～3	脉冲输出 0、1 的原点搜索功能
—	A0	—	—	—	高速计数器 0（A 相/加法/计数输入）固定	—
—	B0	—	—	—	高速计数器 0（B 相/减法/方向输入）固定	—
—	Z0	—	—	—	高速计数器 0（Z 相/复位）固定	脉冲输出 0 原点输入信号（线路驱动器时）
—	A1	—	—	—	高速计数器 1（A 相/加法/计数输入）固定	—
—	B1	—	—	—	高速计数器 1（B 相/减法/方向输入）固定	—
—	Z1	—	—	—	高速计数器 1（Z 相/复位）固定	脉冲输出 1 原点输入信号（线路驱动器时）
	00	通用输入 0	输入中断 0	脉冲接收 0	—	脉冲输出 2 原点附近输入信号
	01	通用输入 1	输入中断 0	脉冲接收 0	高速计数器 2（Z 相/复位）固定	—
0CH	04	通用输入 2	—		高速计数器 2（A 相/加法/计数输入）固定	—
	05	通用输入 3	—	—	高速计数器 2（B 相/减法/方向输入）固定	—
	10	通用输入 4	—	—	高速计数器 3（A 相/加法/计数输入）固定	—
	11	通用输入 5	—	—	高速计数器 3（B 相/减法/方向输入）固定	脉冲输出 3 原点附近输入信号
	00	通用输入 6	输入中断 2	脉冲接收 2	高速计数器 3（Z 相/复位）固定	脉冲输出 3 原点输入信号
	01	通用输入 7	输入中断 3	脉冲接收 3	—	脉冲输出 2 原点输入信号
1CH	02	通用输入 8	输入中断 4	脉冲接收 4	—	脉冲输出 1 原点输入信号（集电极开路时）
	03	通用输入 9	输入中断 5	脉冲接收 5	—	脉冲输出 0 原点输入信号（集电极开路时）
	04	通用输入 10	—	—	—	脉冲输出 1 原点附近输入信号
	05	通用输入 11	—	—	—	脉冲输出 0 原点附近输入信号

3.3　交流伺服驱动器介绍

伺服驱动器（Servo Drives）又称为“伺服控制器”“伺服放大器”，是用来控制伺服电动机的一种控制器，其作用类似于变频器作用于普通交流电动机，属于伺服系统的一部分，主要应用于高精度的定位系统。一般是通过位置、速度和力矩三种方式对伺服电动机进行控制，实现高精度的传动系统定位，目前是传动技术的高端产品。

下面以 MINAS－A5 位置控制为例，介绍交流伺服驱动器的配线和使用。

MINAS－A5 主电路配线如图 3.6 所示，位置控制配线如图 3.7 所示。

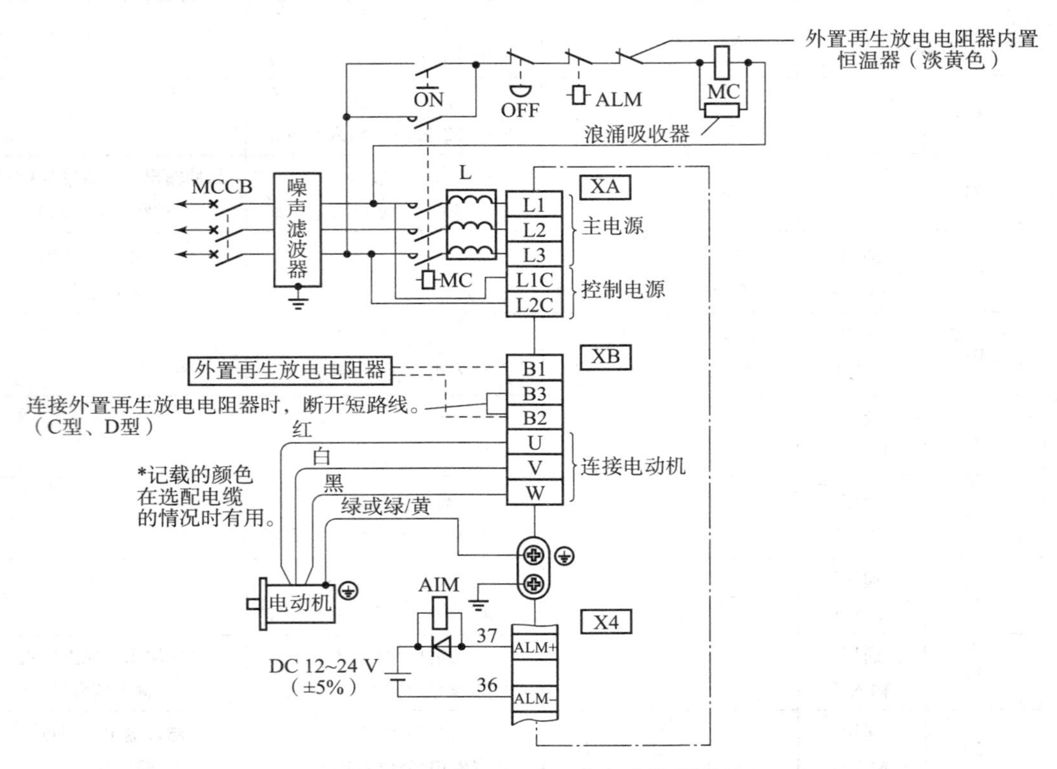

图 3.6　MINAS－A5 主电路配线图

交流伺服驱动器要想开始工作，首先必须由控制器给它的 SRV－ON 端发送信号，让伺服驱动器启动，启动完毕，由 S－RDY 端输出信号，表示已经启动完毕，可以正常工作了。交流伺服电动机是由高速脉冲控制的，所以有脉冲信号输入端（PULS）和方向信号输入端（SIGN）。图 3.7 中，当输入的高速脉冲频率在 4 000 000 pps（脉冲数/秒）以内时，通过左下角的 PULSH 和 SIGNH 输入，当输入的高速脉冲频率在 500 000 pps（脉冲数/秒）以内时，通过右上角的 PULS 和 SIGN 输入。

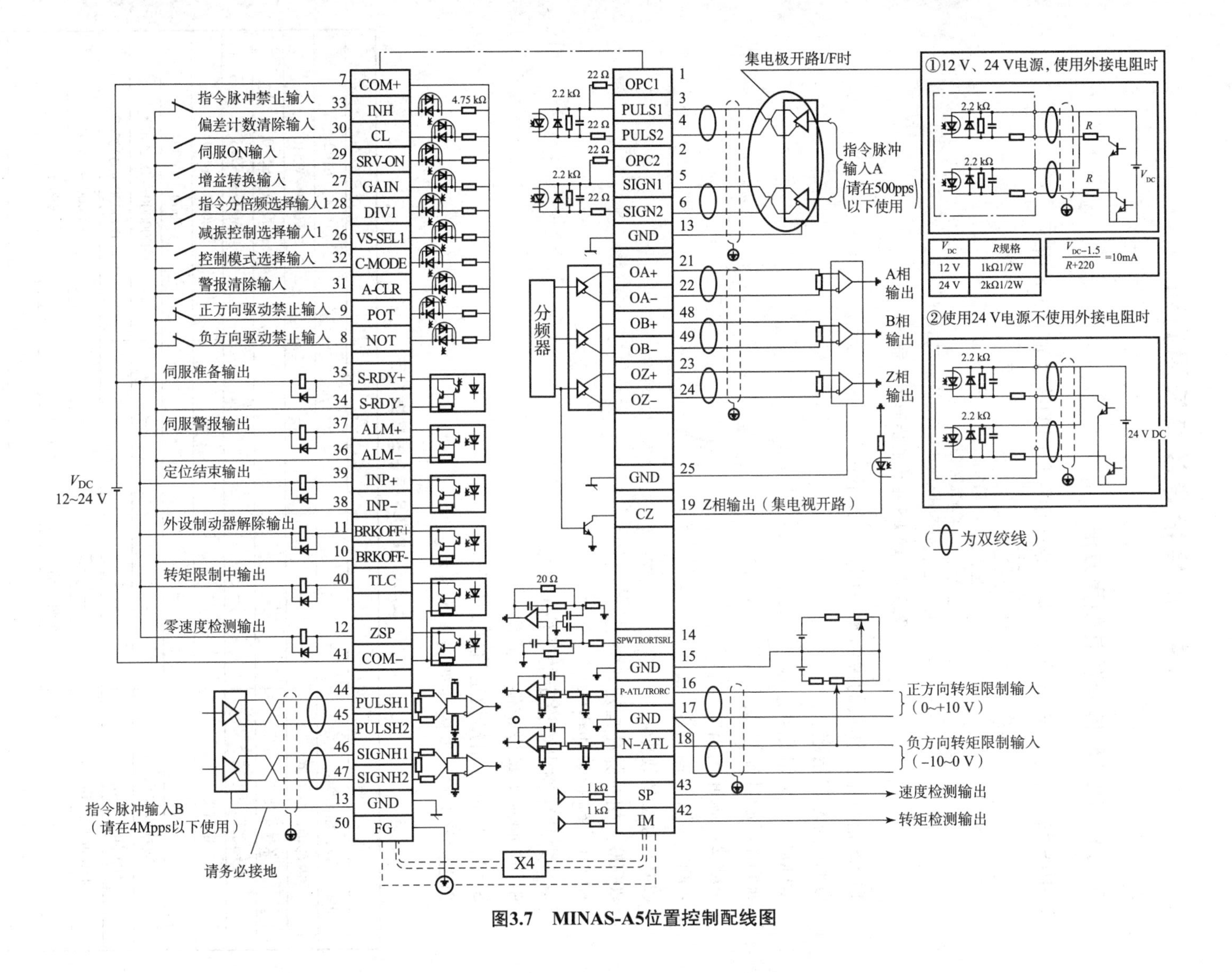

图3.7　MINAS-A5位置控制配线图

3.4 位控指令及其使用方法

3.4.1 PULS 指令及其使用方法

PULS 指令用于设定脉冲输出量。指令中梯形图的符号如图 3.8 所示。

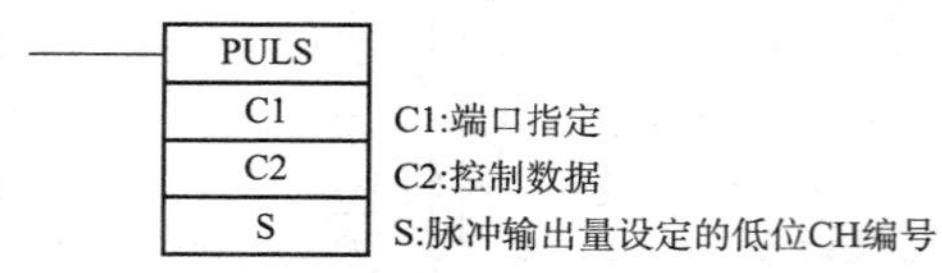

图 3.8 PULS 指令的梯形图符号

PULS 指令中操作数的说明及使用方法如下：

①C1 为端口指定。

#0000：脉冲输出 0；

#0001：脉冲输出 1；

#0002：脉冲输出 2；

#0003：脉冲输出 3。

②C2 为控制数据。

#0000：相对脉冲指定；

#0001：绝对脉冲指定。

③S 为脉冲输出量设定的低位 CH 号。

S：脉冲输出量设定值（低位）；

S+1：脉冲输出量设定值（高位）。

PULS 指令的数据内容如表 3.5 所示。

表 3.5 PULS 指令的数据内容

区　　域	C1	C2	S
CIO（输入/输出继电器等）	—	—	0000 ~ 6142
内部辅助继电器	—	—	W000 ~ W510
保持继电器	—	—	H000 ~ H510
特殊辅助继电器	—	—	A000 ~ A958
定时器	—	—	T0000 ~ T4094
计数器	—	—	C0000 ~ C4094
数据内存器	—	—	D00000 ~ D32767
DM 间接（BIN）	—	—	@ D00000 ~ D32767
DM 间接（BCD）	—	—	* D00000 ~ D32767
常数	参照手册	参照手册	参照手册
数据存储器	—	—	—
变址寄存器（直接）	—	—	—
变址寄存器（间接）	—	—	IR0 ~ IR15，+（++），-（--）-2048 ~ +2047，DR0 ~ DR15

当 C2 指定的是相对脉冲时，移动脉冲量 = 脉冲输出量设定值，参数范围为 0 ~ 2 147 483 647（00000000 ~ 7FFFFFFFHex）；

当 C2 指定的是绝对脉冲时，脉冲量 = 脉冲输出量设定值 - 当前值，参数范围为 -2 147 483 648 ~ +2 147 483 647（80000000 ~ 7FFFFFFFHex）。

PULS 指令通常与使用独立模式的频率设定指令（SPED）和频率加减速控制指令（ACC）一起使用，具体使用例子在后面列举。

3.4.2　SPED 指令及其使用方法

SPED 指令用于按照指定输出端口的脉冲频率输出脉冲，可以与 PULS 指令配合实现按照指定脉冲频率输出指定脉冲的定位控制（独立模式），也可以实现速度控制（连续模式），即按照指定脉冲频率连续输出脉冲。在脉冲输出中执行该指令，可以变更目标频率，实现阶跃方式的速度变更。SPED 指令用于无斜坡加减速的速度变更控制，速度曲线为矩形。SPED 指令的梯形图符号如图 3.9 所示。

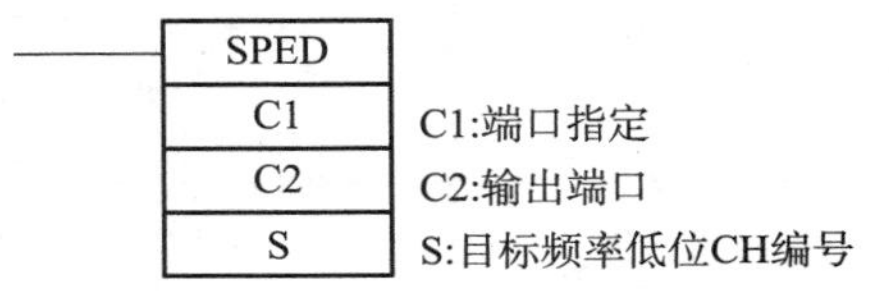

图 3.9　SPED 指令的梯形图符号

①C1 为端口指定，含义同 PULS 指令中的 C1。

②C2 为模式指定，如图 3.10 所示。其中当“脉冲 + 方向输出”选择“0”时，通过“方向指定”来确定正反转，“方向指定”为“0”表示顺时针方向，“方向指定”为“1”表示逆时针方向；当“脉冲 + 方向输出”选择“1”时，“方向指定”写“0”即可，正反转通过程序控制外部的方向控制端子（置 0、置 1）实现。例如，选择脉冲 + 方向输出方式时，连续模式和独立模式的 C2 控制字分别为：0100、0101；选择 CW/CCW 方式、独立模式时，正转（CW）的 C2 控制字为 0001，反转（CCW）的 C2 控制字为 0011。

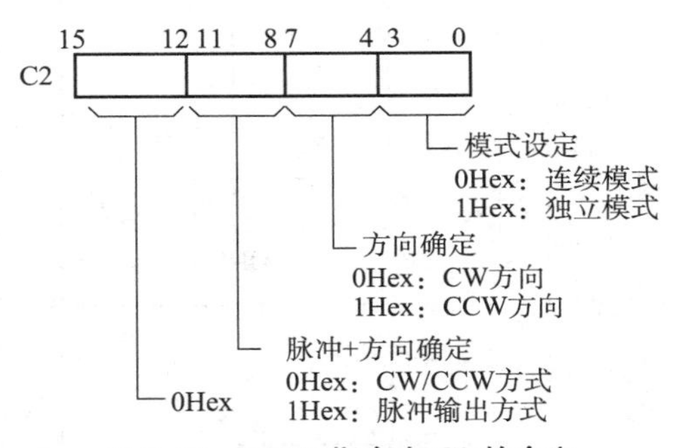

图 3.10　SPED 指令中 C2 的含义

③S 为设定的目标频率低位，S + 1 为设定的目标频率高位，目标频率的范围一般为 0 ~ 100 000 Hz。执行 SPED 指令时，按照指定的目标频率和指定的端口运行，如图 3.11 所示。

选择连续模式时，将连续输出脉冲，脉冲停止的方法有两种：一个是用脉冲停止指令（INI），即 SPED（连续）→INI；另一个是用 SPED（将目标频率设为 0）实现脉冲停止，即 SPED（连续）→SPED（连续）。选择连续模式脉冲输出时，也可以通过 SPED 指令改变目标频率，

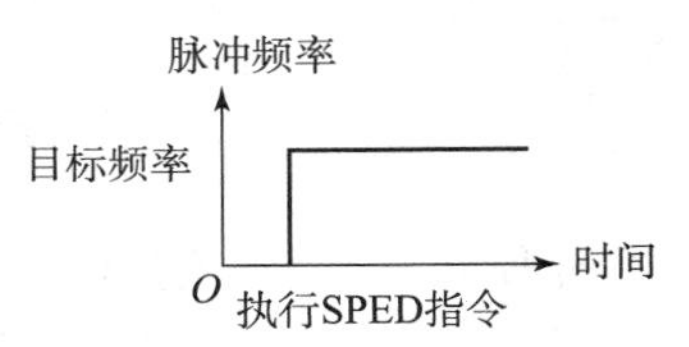

图 3.11　SPED 指令运行原理图

实现速度阶跃变化，即 SPED（连续）→SPED（连续）→···→INI，或 SPED（连续）→SPED（连续）→···→SPED（连续），详见表 3.6 所示。

表 3.6　连续模式时 SPED 的应用

操作	动作内容	使用例	频率变化	说明	指令使用顺序
脉冲输出开始	速度指定输出	速度（频率变化）为阶跃方式	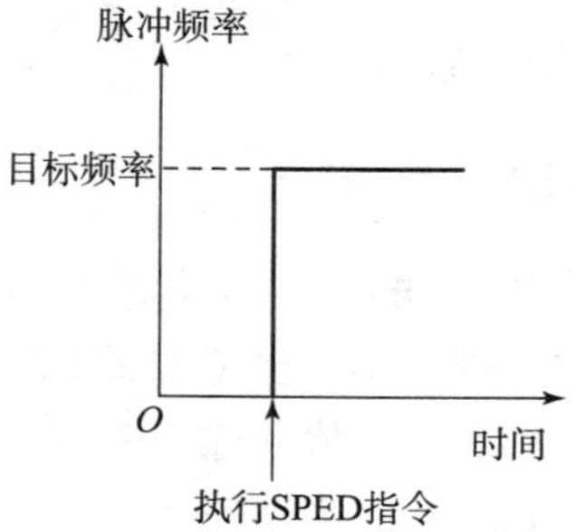 脉冲频率 目标频率 O 时间 执行SPED指令	进行指定频率的脉冲输出	SPED（连续）
设定变更	以阶跃方式的速度变更	运行中想变更速度时	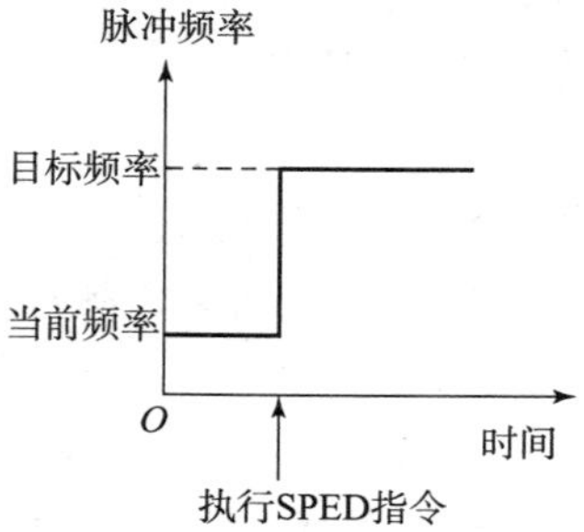 脉冲频率 目标频率 当前频率 O 时间 执行SPED指令	将脉冲输出中的频率变更为阶跃方式	SPED（连续） ↓ SPED（连续）
脉冲输出停止	脉冲输出停止	立即停止	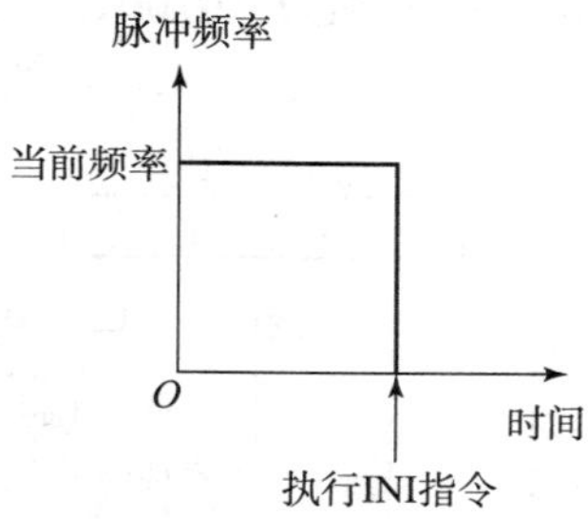 脉冲频率 当前频率 O 时间 执行INI指令	立即停止脉冲输出	SPED（连续） ↓ INI
脉冲输出停止	脉冲输出停止	立即停止	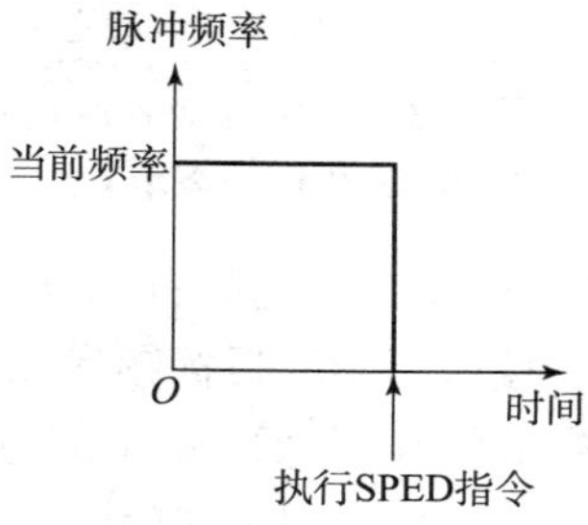 脉冲频率 当前频率 O 时间 执行SPED指令	立即停止脉冲输出	SPED（连续） ↓ SPED（连续、目标频率 0）

选择独立模式时，输出事先由 PULS 指令指定的脉冲后自动停止，即 PULS→SPED（独立）；脉冲输出过程中，也可以通过 SPED 改变目标频率，但是输出的脉冲总量不变，即 PULS→SPED（独立）→SPED（独立）；在用 PULS 指定脉冲数，用 SPED 指令（独立）输

出指定频率脉冲时，也可以在脉冲输出没有完成时，用 INI 或者 SPED 指令（目标频率为 0）停止脉冲输出，即 PULS→SPED（独立）→INI，或者 PULS→SPED（独立）→SPED（独立，目标频率为 0），此时，当前的脉冲输出量被清除。独立模式时 SPED 的应用详见表 3.7。

表 3.7　独立模式时 SPED 的应用

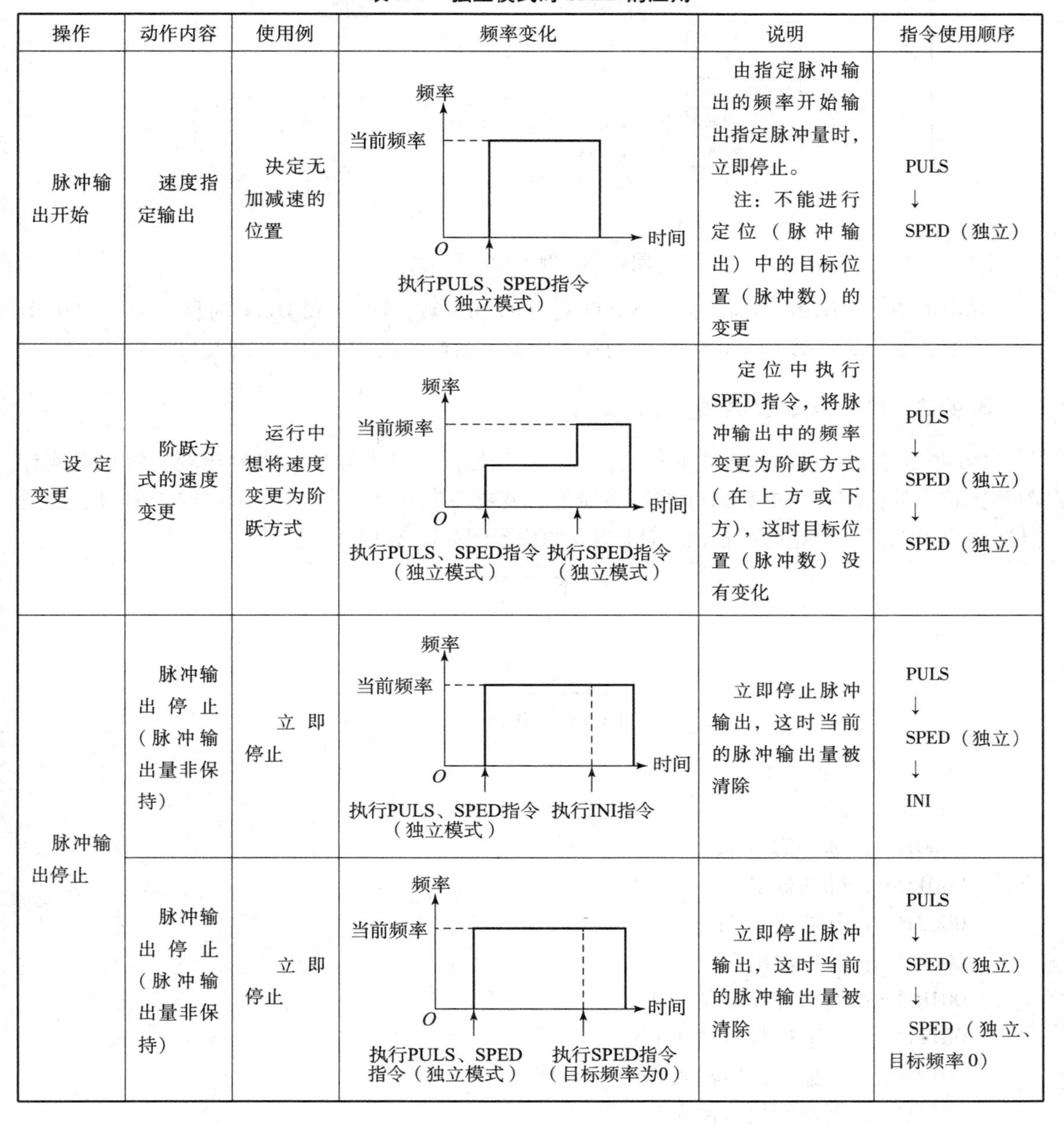

操作	动作内容	使用例	频率变化	说明	指令使用顺序
脉冲输出开始	速度指定输出	决定无加减速的位置	频率 当前频率 O 时间 执行PULS、SPED指令（独立模式）	由指定脉冲输出的频率开始输出指定脉冲量时，立即停止。 注：不能进行定位（脉冲输出）中的目标位置（脉冲数）的变更	PULS ↓ SPED（独立）
设定变更	阶跃方式的速度变更	运行中想将速度变更为阶跃方式	频率 当前频率 O 时间 执行PULS、SPED指令（独立模式） 执行SPED指令（独立模式）	定位中执行 SPED 指令，将脉冲输出中的频率变更为阶跃方式（在上方或下方），这时目标位置（脉冲数）没有变化	PULS ↓ SPED（独立） ↓ SPED（独立）
脉冲输出停止	脉冲输出停止（脉冲输出量非保持）	立即停止	频率 当前频率 O 时间 执行PULS、SPED指令（独立模式） 执行INI指令	立即停止脉冲输出，这时当前的脉冲输出量被清除	PULS ↓ SPED（独立） ↓ INI
	脉冲输出停止（脉冲输出量非保持）	立即停止	频率 当前频率 O 时间 执行PULS、SPED指令（独立模式） 执行SPED指令（目标频率为0）	立即停止脉冲输出，这时当前的脉冲输出量被清除	PULS ↓ SPED（独立） ↓ SPED（独立、目标频率 0）

【例 3.1】　当 0.00 接通时，用 PULS 指令按照相对脉冲方式从脉冲输出 0 中输出 5 000 个脉冲，同时通过 SPED 指令，按照 CW/CCW 方式、CW 方向、独立模式、目标频率500 Hz 输出脉冲。

设计的梯形图如图 3.12（a）所示，其中 D100 存放于 1388H（脉冲数 5 000 对应的十六进制数），D110 存放于 D1F4H（目标频率 500 对应的十六进制数），如图 3. 12（b）所示，对应的速度曲线如图 3. 12（c）所示，为匀速运动。

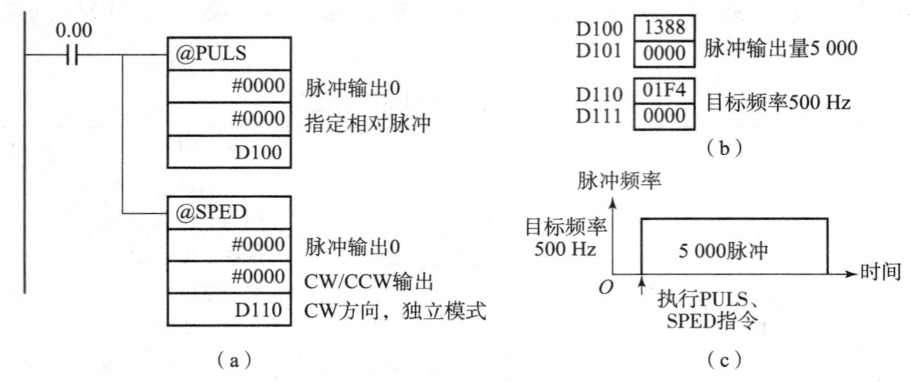

图 3. 12　例 3. 1 的梯形图

其中 D100 和 D101 中为脉冲数 5 000 对应的 BIN 数，D110 和 D111 为目标频率 500 Hz 对应的 BIN 数，两个参数可以在前面的程序中通过数制转换指令 BINL 送入。

3. 4. 3　INI 指令及其使用方法

INI 指令主要完成动作模式的控制，包括：开始高速计数器比较表的比较、停止高速计数器比较表的比较、变更高速计数器当前值、变更中断输入（计数模式）的当前值、变更脉冲输出当前值、停止脉冲输出。INI 指令的梯形图如图 3. 13 所示。

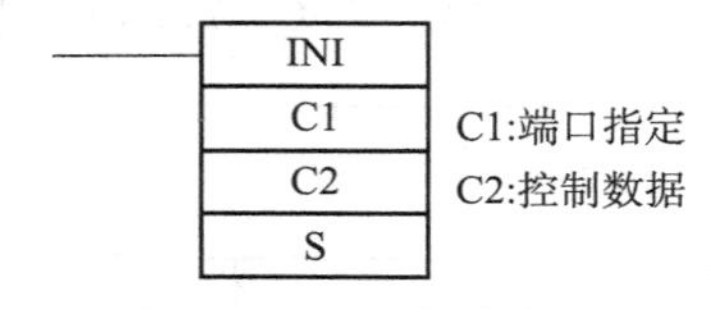

图 3. 13　INI 指令符号

操作数说明如下。

①C1：端口指定。

0000Hex：脉冲输出 0；

0001Hex：脉冲输出 1；

0002Hex：脉冲输出 2；

0003Hex：脉冲输出 3；

0010Hex：高速计数器输入 0；

0011Hex：高速计数器输入 1；

0012Hex：高速计数器输入 2；

0013Hex：高速计数器输入 3；

0100Hex：中断输入 0（计数模式）；

0101Hex：中断输入 1（计数模式）；

0102Hex：中断输入 2（计数模式）；

0103Hex：中断输入 3（计数模式）；

0104Hex：中断输入 4（计数模式）；

0105Hex：中断输入 5（计数模式）；

0106Hex：中断输入 6（计数模式）；

0107Hex：中断输入 7（计数模式）；

1000Hex：PWM 输出 0；

1001Hex：PWM 输出 1。

②C2：控制数据。

0000Hex：比较开始；

0001Hex：比较停止；

0002Hex：变更当前值；

0003Hex：停止脉冲输出。

③S：变更数据保存的低位 CH 编号。

指定变更当前值（C2 = 0002Hex）时，保存变更数据；指定变更当前值以外的值时，不使用此操作数的值。

操作数 S 和 S + 1 的数据格式如图 3. 14 所示。

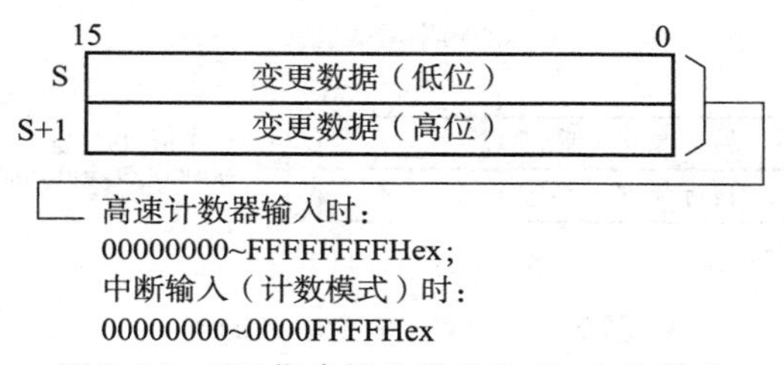

图 3. 14　INI 指令操作数 S 和 S + 1 的格式

【例 3. 2】　0. 00 由 OFF→ON 时，通过 SPED 指令，采用连续模式，开始从脉冲输出 0 中输出脉冲，当 0. 01 由 OFF→ON 时，通过 INI 指令停止脉冲输出。

INI 指令 C1 控制字为 0000（端口 0 输出脉冲），C2 控制字为 0003（停止脉冲输出），操作数 S 为 0000。SPED 指令的 S 选择 D100，将 500 Hz 对应的十六进制数 000001F4 预先存入 D100 中，当 0. 00 接通时，执行 SPED 指令，以 500 Hz 的频率连续输出脉冲，当 0. 01 接通时，执行 INI 指令，停止输出脉冲。其梯形图如图 3. 15 所示。

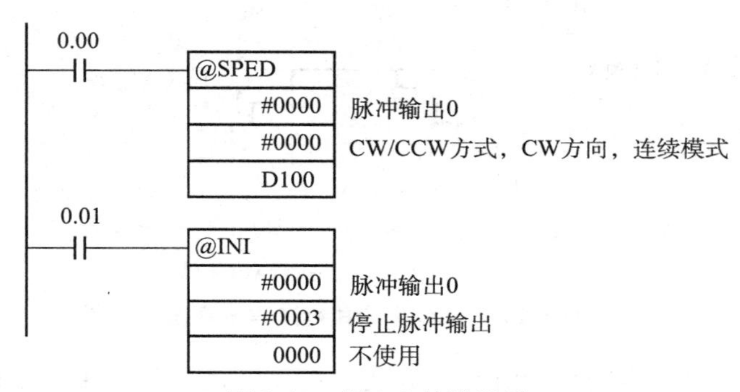

图 3. 15　例 3. 2 的梯形图

3.4.4 ACC 指令及其使用方法

ACC 指令是按指定的输出端口、指定的加减速比率和目标频率，进行有加减速的脉冲输出，速度曲线为梯形。ACC 指令在梯形图中的符号如图 3.16 所示。

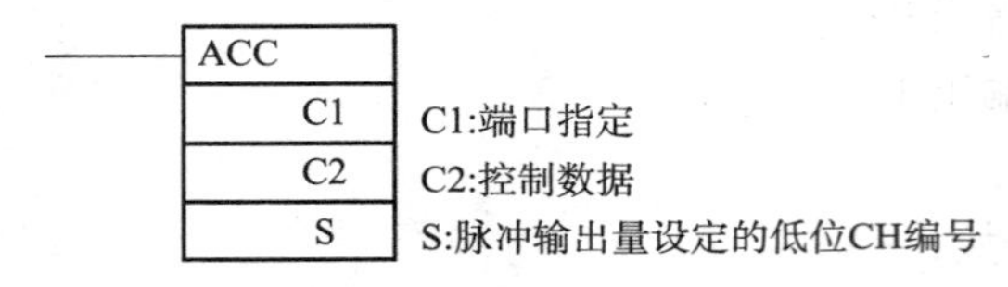

图 3.16 ACC 指令的梯形图符号

C1 为端口指定，含义同 PULS 指令中的 C1；C2 为模式指定，含义同 3.4.2 节中 SPED 指令的 C2。

S 为设定表的低位 CH 编号，设定方法如图 3.17 所示。

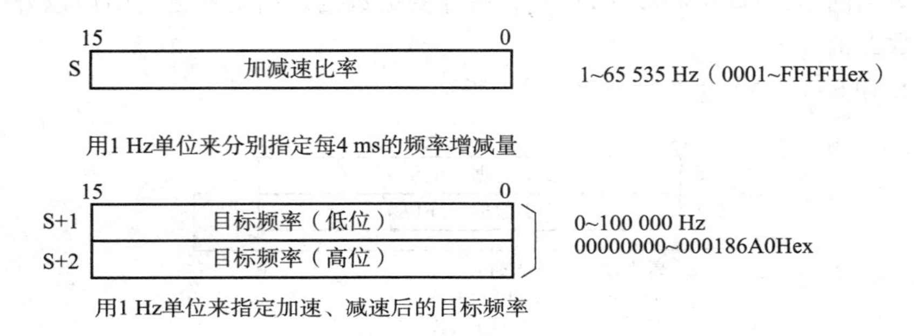

图 3.17 ACC 指令中 S 的含义

图 3.17 中，加减速比率和目标频率的设定值均为 BIN 格式，实际应用中，要把加速度 a 转化为 BIN 格式的每 4 ms 的频率变化量，将速度 v 转化成 BIN 格式的目标频率，转化过程注意加速度 a 和速度 v 的量纲。

执行 ACC 指令时，从由 C1 指定的端口，按照 C2 指定的方式、S 指定的加减速比率发送脉冲，在到达 S+2 和 S+1 指定的目标频率前进行频率的加减速。ACC 指令执行过程示意图如图 3.18 所示。

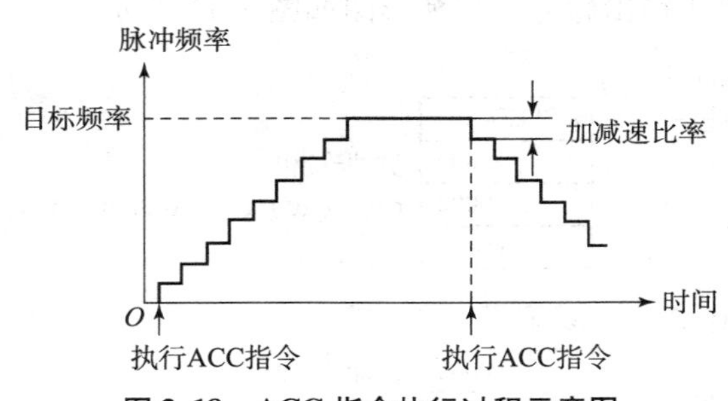

图 3.18 ACC 指令执行过程示意图

图 3.18 中，加减速过程的每个阶梯的宽度为 4 ms，高度为每 4 ms 的频率增减量。

在连续模式下，ACC 指令可以实现“加速→匀速”或“减速→匀速”功能，停止的方法有以下 3 种：

（1）ACC（连续）→INI，无斜坡减速，阶跃停止。

（2）ACC（连续）→SPED（连续、目标频率为 0），无斜坡减速，阶跃停止。

（3）ACC（连续）→ACC（连续、目标频率为 0），斜坡减速停止。

连续模式下 ACC 的使用详见表 3. 8。

表 3. 8　连续模式下 ACC 的使用

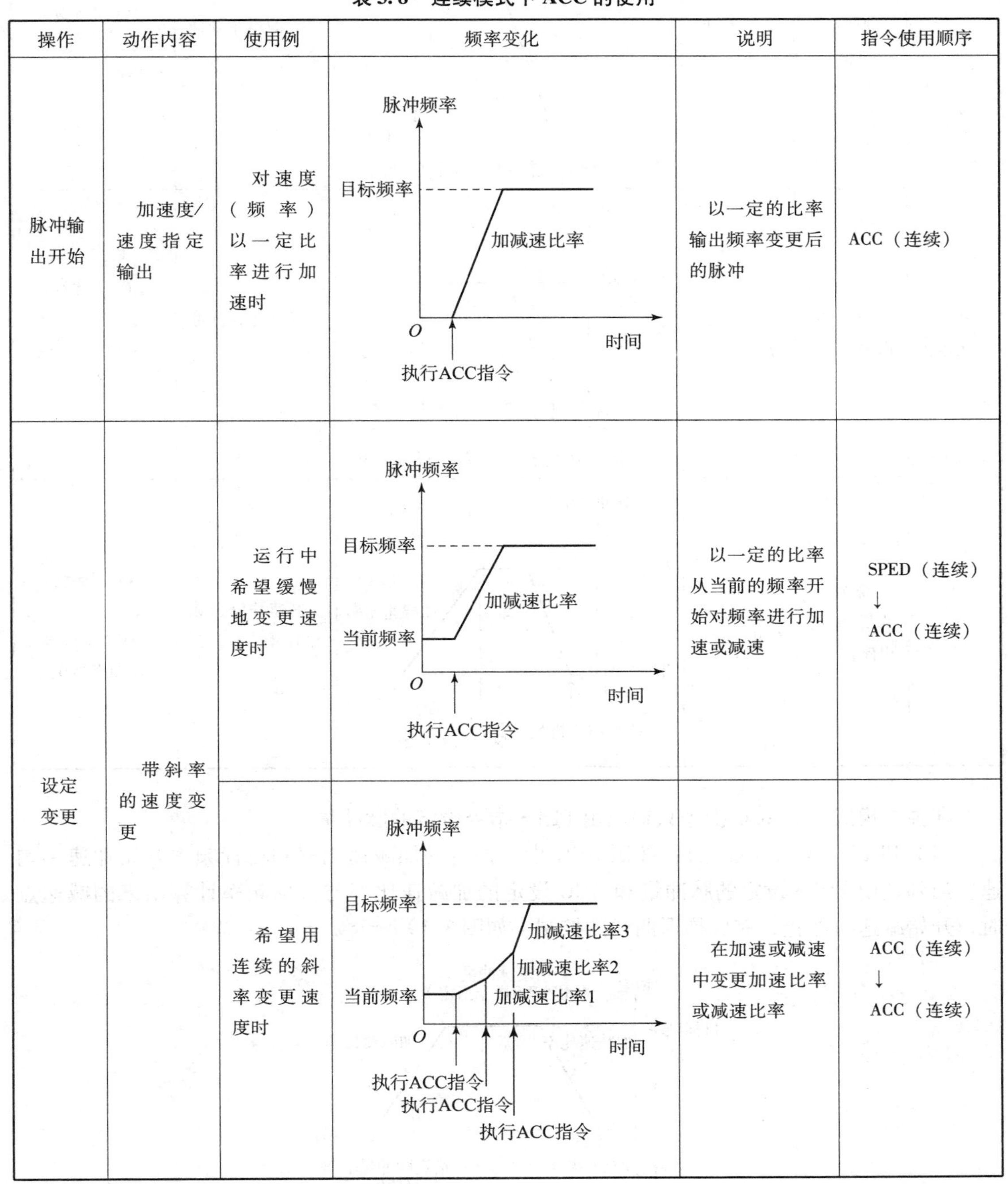

操作	动作内容	使用例	频率变化	说明	指令使用顺序
脉冲输出开始	加速度/速度指定输出	对速度（频率）以一定比率进行加速时	脉冲频率 目标频率 加减速比率 O 时间 执行ACC指令	以一定的比率输出频率变更后的脉冲	ACC（连续）
设定变更	带斜率的速度变更	运行中希望缓慢地变更速度时	脉冲频率 目标频率 加减速比率 当前频率 O 时间 执行ACC指令	以一定的比率从当前的频率开始对频率进行加速或减速	SPED（连续） ↓ ACC（连续）
		希望用连续的斜率变更速度时	脉冲频率 目标频率 加减速比率3 加减速比率2 当前频率 加减速比率1 O 时间 执行ACC指令 执行ACC指令 执行ACC指令	在加速或减速中变更加速比率或减速比率	ACC（连续） ↓ ACC（连续）

续表

操作	动作内容	使用例	频率变化	说明	指令使用顺序
	脉冲输出停止	立即停止	脉冲频率 当前频率 O 时间 执行ACC指令 执行INI指令	立即停止脉冲输出	ACC（连续） ↓ INI
脉冲输出停止	脉冲输出停止	立即停止	脉冲频率 当前频率 O 时间 执行ACC指令 执行SPED指令	立即停止脉冲输出	ACC（连续） ↓ SPED（连续、目标频率为0）
	带斜率的脉冲输出停止	减速停止	脉冲频率 当前频率 加减速比率 目标频率 时间 执行ACC指令 执行ACC指令	减速并停止脉冲输出	ACC（连续） ↓ ACC（连续、目标频率为0）

在独立模式下，ACC 指令只输出由 PULS 指令设定的脉冲量。

（1）PULS→ACC（独立）：按照 ACC 指令指定的加减速比率和目标频率开始加速→匀速，当到达由 PULS 设定的脉冲量和 ACC 设定的加减速比率与目标频率计算出来的减速点时，开始减速→停止，完成梯形曲线的控制，如图 3.19 所示。

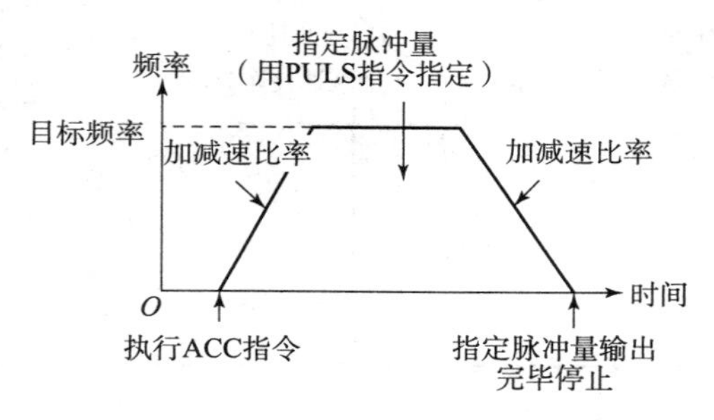

图 3.19　PULS→ACC（独立）的控制过程

（2）PULS→ACC（独立）→ACC（独立）：先按照第一次 ACC 设定的加减速比率和目标频率实现加速→匀速，再按照第二个 ACC 指令设定的加减比速率和目标频率实现加速→匀速→减速停止，总的脉冲量来自 PULS 预先设定的值，如图 3.20 所示。

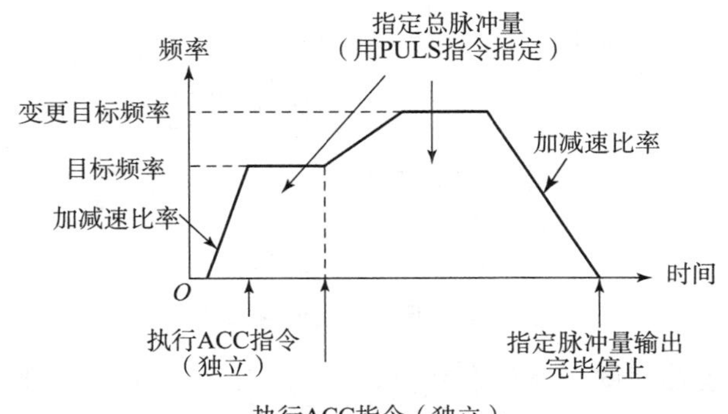

图 3.20　PULS→ACC（独立）→ACC（独立）的控制过程

图 3.20 中，减速时的加减速比率与第二次加速时的数值相同。

在独立模式下，若 ACC 指令在没有完成由 PULS 指定的脉冲量发送时需要提前终止，可以利用 INI 指令，即 PULS→ACC（独立）→INI，如图 3.21 所示。

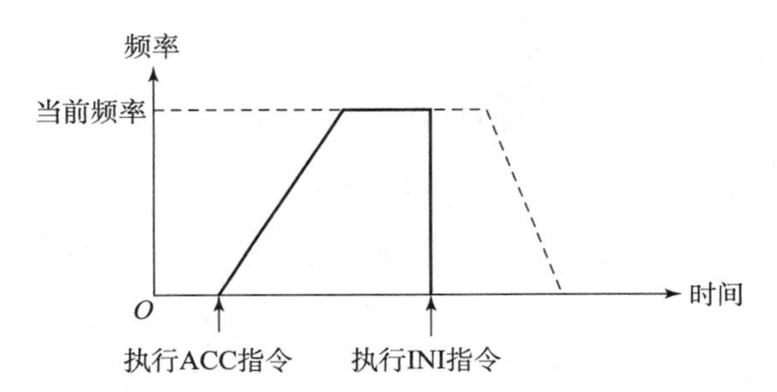

图 3.21　PULS→ACC（独立）→INI 的控制过程

在独立模式下，执行 PULS→ACC（独立）时，当设定的脉冲量过少，目标频率过高，即实际的速度曲线为三角形（见图 3.22）时，在没有达到目标频率时也能自动减速。

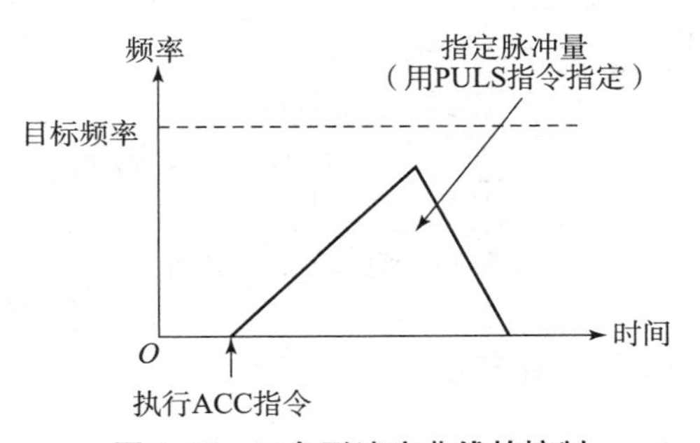

图 3.22　三角形速度曲线的控制

【例 3.3】　0.00 由 OFF 变 ON 时，通过 ACC 指令从脉冲输出 0 端口，用 CW/CCW 方式、CW 方向、连续模式开始进行加减速比率为 20 Hz/4 ms、目标频率为 500 Hz 的脉冲输出。当0.01由OFF变ON时，再一次通过ACC指令变更为加减速比率为10 Hz/4 ms、目标频率为1 000 Hz的脉冲输出，如图3.23所示。

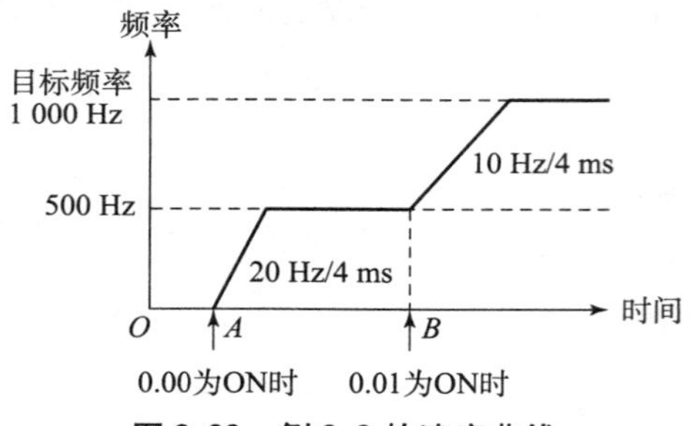

图3.23　例3.3的速度曲线

根据图3.23的速度曲线图，应该在A、B两点用两个ACC指令来分别完成两次加速→匀速的过程。假设两个ACC指令的数据存放首地址分别为D100和D105，首先应该把两段曲线对应的加减速比率（20 Hz/4 ms、10 Hz/4 ms）变成BIN格式，用MOV指令分别送给D100和D105，再用MOVL指令（32位传送指令）将两个目标频率（500 Hz和1 000 Hz）分别送入D101、D102和D106、D107），则相应地址内容如图3.24所示。

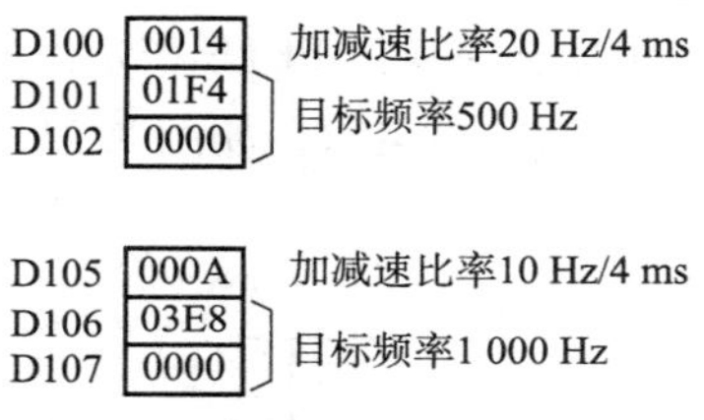

图3.24　变换后对应地址的内容

这样，我们就可以用ACC指令来发送脉冲，走出图3.23的速度曲线，程序如图3.25所示。

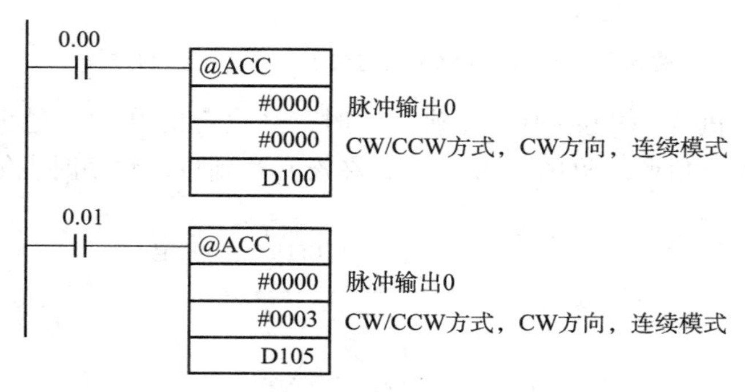

图3.25　例3.3的梯形图

3.4.5　PLS2指令及其使用方法

PLS2用于梯形速度曲线中指定加速比率、目标频率、脉冲数、减速比率的定位控制。当总脉冲数确定时，软件根据输入的加速比率、目标频率和减速比率，自动计算减速点，当减速到0时，刚好走完要求的位移（脉冲数）。PLS2指令如图3.26所示。

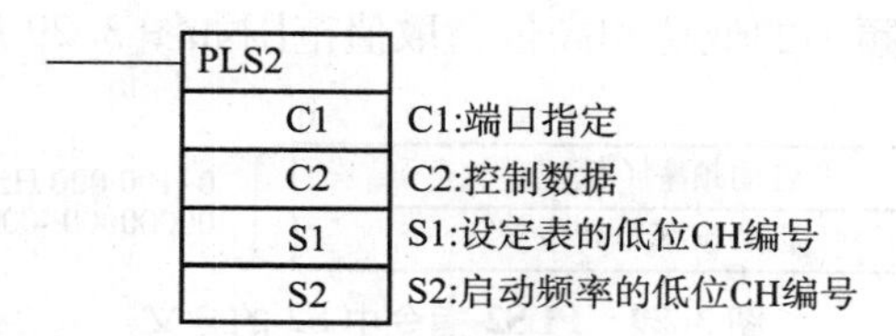

图 3.26　PLS2 指令

C1 为端口指定，含义同 PULS 指令中的 C1；C2 为模式指定，其中各位含义如图 3.27 所示；S1 的设置如图 3.28 所示。

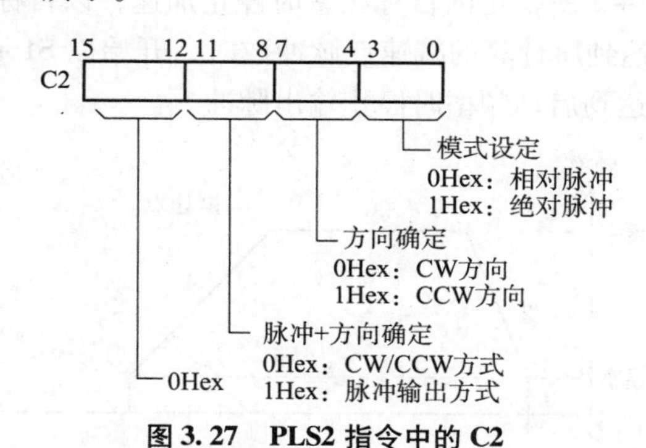

图 3.27　PLS2 指令中的 C2

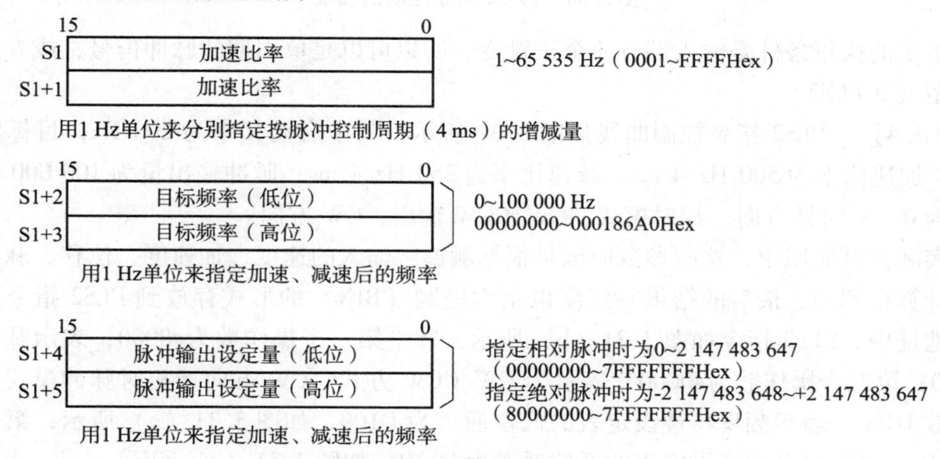

图 3.28　PLS2 指令中的 S1

如果 S1 设为 D100，则 D100 存放加速比率、D101 存放减速比率、D102 存放目标频率的低位、D103 存放目标频率的高位、D104 存放脉冲输出设定量的低位、D105 存放脉冲输出设定量的高位。在使用 PLS2 指令前，先将计算好的对应值存入相应的地址。注意，目标频率和脉冲输出设定量均为 32 位。对于脉冲输出量设定值，分为相对脉冲和绝对脉冲两种。

当 C2 的控制字指定的是相对脉冲时，

$$脉冲输出量设定值 = 移动脉冲量$$

当 C2 的控制字指定的是绝对脉冲时，

$$脉冲输出量设定值 = 当前值 + 移动脉冲量$$

S2 和 S2 +1 存放启动频率的低位和高位，取值范围如图 3. 29 所示。

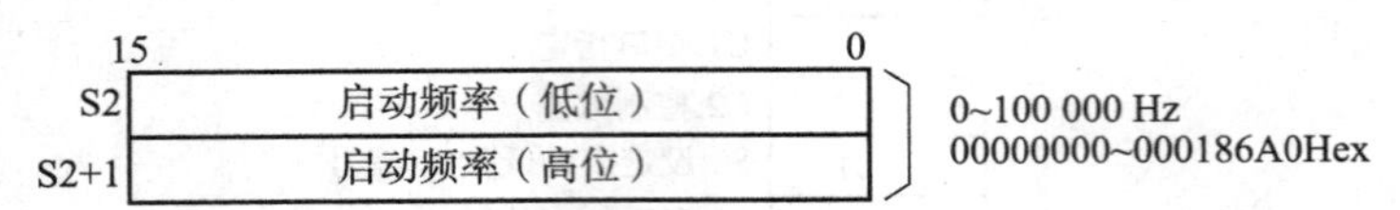

图 3. 29　PLS2 指令中 S2 的含义

该指令的执行过程是，在 C1 所指定的端口，S2 所指定的启动频率开始输出脉冲，如图 3. 30 所示。在每个脉冲控制周期（4 ms）中，根据 S1 所指定的加速比率增加频率（加速阶段②），达到 S1 +2 和 S1 +3 所指定的目标频率时停止加速，以目标频率输出脉冲（匀速阶段③），当输出的脉冲数达到所计算的减速点脉冲数时，开始以 S1 +1 所指定的减速比率减少频率（减速阶段④），达到启动频率时停止输出脉冲。

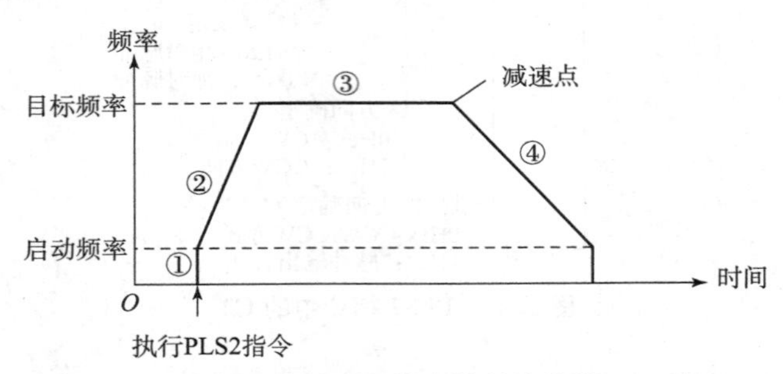

图 3. 30　PLS2 指令控制的曲线

该指令的执行条件是输入端有一个正跳变，所以可以是单周期的脉冲信号，或者采用输入微分型（@ PLS2）。

【例 3. 4】　PLS2 指令控制曲线如图 3. 30 所示，其中启动频率为 200 Hz，目标频率为 50 kHz，加速比率为 500 Hz/4 ms，减速比率为 250 Hz/4 ms，脉冲输出量为 100 000 个，输出端口为 0，顺时针方向，相对模式，CW/CCW 输出，CW 方向。

在实际控制应用中，这些参数应该是根据触摸屏输入的速度、加速度、位移、脉冲当量等经过计算得到的，最后的结果一定要以十六进制（BIN）的形式存放到 PLS2 指令所对应的通道地址中，PLS2 指令如图 3. 31（b）所示，其中第一个操作数为#0000，表示脉冲输出端口为 0；第二个操作数为#0000，表示为 CW/CCW 方式、CW 方向、相对脉冲模式；第三个操作数 D100，表示频率特性设定表的低位通道为 D100，如图 3. 31（a）所示；第四个操作数 D110，表示启动频率设定表的低位通道为 D110，如图 3. 31（a）所示。

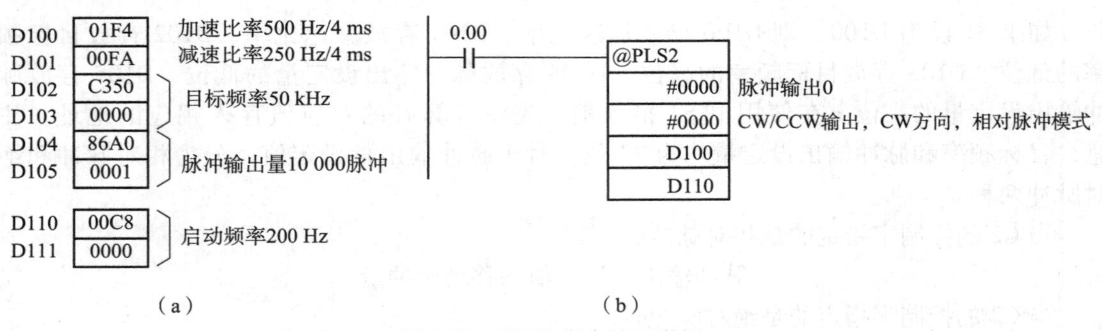

图 3. 31　PLS2 指令控制举例

图3.31中，当0.00由OFF变为ON时，通过PLS2指令从端口0输出100 000个相对当前位置的脉冲，以200 Hz的启动频率，按照500 Hz/4 ms的加速比率，加速到目标频率50 kHz时开始匀速，到达减速点时以250 Hz/4 ms的减速比率减速，当达到200 Hz的启动频率时停止输出脉冲。

PLS2指令可以控制完整的梯形速度曲线，也可以是梯形曲线的一部分，例如单纯的加速段，或者单纯的加速-匀速段，或者启动频率与结束频率不相同，等等。

对于复杂控制曲线，PLS2指令也可以自身组合或与其他指令组合控制。

对于图3.32的速度曲线，可以有几种控制方式。一个是PLS2→PLS2组合，即曲线①、②两段用一个PLS2指令，当设定的脉冲走完时（没有减速段即走完设定的脉冲），再接一个PLS2指令，走出③、④、⑤曲线段；另一个是PULS→ACC（独立模式）→PLS2组合，即对曲线①、②两段，用PULS→ACC（独立模式）组合，其中PULS设定脉冲数，ACC指令实现加速、匀速过程，对③、④、⑤曲线段，用PLS2指令实现梯形曲线控制。

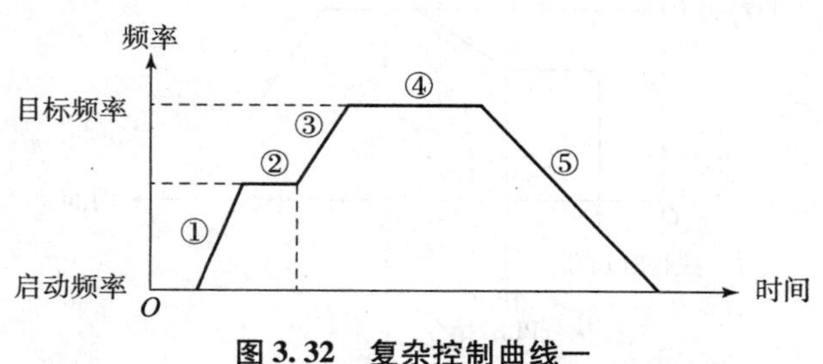

图3.32　复杂控制曲线一

对于图3.33的复杂曲线，加速阶段为多段变加速，针对曲线*AB*段、*BC*段、*CD*段、*DE*段都可以采用两种方式，即PLS2或PULS→ACC（独立模式）。所以，图3.33所示曲线的指令组合可以是“PLS2（*AB*段）→PLS2（*BC*段）→PLS2（*CD*段）→PLS2（*DE*段）→PLS2（*EFGH*段）”，或者“PULS→ACC（*AB*段、独立模式）→PULS→ACC（*BC*段、独立模式）→PULS→ACC（*CD*段、独立模式）→PULS→ACC（*DE*段、独立模式）→PLS2（*EFGH*段）”。

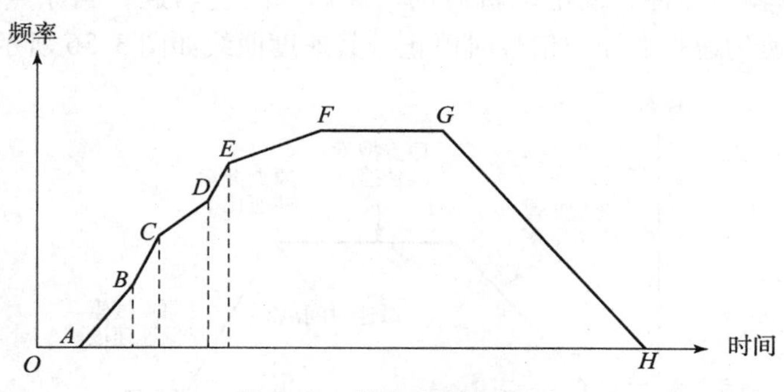

图3.33　复杂控制曲线二

对于图3.34的曲线，可以使用PLS2→INI指令组合、PULS→ACC（独立模式）→INI指令组合，或者ACC（连续模式）→INI指令组合实现，其中INI指令的执行条件是外部条件满足时，提前结束脉冲输出。

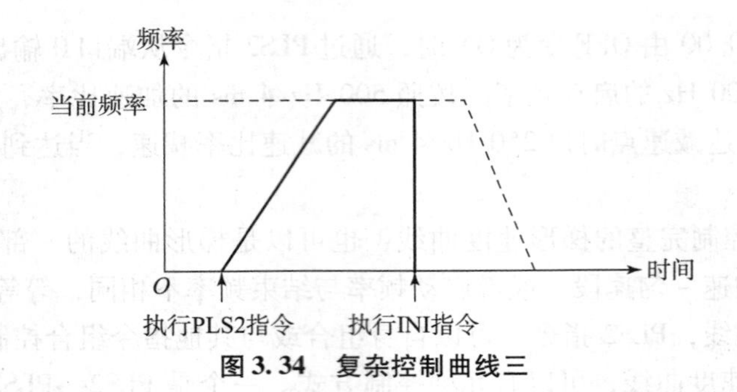

图 3.34　复杂控制曲线三

对于图 3.35 的曲线，可以使用 SPED（连续模式，通过输出脉冲数判断切换点）→PLS2 指令组合实现，或者使用 PULS、SPED（连续模式）→PLS2 指令组合实现。

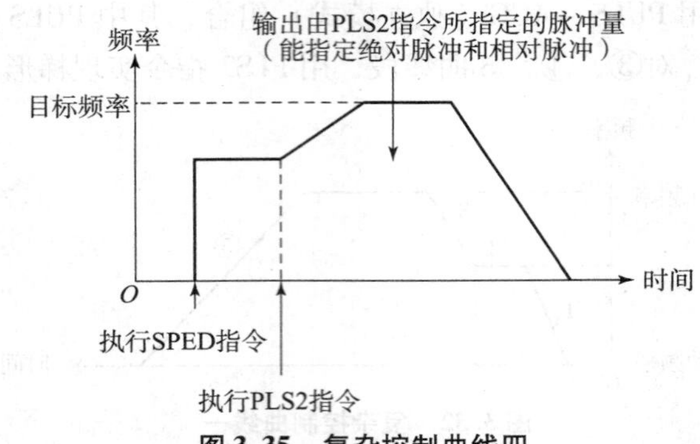

图 3.35　复杂控制曲线四

3.4.6　ORG 指令及其使用方法

在 CP1H CPU 单元的脉冲输出功能中，返回机械原点的方法有以下两种：原点搜索和原点复位。

1. 原点搜索功能

通过 ORG 指令输出脉冲，使电动机启动、加速、高速匀速，当原点附近输入信号 ON 时，开始减速、低速匀速，遇原位信号时停止。其速度曲线如图 3.36 所示。

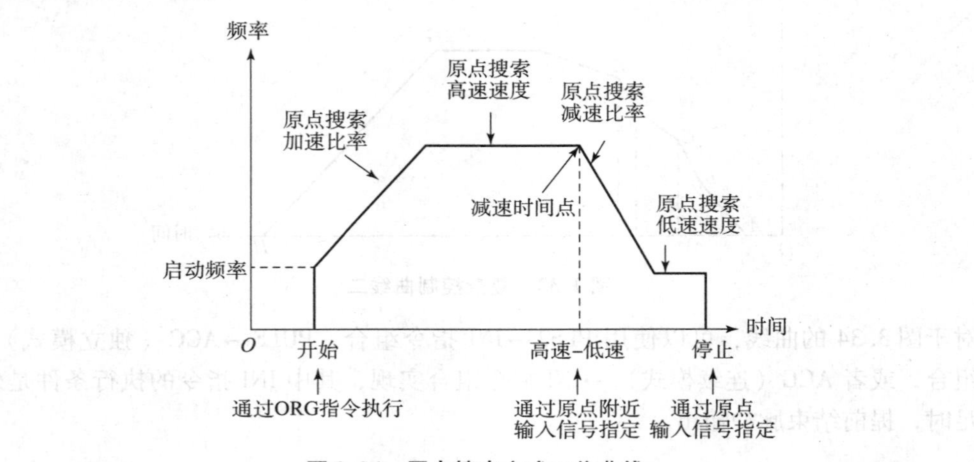

图 3.36　原点搜索方式工作曲线

使用原点搜索功能，需要在 PLC 的设定界面针对脉冲输出端口进行参数设定。以脉冲输出端口 0 为例，如图 3.37 所示。

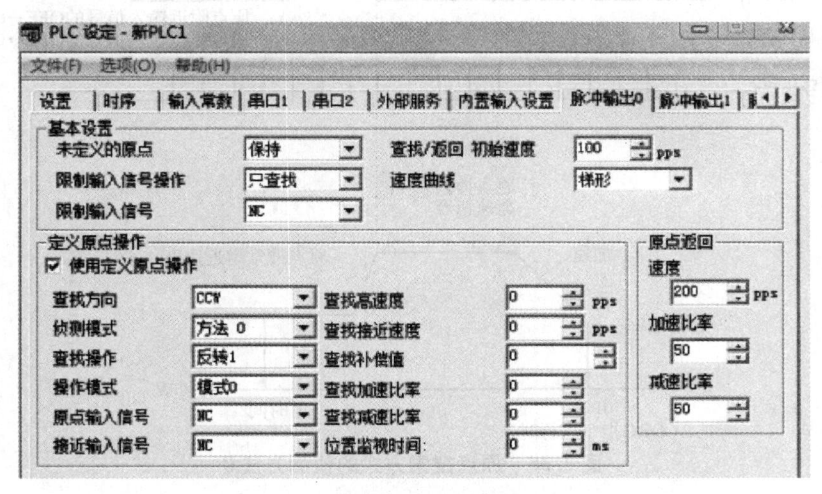

图 3.37　原点搜索的 PLC 设定界面

在“定义原点操作”栏，选中“使用定义原点操作”复选框。

“侦测模式”包括方法 0、方法 1、方法 2，主要进行与原点附近输入信号相关的设定，如表 3.9 所示。其中方法 0 和方法 1 包含原点附近输入信号和原点输入信号，方法 2 只有原点输入信号。

表 3.9　原点侦测模式设定

设　　定	说　　明
0：有原点附近输入信号的反转	原点附近输入信号“OFF→ON→OFF”后，遇原点输入信号时停止
1：无原点附近输入信号的反转	原点附近输入信号“OFF→ON”后，遇原点输入信号时停止
2：不使用原点附近输入信号	不使用原点附近输入信号，遇原点输入信号时停止

原点侦测方法 0：在匀速过程中，若遇到原点附近输入信号的上升沿（即原点附近输入信号由 OFF→ON 时），开始减速 - 匀速，当原点附近输入信号由 ON→OFF 反转时，遇到原点信号停止（反转前原点输入信号不起作用），如图 3.38 所示。

原点侦测方法 1：在匀速过程中，若遇到原点附近输入信号的上升沿（即原点附近输入信号由 OFF→ON 时），开始减速 - 匀速，遇到原点信号时即停止（不需要原点附近输入信号的反转），如图 3.39 所示。

原点侦测方法 2：此方法不需要原点附近输入信号，在匀速过程中，遇到原点信号时即停止，如图 3.40 所示。

图 3.37 中的“查找操作”包括反转模式 1 和反转模式 2，如表 3.10 所示。

“操作模式”决定原点搜索时使用的输入信号的参数，根据偏差计数器复位输出和定位结束输入的有无，包括 3 种模式，如表 3.11 所示。

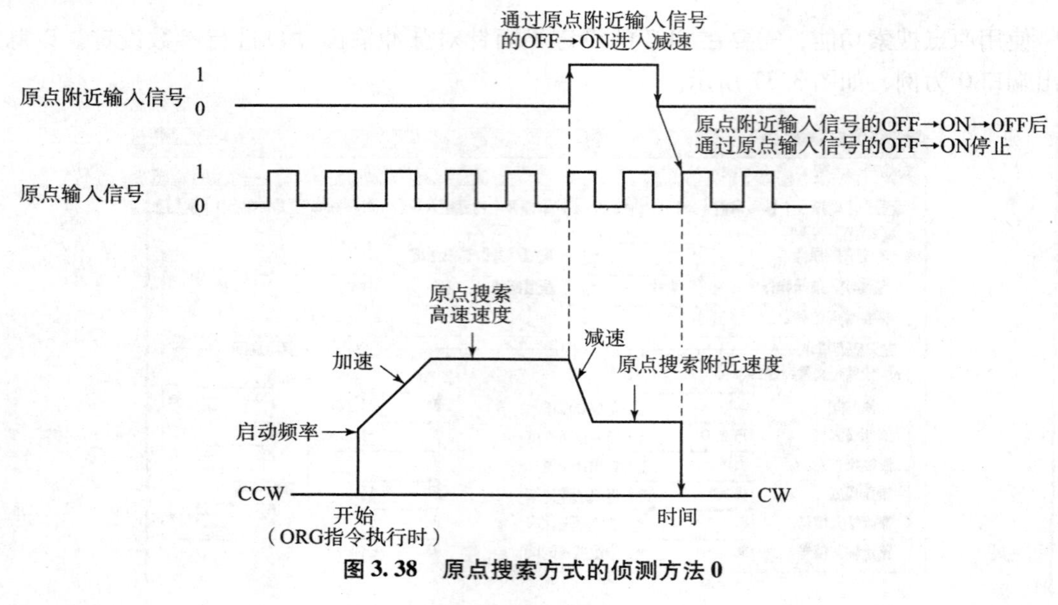

图 3.38　原点搜索方式的侦测方法 0

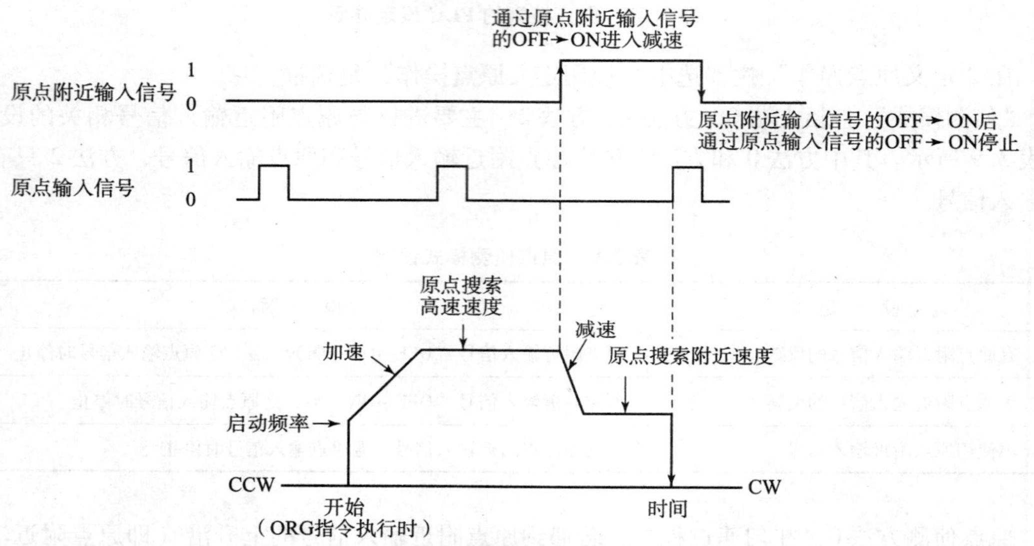

图 3.39　原点搜索方式的侦测方法 1

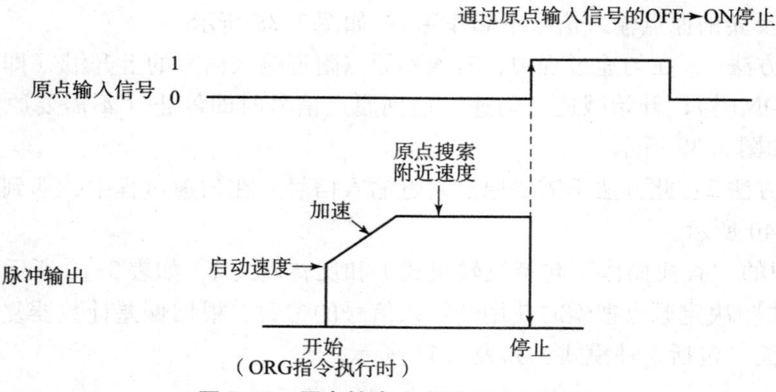

图 3.40　原点搜索方式的侦测方法 2

表3.10　反转模式说明

设　　定	说　　明
0：反转模式1	根据原点搜索方向的界限输入信号的输入，进行反转动作
1：反转模式2	根据原点搜索方向的界限输入信号的输入，发生出错停止

表3.11　操作模式说明

驱 动 器	补 充 说 明	操作模式
步进电动机驱动		0
伺服电动机驱动	即使定位精度低，也希望在缩短操作时间的情况下使用。 （不使用伺服驱动器侧的定位结束信号）	1
	希望在提高定位精度的情况下使用。 （使用伺服驱动器侧的定位结束信号）	2

一般根据所使用的驱动器及其用途选择操作模式，如表3.12所示。

表3.12　驱动器与操作模式的关系

操作模式	输入/输出信号			补充说明
	原点输入信号	偏差计数器复位输出	定位结束输入	从原点搜索高速速度的减速中，检测原点时的动作
0	检测原点输入信号的上升沿，并进行原点确定	不使用。 原点检测后，结束原点搜索动作	不使用	检测减速中的原点输入信号，出现原点输入信号异常（出错代码0202）时减速停止
1		原点检测时，20~30 ms ON		不能检测减速中的原点输入信号，根据达到原点搜索附近速度后的原点输入信号停止，并结束原点确定
2			原点检测后，收到来自驱动器的定位结束信号，原点搜索动作结束	

此外，还要设定原点搜索时电动机的初始速度（每秒脉冲数pps）、目标速度（pps）、原点附近信号输入后电动机的速度（pps）、开始搜索时电动机的加速比率（每4 ms的频率增量）、原点搜索减速时电动机的减速比率（每4 ms的频率增量）。

查找补偿值的含义是：

原点修正数据是指在确定原点后需要微调的情况下（接近传感器ON的位置发生偏移、更换电动机等），设定调整量。

在原点搜索下，检测原点1次后，输出该原点修正数据的脉冲，之后将当前位置设为0的同时，变为原点确定状态（无原点标志OFF）。

设定范围：80000000~7FFFFFFFHex（−2 147 483 648~2 147 483 647）脉冲。

原点搜索指令为ORG，通过执行ORG指令，按照前面设定的参数进行原点搜索。ORG指令的格式和参数含义如图3.41所示。

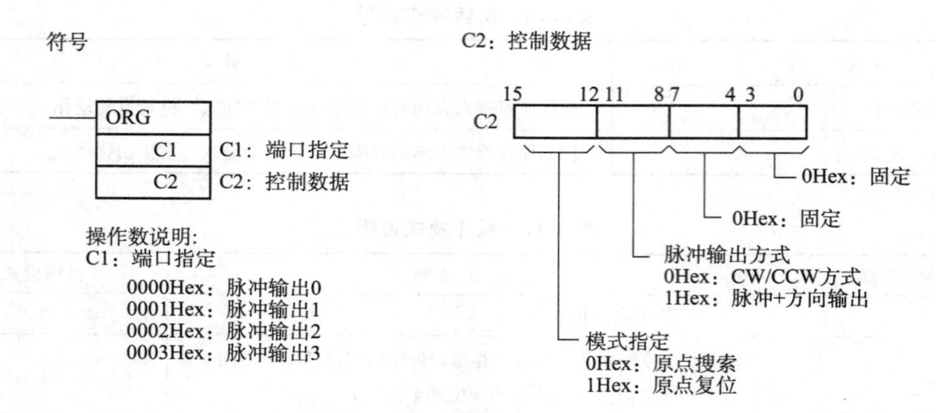

图 3.41　ORG 指令的格式和参数含义

【例 3.5】　用伺服电动机通过丝杠螺母驱动运动部件，采用原点搜索方式，系统构成如图 3.42 所示，用伺服电动机配备编码器的 Z 相信号作为原点输入信号，采用反转模式，原点侦测方法 0，搜索方向为 CW，有 CW 界限检测传感器和 CCW 界限检测传感器。

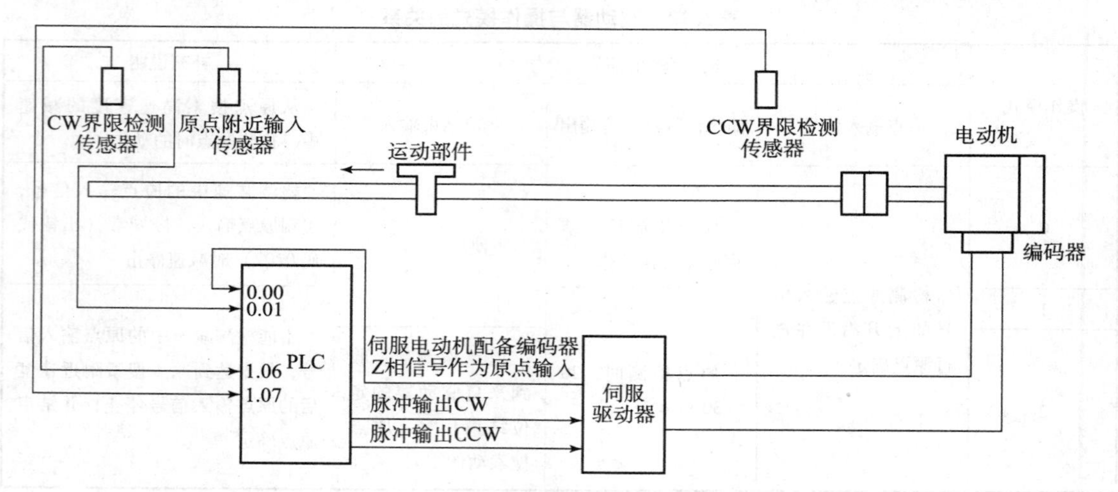

图 3.42　例 3.5 的系统构成

输入、输出端子分配如表 3.13、表 3.15 所示，极限输入信号对应的辅助继电器如表 3.14 所示，系统的动作时序如图 3.43 所示，PLC 的参数设定如表 3.16 所示，梯形图如图 3.44 所示。

表 3.13　输入地址分配

输入端子		名　称
CH	位	
0CH	00	脉冲输出 0 的原点输入信号
	01	脉冲输出 0 的原点附近输入信号
1CH	06	CW 极限检测传感器
	07	CCW 极限检测传感器

表 3.14　极限输入信号对应的辅助继电器

特殊辅助继电器		名　称
CH	位	
A540	08	脉冲输出 0，CW 极限输入信号
	09	脉冲输出 0，CCW 极限输入信号

表 3.15　输出地址分配

输出端子		名　称
CH	位	
100CH	00	脉冲输出 0，CW 输出
	01	脉冲输出 0，CCW 输出

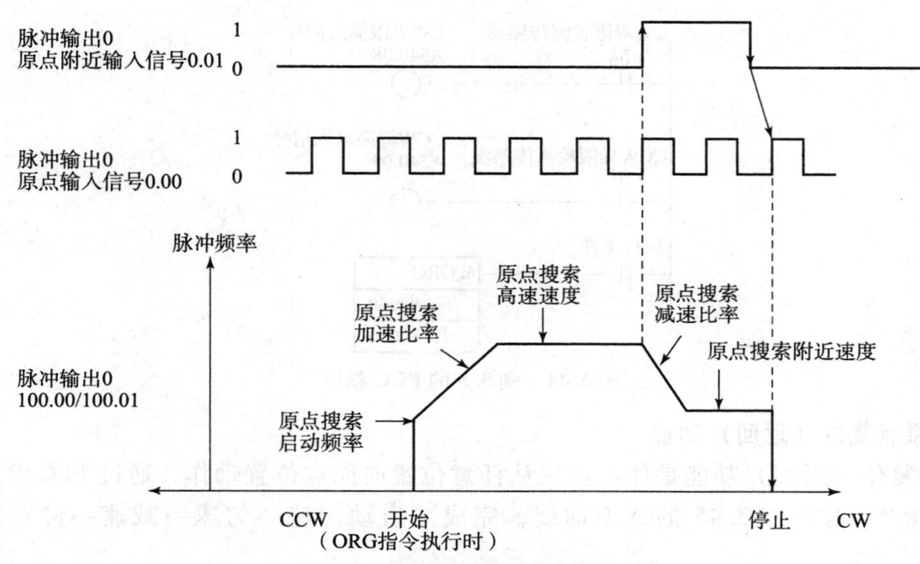

图 3.43　例 3.5 的系统动作时序

表 3.16　PLC 参数设定表

功　能	设定值（例）
脉冲输出 0 使用/不使用原点搜索功能	使用
脉冲输出 0 工作模式	模式 1
脉冲输出 0 原点搜索动作指定	反转模式 1
脉冲输出 0 原点检测方法指定	原点检测方法 0
脉冲输出 0 原点搜索方向指定	CW 方向
脉冲输出 0 原点搜索/原点复位启动速度	0064Hex（100 pps）
	0000Hex
脉冲输出 0 原点搜索高速速度	07D0Hex（2 000 pps）
	0000Hex

续表

功　能	设定值（例）
脉冲输出 0 原点搜索附近速度	03E8Hex（1 000 pps）
	0000Hex
脉冲输出 0 原点修正数据	0000Hex
	0000Hex
脉冲输出 0 原点搜索加速比率	0032Hex（50 Hz/4 ms）
脉冲输出 0 原点搜索减速比率	0032Hex（50 Hz/4 ms）
脉冲输出 0 极限输入信号种类	无
脉冲输出 0 原点附近输入信号种类	无
脉冲输出 0 原点输入信号种类	无

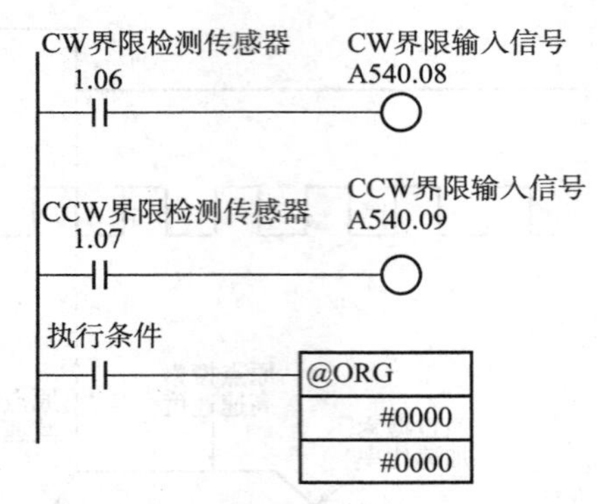

图 3.44　例 3.5 的 PLC 程序

2. 原点复位（返回）功能

原点复位（返回）功能是使电动机从任意位置向原点位置动作，通过 PLC 参数设定和 ORG 指令，按照图 3.45 的速度曲线，完成“启动加速→匀速→减速→停在原点位置”。

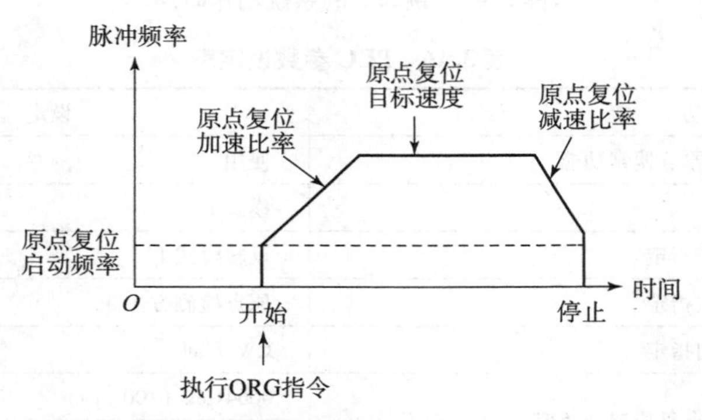

图 3.45　原点返回功能的速度曲线

原点复位（返回）功能首先需要设定以下 4 个参数，包括原点搜索启动速度、原点复位、原点返回目标速度、原点返回加速比率、原点返回减速比率。然后使用 ORG 指令，即可以实现。

3.4.7　PRV 指令及其使用方法

PRV 指令主要用于读取内置输入/输出的数据，包括以下几部分：

①当前值，包括高速计数器当前值、脉冲输出当前值、中断输入（计数模式）当前值；

②状态信息，包括脉冲输出状态、当前值溢出/下溢、脉冲输出量设定、脉冲输出结束、脉冲输出进行中、无原点标志、原点停止标志；

③区域比较结果；

④脉冲输出频率（脉冲输出从 0 到 3）；

⑤高速计数频率（只有高速计数器 0）。

PRV 指令的梯形图如图 3.46 所示。

PRV	
C1	C1：端口指定
C2	C2：控制数据
D	D：当前值保存的低位CH编号

图 3.46　PRV 指令的梯形图

其操作数说明如下：

①C1：端口指定。

0000Hex：脉冲输出 0；
0001Hex：脉冲输出 1；
0002Hex：脉冲输出 2；
0003Hex：脉冲输出 3；
0010Hex：高速计数器输入 0；
0011Hex：高速计数器输入 1；
0012Hex：高速计数器输入 2；
0013Hex：高速计数器输入 3；
0100Hex：中断输入 0（计数模式）；
0101Hex：中断输入 1（计数模式）；
0102Hex：中断输入 2（计数模式）；
0103Hex：中断输入 3（计数模式）；
0104Hex：中断输入 4（计数模式）；
0105Hex：中断输入 5（计数模式）；
0106Hex：中断输入 6（计数模式）；
0107Hex：中断输入 7（计数模式）；
1000Hex：PWM 输出 0；
1001Hex：PWM 输出 1。

②C2：控制数据。

0000Hex：读取当前值；
0001Hex：读取状态；
0002Hex：读取区域比较结果；
00□3Hex：C1 =0000Hex 或 0001Hex 时，读取脉冲输出 0 ~ 3 的频率（Hz）；
C1 =0010Hex 时，读取高速计数器 0 的频率（Hz）；
0003Hex：通常方式；
0013Hex：高频率对应，10 ms 采样方式；

0023Hex：高频率对应，100 ms 采样方式；

0033Hex：高频率对应，1 s 采样方式。

③D 的格式说明，如图 3.47 所示。

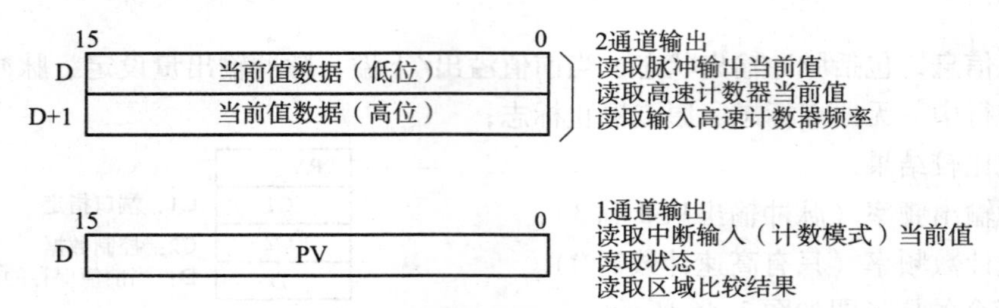

图 3.47　PRV 指令 D 的格式说明

C2＝0000Hex 时，当前值的读取如表 3.17 所示；C2＝0001Hex 时，状态值的读取如表 3.18 所示。

表 3.17　PRV 指令读取当前值

对　　象		内　　容	读取的结果范围
脉冲输出 （C1＝0000～0003Hex）		读取脉冲输出当前值 保存到 D＋1、D 中	80000000～7FFFFFFFHex （－2 147 483 648～2 147 483 647）
高速计数输入 （C1＝0010～0013Hex）	读取高速计数器当前值，保存到 D＋1、D 中	80000000～7FFFFFFFHex （－2 147 483 648～2 147 483 647）	80000000～7FFFFFFFHex （－2 147 483 648～2 147 483 647）
	链路模式时	00000000～FFFFFFFFHex （0～4 294 967 295）	00000000～FFFFFFFFHex （0～4 294 967 295）
中断输入（计数模式） （C1＝0100～0107Hex）		读取中断输入（计数模式）当前值，保存到 D 中	0000～FFFFHex （0～65 535）

表 3.18　PRV 指令读取状态值

对象	内容	读取的结果范围
脉冲输出	读取脉冲输出的状态，保存到 D 中	15　0 D 0 0 0 0 0 0 0 0 0 脉冲输出状态 0：定速中 1：加速/减速中 当前值上溢/下溢 0：正常 1：发生中 脉冲输出量设定 0：无设定 1：有设定 脉冲输出结束 0：没结束 1：结束 脉冲输出异常标志 0：无异常 1：停止异常发生中 无原点停止标志 0：在原点没有停止 1：原点停止中 无原点状态 0：原点确认状态 1：无原点确认状态 脉冲输出中 0：停止中 1：输出中

续表

对象	内容	读取的结果范围
高速计数输入	读取高速计数器的状态，保存到 D 中	15　　　　0 D 0 0 0 0 0 0 0 0 0 0 0 0 0 0 □ □ 比较动作 0：停止中 1：实行中 当前值上溢/下溢 0：正常 1：发生中
PWM 输出	读取 PWM 输出的状态，保存到 D 中	15　　　　0 D 0 0 0 0 0 0 0 0 0 0 0 0 0 0 0 □ 脉冲输出中 0：停止中 1：输出中

当 C2＝0002Hex 时，在高速计数器进行区域比较时，可以读取比较结果，存放到 D 中，如图 3.48 所示。

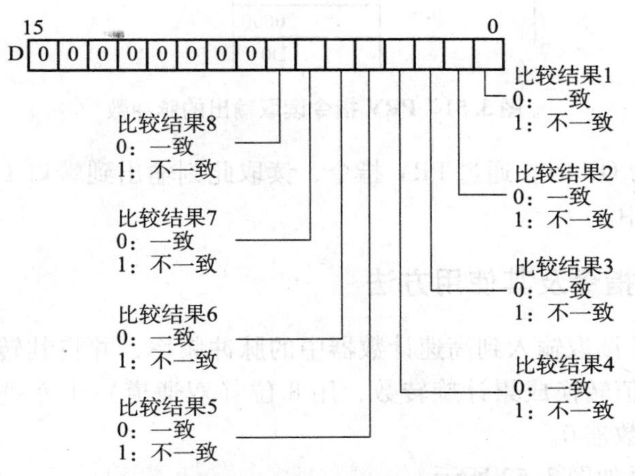

图 3.48　PRV 读取高速计数器的区域布局结果

【例 3.6】　通过 PRV 指令读取高速计数器区域比较结果，梯形图如图 3.49 所示。

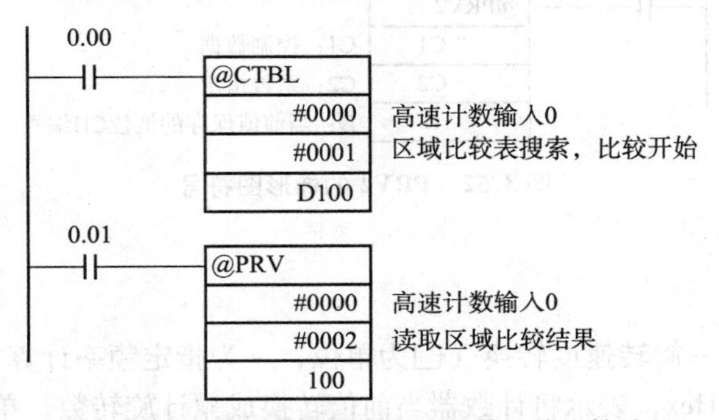

图 3.49　PRV 指令读取高速计数器区域比较结果

分析：0.00 从 OFF 到 ON 时，通过 CTBL 指令，将区域比较表登录到高速计数器 0 中，开始进行比较，0.01 从 OFF 到 ON 时，通过 PRV 指令，将此时的区域比较结果读入到 D100 中。

【例 3.7】 通过 PRV 指令读取高速计数器脉冲频率，梯形图如图 3.50 所示。

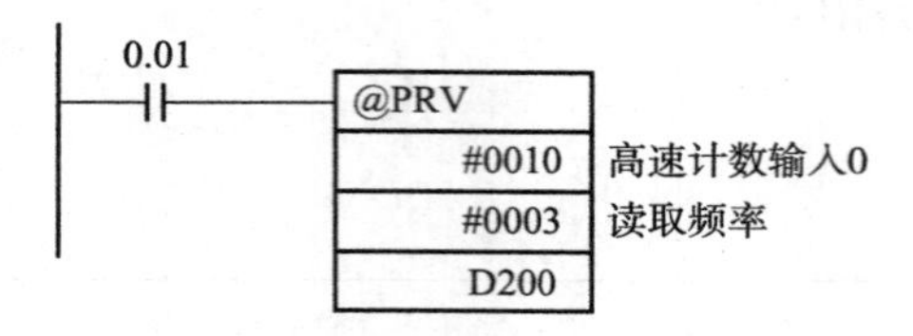

图 3.50 PRV 指令读取高速计数器脉冲频率

分析：当 0.01 为 ON 时，通过 PRV 指令，在该状态下读取输入到高速计数器 0 中的脉冲频率，以十六进制数输出到 D201、D200 中。

【例 3.8】 通过 PRV 指令读取输出的脉冲数，梯形图如图 3.51 所示。

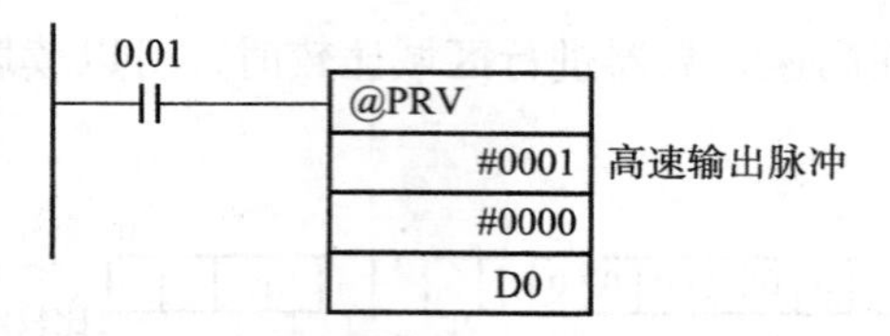

图 3.51 PRV 指令读取输出的脉冲数

分析：当 0.01 为 ON 时，通过 PRV 指令，读取此刻输出到端口 1 的脉冲数，以十六进制数输出到 D1、D0 中。

3.4.8 PRV2 指令及其使用方法

PRV2 指令可用于读取输入到高速计数器中的脉冲频率，并将其转换成旋转速度，也可以用于将计数器当前值转换成累计旋转数，用 8 位（双通道）十六进制数来输出结果。该指令只能用于高速计数器 0。

PRV2 指令的符号如图 3.52 所示。

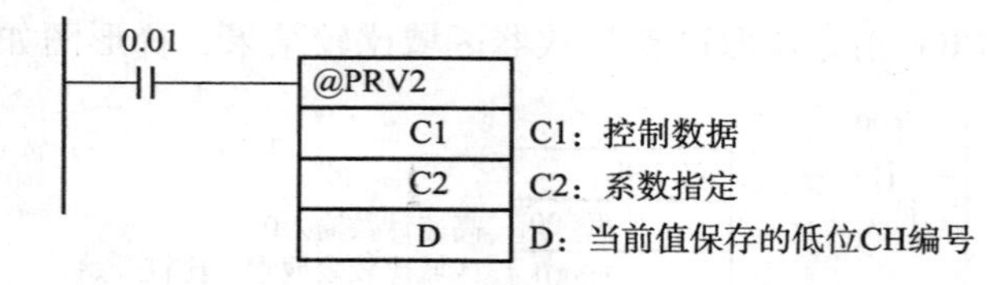

图 3.52 PRV2 的梯形图符号

操作数说明如下：

①C1：控制数据。

0□ ∗ 0Hex：频率 - 旋转速度转换（□为单位，∗ 为指定频率计算方式）

例如：C1 为 0001Hex，表示将计数器当前值转换成累计旋转数，单位为 r/min。

C1 的具体含义如图 3.53 所示。

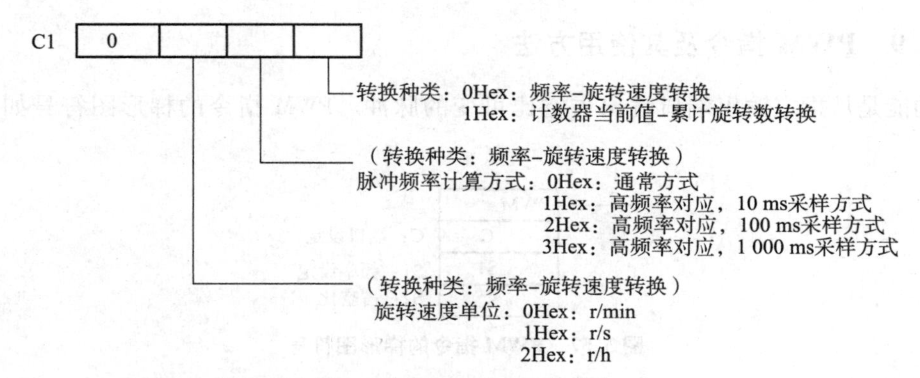

图 3.53　PRV2 中 C1 的含义

②C2：系数指定。

0001 ~ FFFFHex：旋转 1 次的脉冲数；

③D：转换结果保存对象的低位 CH 编号，如图 3.54 所示。

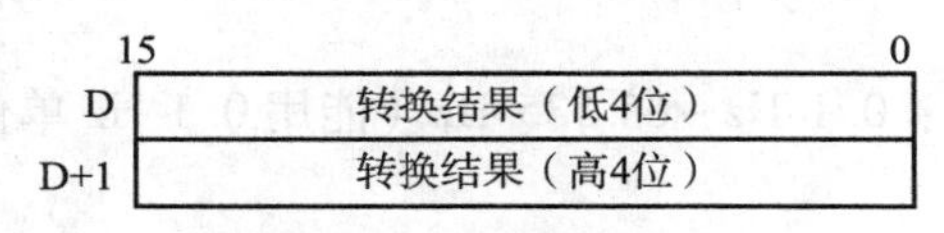

图 3.54　PRV2 中的 D

功能说明：

使用由 C2 指定的系数，采用 C1 的转换方法，将输入到高速计数器 0 中的脉冲频率输出到 D。

【例 3.9】　通过 PRV2 指令读取高速计数器的脉冲频率，梯形图如图 3.55 所示。

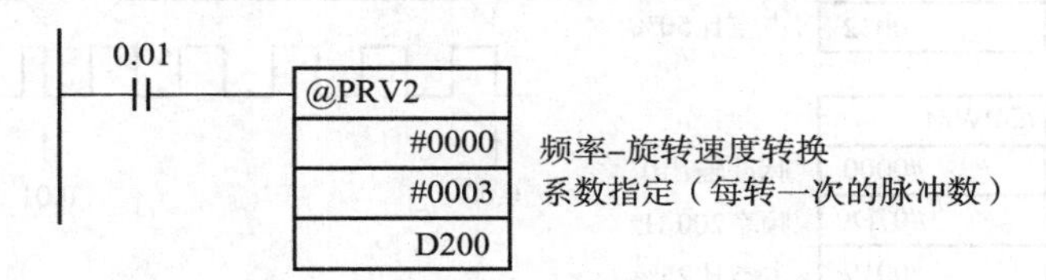

图 3.55　PRV2 指令例一

分析：当 0.01 为 ON 时，由 PRV2 指令读取此时输入高速计数器 0 的脉冲频率，转换成旋转速度（r/min），由十六进制数输出到 D201、D200 中。

【例 3.10】　通过 PRV2 指令读取计数器当前值，梯形图如图 3.56 所示。

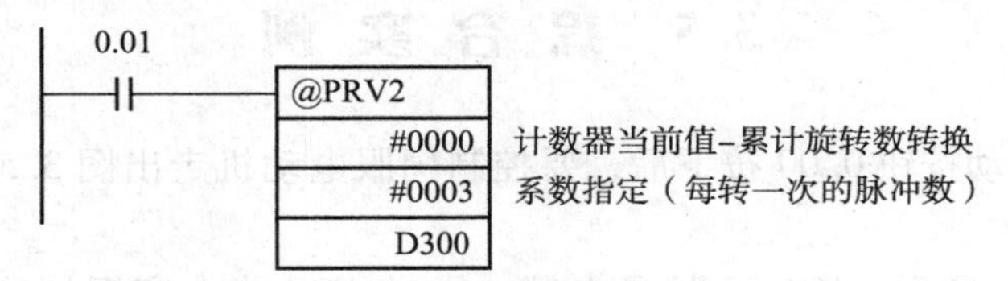

图 3.56　PRV2 指令例二

分析：当 0.01 为 ON 时，由 PRV2 指令读取此时的计数器当前值，转换成累计旋转数，由十六进制数输出到 D301、D300 中。

3.4.9 PWM 指令及其使用方法

其功能是从指定输出端口输出占空比可变的脉冲。PWM 指令的梯形图符号如图 3.57 所示。

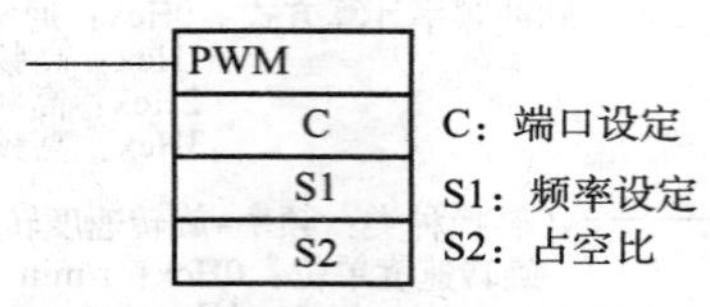

图 3.57 PWM 指令的梯形图符号

操作数说明如下：

①C：端口设定。

1000Hex：脉冲输出 0；

1001Hex：脉冲输出 1。

②S1：频率设定。

0001 ~ FFFFHex：0.1 Hz ~ 65 535 Hz（能用 0.1 Hz 单位来指定）。

③S2：占空比。

0000 ~ 03E8Hex：0.0 ~ 100%（能用 0.1% 单位来指定）。

【例 3.11】 PWM 应用实例，如图 3.58 所示。

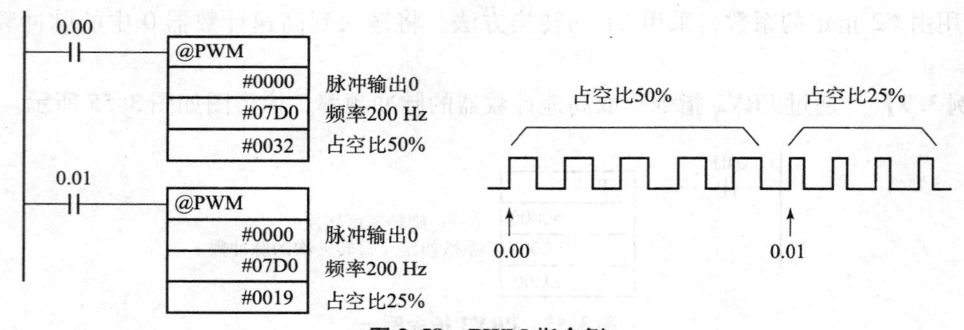

图 3.58 PWM 指令例

分析：当 0.00 由 OFF→ON 时，通过 PWM 指令使脉冲输出 0 以 200 Hz、占空比 50% 输出脉冲。0.01 由 OFF→ON 时，变更为占空比 25%。如图 3.58 所示。

3.5 综 合 实 例

【例 3.12】 启动按钮 0.00 按下后，要控制伺服电动机走出图 3.59 所示的梯形曲线。梯形图如图 3.60 所示。

分析：当 0.00 接通后，W0.00 接通自锁，通过 ACC 指令实现加速 - 匀速的同时，由 PRV 指令不停地读取脉冲输出当前值（D200），并且和减速点位移对应的脉冲数（预先存放于 D210 中）比较，满足大于或等于条件时即接通减速 - 匀速回路（W0.01），同样用 ACC 指令完成，同时用 PRV 指令读取脉冲当前值（D202），与停止点位移对应的脉冲（D212）比较，满足条件即通过 INI 指令停止输出脉冲。

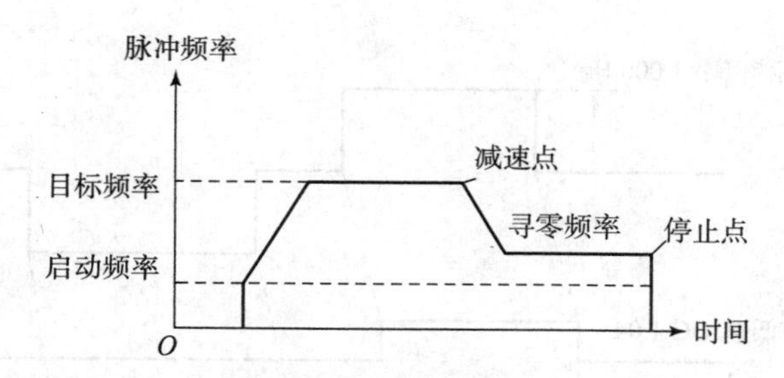

图 3.59　例 3.12 综合举例速度曲线

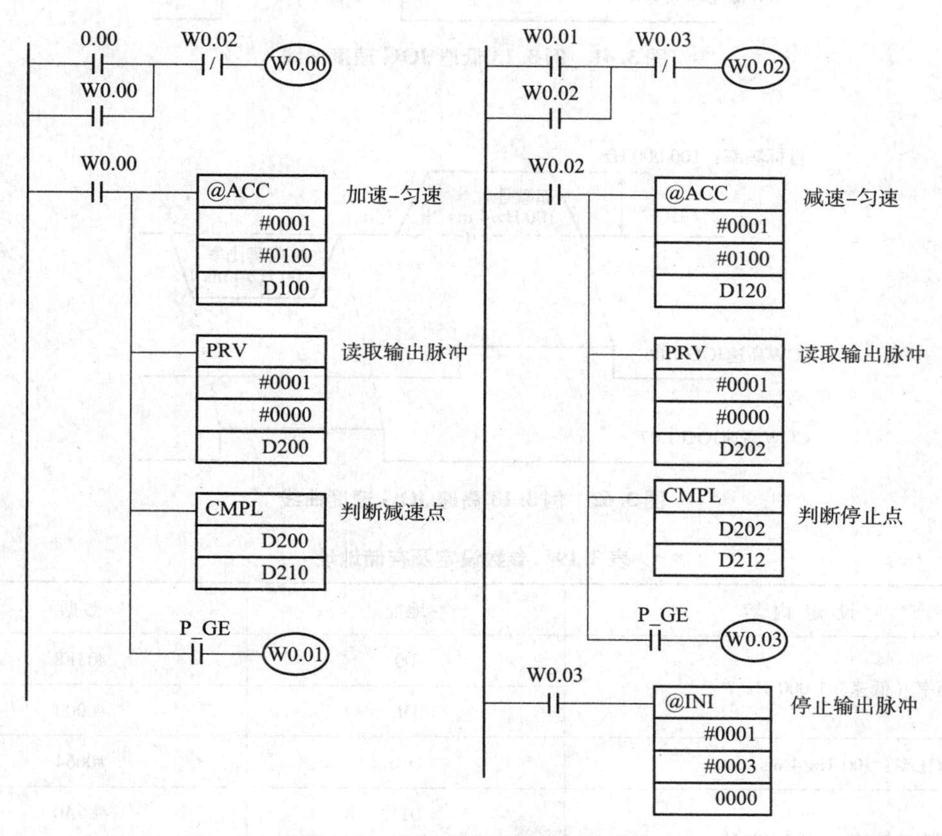

图 3.60　例 3.12 综合举例梯形图

【例 3.13】　正反转点动（JOG）控制。

输入 1.04 为 ON 期间，在脉冲输出 1 中进行低速的 JOG 动作（CW 方向）；

输入 1.05 为 ON 期间，在脉冲输出 1 中进行低速的 JOG 动作（CCW 方向）；

输入 1.06 为 ON 期间，在脉冲输出 1 中进行高速的 JOG 动作（CW 方向）；

输入 1.07 为 ON 期间，在脉冲输出 1 中进行高速的 JOG 动作（CCW 方向）；

低速 JOG 的速度曲线如图 3.61 所示，高速 JOG 的速度曲线如图 3.62 所示。

用 SPED 指令实现低速 JOG，用 ACC 指令实现高速 JOG 的加速启动和减速停止。相关参数的设定及存储地址如表 3.19 所示。

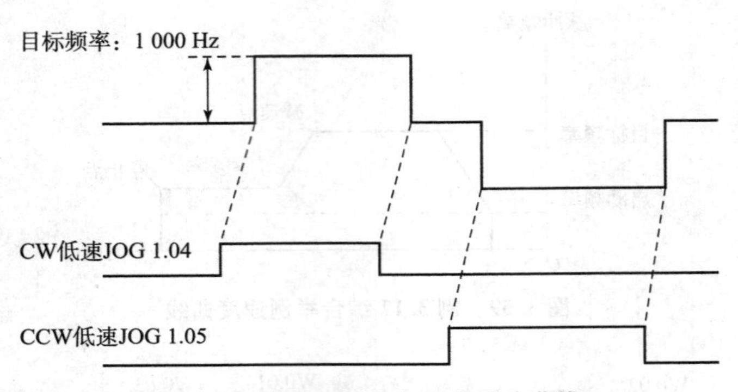

图 3.61　例 3.13 低速 JOG 速度曲线

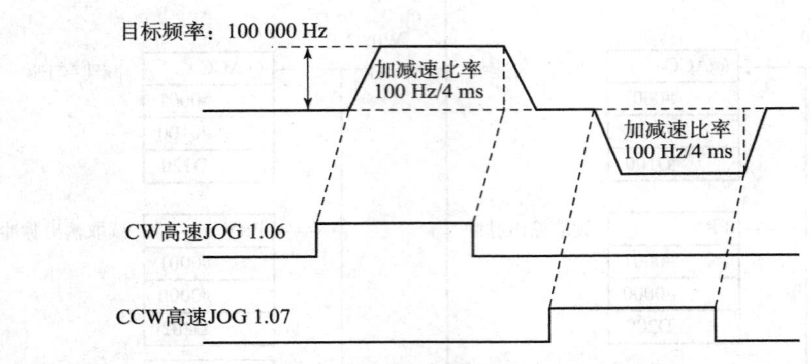

图 3.62　例 3.13 高速 JOG 速度曲线

表 3.19　参数设定及存储地址

设 定 内 容	地址	数据
目标频率（低速）1 000 Hz	D0	#03E8
	D1	#0000
加减速比率：100 Hz/4 ms	D10	#0064
目标频率（高速）：100 000 Hz	D11	#86A0
	D12	#0001
加减速比率：100 Hz/4 ms（不使用）	D13	#0064
目标频率（停止）：0 Hz	D14	#0000
	D15	#0000

对应的梯形图如图 3.63 所示。JOG 的正跳变时启动（加速），负跳变（减速）时停止。

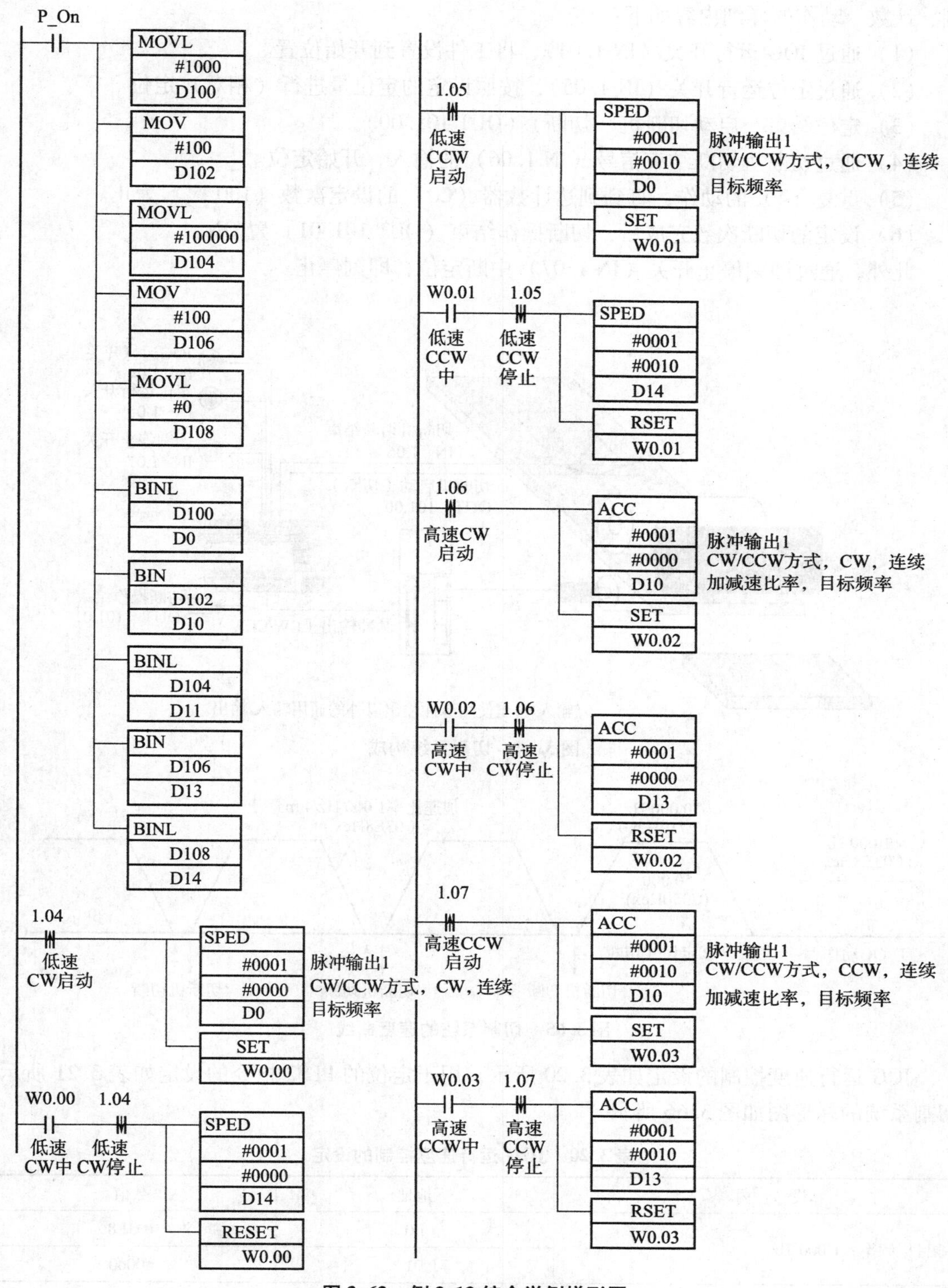

图 3.63　例 3.13 综合举例梯形图

【**例 3.14**】　长物体的定尺寸切割。切割系统构成原理如图 3.64 所示，物体通过伺服电动机驱动，按照图 3.65 的速度曲线，先 JOG 调整位置，然后每次走一个设定的长度，切割、计数。动作的详细内容如下：

（1）通过 JOG 运行开关（IN 1.04），将工件设置到开始位置。

（2）通过定位运行开关（IN 1.05），按照设定的定位量进行（相对）定位。

（3）定位结束，启动切断机（切断）（OUT 101.00）。

（4）通过切断机切断结束信号（IN 1.06）的输入，开始定位。

（5）重复（4）的动作，直到到达计数器（C0）的设定次数（100 次）为止。

（6）设定的切断次数完成后，切断操作结束（OUT 101.01）置 ON。

此外，通过即刻停止开关（IN 1.07）中断定位，即刻停止。

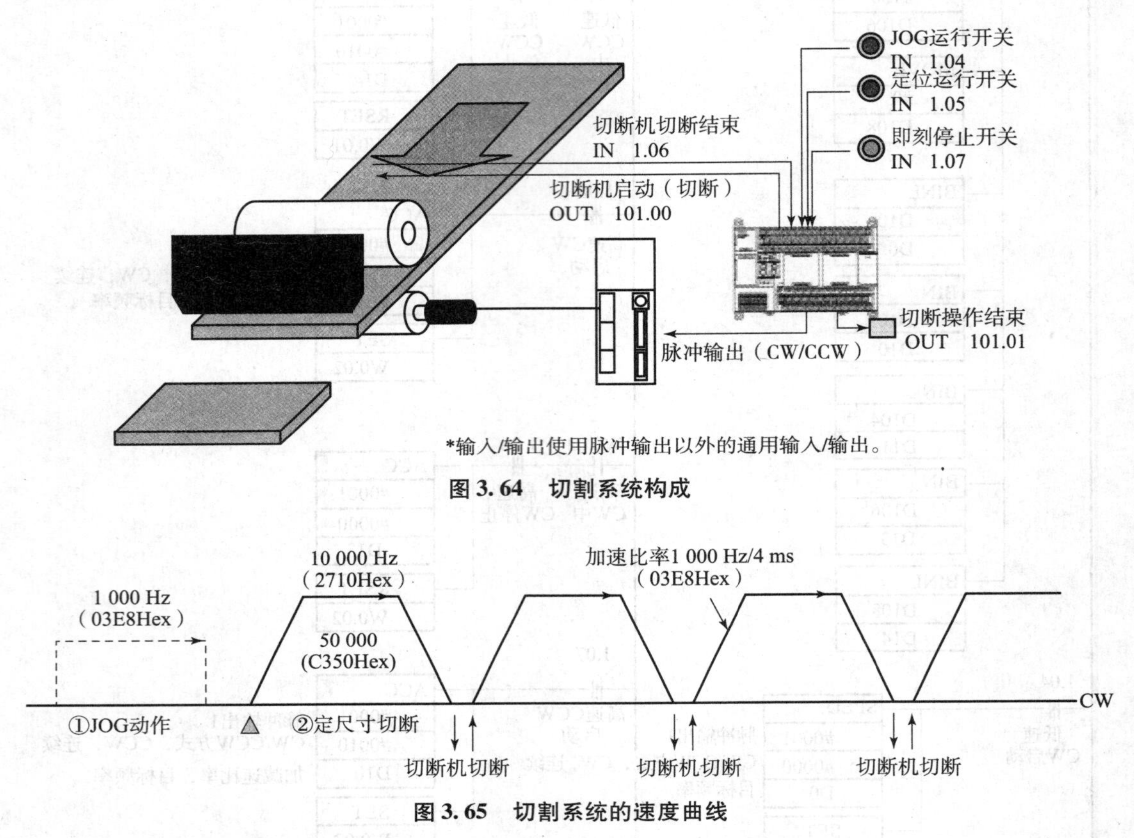

图 3.64 切割系统构成

图 3.65 切割系统的速度曲线

JOG 运行速度控制的设定如表 3.20 所示，用于定位的 PLS2 指令的设定如表 3.21 所示，切割系统的梯形图如图 3.66 所示。

表 3.20 JOG 运行速度控制的设定

设 定 内 容	地址	数值
目标频率：1 000 Hz	D0	#03E8
	D1	#0000
目标频率：0 Hz	D2	#0000
	D3	#0000

表 3.21　定位运行速度控制的设定

设 定 内 容	地址	数值
加速比率：1 000 Hz/4 ms	D10	#03E8
减速比率：1 000 Hz/4 ms	D11	#03E8
目标频率：10 000 Hz	D12	#2710
	D13	#0000
脉冲输出量设定值：50 000 脉冲	D14	#C350
	D15	#0000
启动频率：1 000 Hz	D16	#03E8
	D17	#0000
计数器设定次数：100 次	D20	#0064

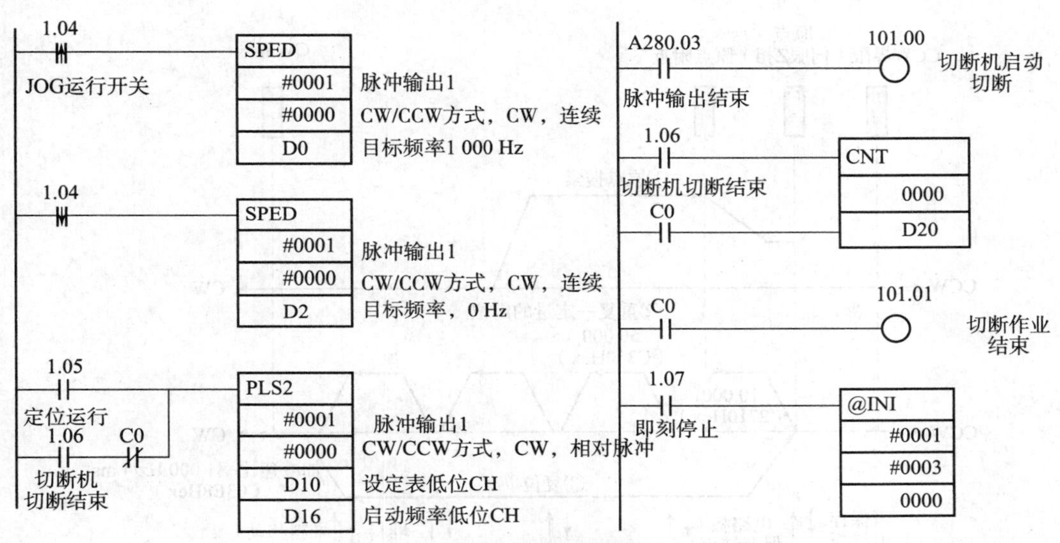

图 3.66　切割系统的梯形图

（1）定位指令（PLS2）为相对脉冲指定。此时，在原点未确定的情况下也可以执行，当前位置（A276CH 低位 4 位、A277CH 高位 4 位）在脉冲输出之前为 0，之后，输出指定的脉冲数。

（2）JOG 运行，作为 SPED 指令的代替，ACC 指令也可以，此外，如使用 ACC，可进行有加减速的 JOG 运行。

【例 3.15】　电路板的上下运送（多点步进定位）。控制电路板的上下运送系统原理如图 3.67 所示。

①将安装零件的电路板保存到堆垛机；

②堆垛机满载后，将其移到堆料移动位置。

动作形式：

①原点搜索；

②重复一定量的定位；

③进行复位动作。

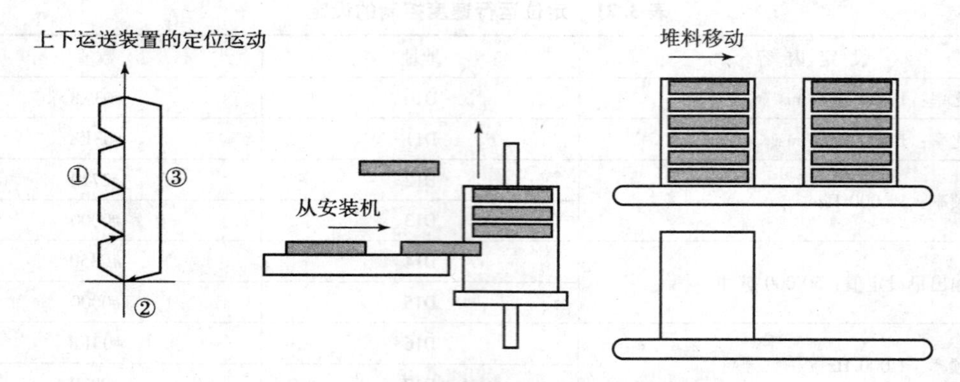

图 3.67　电路板的上下运送系统原理图

系统的速度曲线如图 3.68 所示。

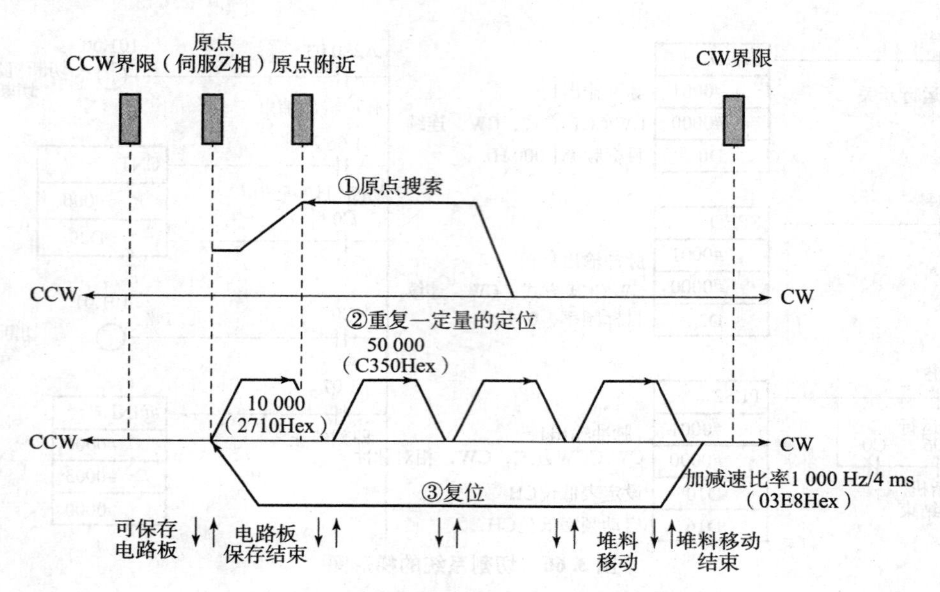

图 3.68　电路板的上下运送系统速度曲线

PLC 的输入/输出端子分配如下：

0.00—原点搜索按钮；

0.01—即刻停止按钮；

0.02—电路板保存结束；

0.03—堆料机移动结束；

100.00—电路板保存；

100.01—堆料机移动输出。

动作详细内容：

（1）通过原点搜索按钮（0.00）执行原点搜索；

（2）原点搜索结束，将可保存 PCB 输出（100.00）置 ON；

（3）保存 1 个 PCB 后，通过 PCB 保存结束输入（0.02）进行上升（相对定位）；

（4）重复（3）的动作，直到堆料机满载为止；

（5）堆料个数可通过计数器（C0）记录上升次数，来记录堆料机保存的个数；

（6）如堆料机满载，移动堆料机（100.01），堆料机移动结束（0.03）时，传送装置下降（绝对定位）。

此外，通过即刻停止（0.01）指令进行即刻停止（脉冲输出停止）动作。使用脉冲输出 0 的原点搜索功能，其设定如图 3.69 所示。

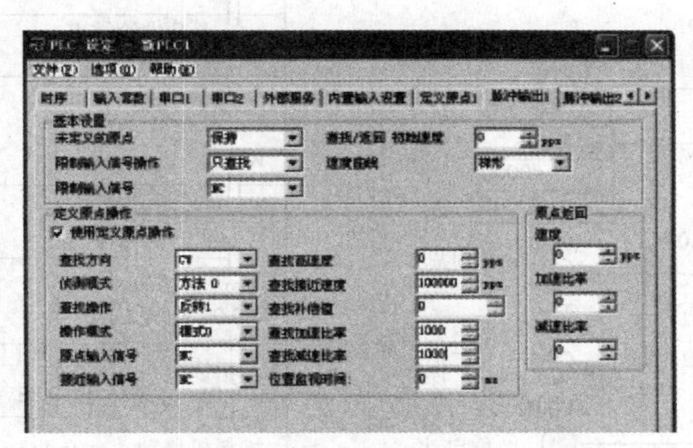

图 3.69　电路板的上下运送系统 PLC 设定

DM 区域设定如表 3.22、表 3.23、表 3.24 所示。

表 3.22　上升定位用 PLS2 指令的设定（D0 ~ D7）

设 定 内 容	地址	数据
加速比率：1 000 Hz/4 ms	D0	#03E8
减速比率：1 000 Hz/4 ms	D1	#03E8
目标频率：50 000 Hz	D2	#C350
	D3	#0000
脉冲输出量设定值：10 000 脉冲	D4	#2710
	D5	#0000
启动频率：0 Hz	D6	#0000
	D7	#0000

表 3.23　下降定位用 PLS2 指令的设定（D10 ~ D17）

设 定 内 容	地址	数据
加速比率：300 Hz/4 ms	D10	#012C
减速比率：200 Hz/4 ms	D11	#00C8
目标频率：50 000 Hz	D12	#C350
	D13	#0000
脉冲输出量设定值：100 000 × 15 脉冲	D14	#49F0
	D15	#0002
启动频率：100 Hz	D16	#0064
	D17	#0000

表 3.24　定量定位的重复设定（D20）

设 定 内 容	地址	数据
定量定位的重复数（堆料数）	D20	#0015

电路板的上下运送系统 PLC 梯形图如图 3.70 所示。

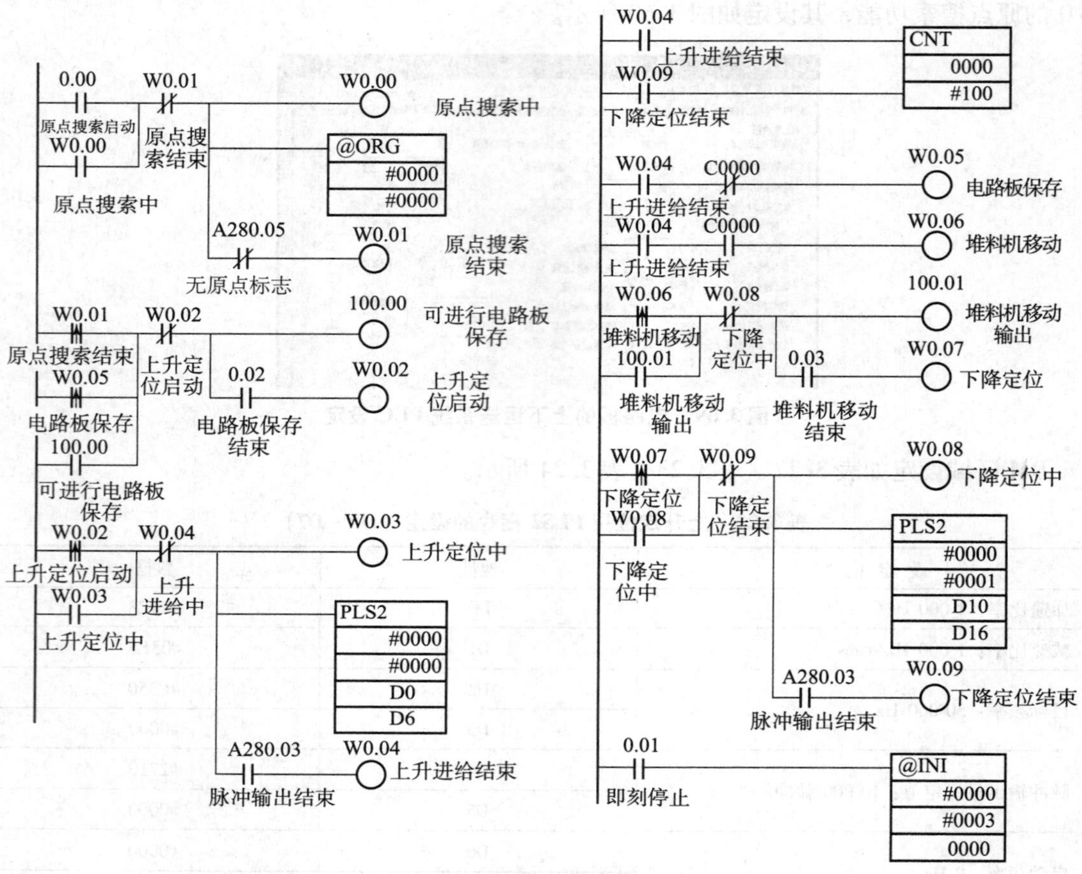

图 3.70　电路板的上下运送系统 PLC 梯形图

【例 3.16】　码垛机（2 轴的多点定位）控制。

码垛机系统结构如图 3.71 所示。

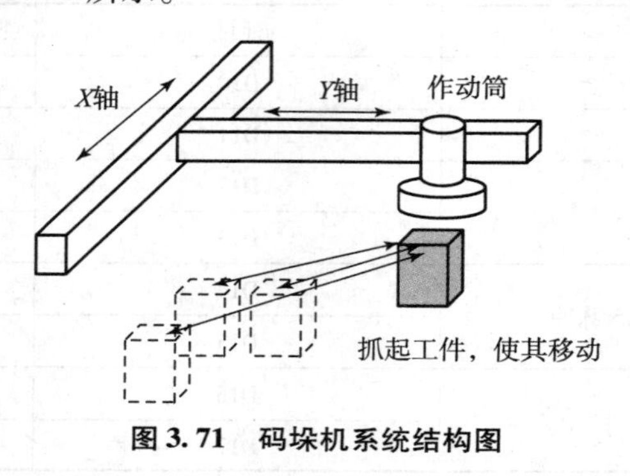

图 3.71　码垛机系统结构图

码垛机的动作类型如下：

（1）分别对 X 轴和 Y 轴执行原点搜索；

（2）移动到 A 点；

（3）抓起工件，移动到 B 放下，返回到 A；

（4）抓起工件，移动到 C 放下，返回到 A；

（5）抓起工件，移动到 D 放下，返回到 A；

码垛机工作原理及工作过程如图 3.72 所示。

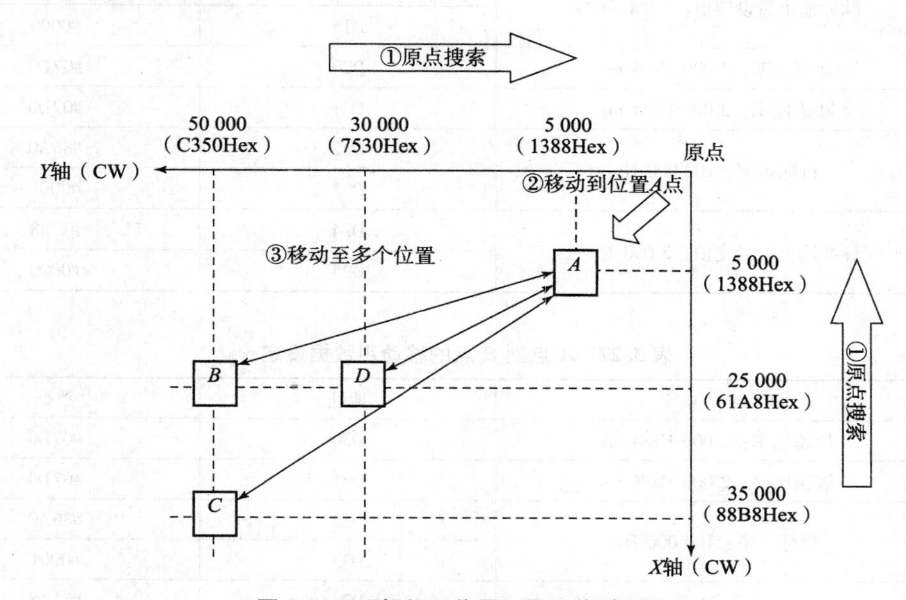

图 3.72　码垛机工作原理及工作过程图

动作详细内容：

（1）通过原点搜索启动按钮（0.00），进行原点搜索；

（2）原点搜索结束后，连续进行以下动作：

移动到 A 点；

定位到 B 点→返回到 A 点；

定位到 C 点→返回到 A 点；

定位到 D 点→返回到 A 点；

（3）通过即刻停止（0.01），进行即刻停止（脉冲输出停止）。

分别使用脉冲输出 0 和 1 的原点搜索功能，PLC 的相关参数及其存储地址如表 3.25 ~ 3.29 所示。

表 3.25　启动频率的设定

设 定 内 容	地址	数据
X 轴启动频率	D0	#0000
Y 轴启动频率	D1	#0000

表 3.26　原点到 *A* 点的移动用数据设定

	设 定 内 容	地址	数据
X 轴	加速比率：2 000 Hz/4 ms	D10	#07D0
	减速比率：2 000 Hz/4 ms	D11	#07D0
	目标频率：100 000 Hz	D12	#86A0
		D13	#0001
	脉冲输出量设定值：5 000 脉冲	D14	#1388
		D15	#0000
Y 轴	加速比率：2 000 Hz/4 ms	D20	#07D0
	减速比率：2 000 Hz/4 ms	D21	#07D0
	目标频率：100 000 Hz	D22	#86A0
		D23	#0001
	脉冲输出量设定值：5 000 脉冲	D24	#1388
		D25	#0000

表 3.27　*A* 点到 *B* 点的移动用数据设定

	设 定 内 容	地址	数据
X 轴	加速比率：2 000 Hz/4 ms	D30	#07D0
	减速比率：2 000 Hz/4 ms	D31	#07D0
	目标频率：100 000 Hz	D32	#86A0
		D33	#0001
	脉冲输出量设定值：25 000 脉冲	D34	#61A8
		D35	#0000
Y 轴	加速比率：2 000 Hz/4 ms	D40	#07D0
	减速比率：2 000 Hz/4 ms	D41	#07D0
	目标频率：100 000 Hz	D42	#86A0
		D43	#0001
	脉冲输出量设定值：50 000 脉冲	D44	#C350
		D45	#0000

表 3.28　*A* 点到 *C* 点的移动用数据设定

	设 定 内 容	地址	数据
X 轴	加速比率：2 000 Hz/4 ms	D50	#07D0
	减速比率：2 000Hz/4ms	D51	#07D0
	目标频率：100 000 Hz	D52	#86A0
		D53	#0001
	脉冲输出量设定值：35 000 脉冲	D54	#88B8
		D55	#0000

续表

	设 定 内 容	地址	数据
Y 轴	加速比率：2 000 Hz/4 ms	D60	#07D0
	减速比率：2 000 Hz/4 ms	D61	#07D0
	目标频率：100 000 Hz	D62	#86A0
		D63	#0001
	脉冲输出量设定值：50 000 脉冲	D64	#C350
		D65	#0000

表 3.29　*A* 点到 *D* 点的移动用数据设定

	设 定 内 容	地址	数据
X 轴	加速比率：2 000 Hz/4 ms	D70	#07D0
	减速比率：2 000 Hz/4 ms	D71	#07D0
	目标频率：100 000 Hz	D72	#86A0
		D73	#0001
	脉冲输出量设定值：25 000 脉冲	D74	#61A8
		D75	#0000
Y 轴	加速比率：2 000 Hz/4 ms	D80	#07D0
	减速比率：2 000 Hz/4 ms	D81	#07D0
	目标频率：100 000 Hz	D82	#86A0
		D83	#0001
	脉冲输出量设定值：30 000 脉冲	D84	#7530
		D85	#0000

码垛机梯形图如图 3.73 所示。

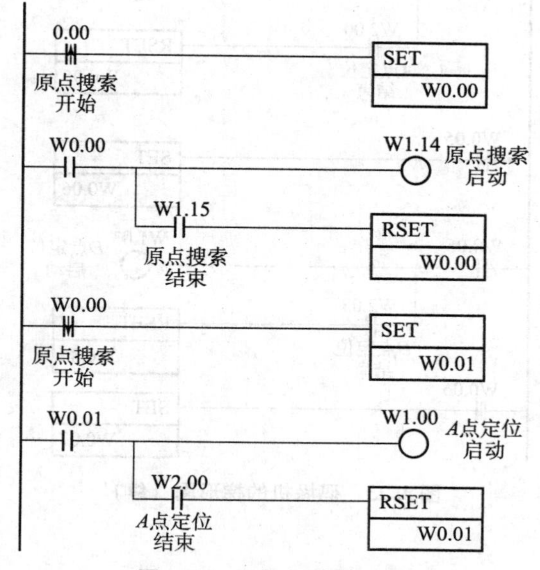

图 3.73　码垛机的梯形图

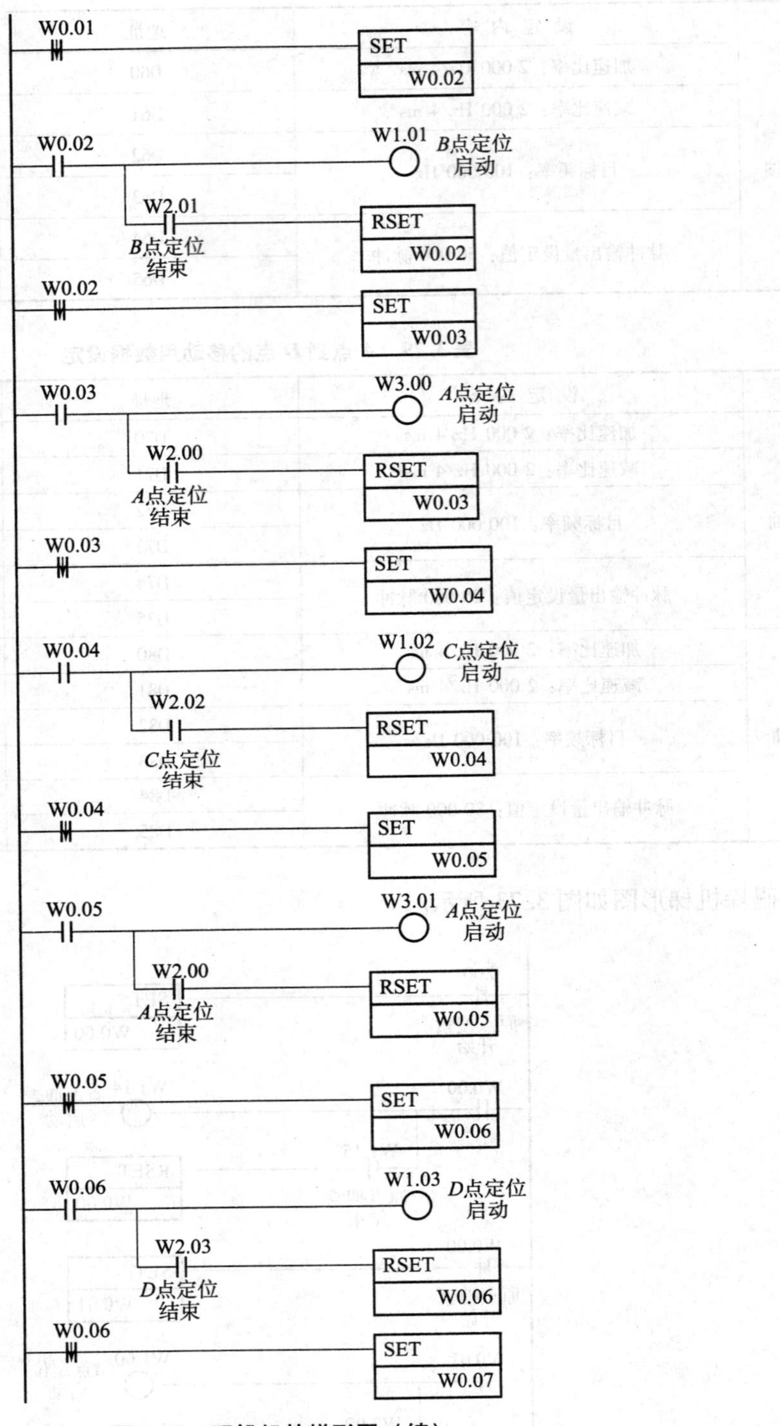

图 3.73　码垛机的梯形图（续）

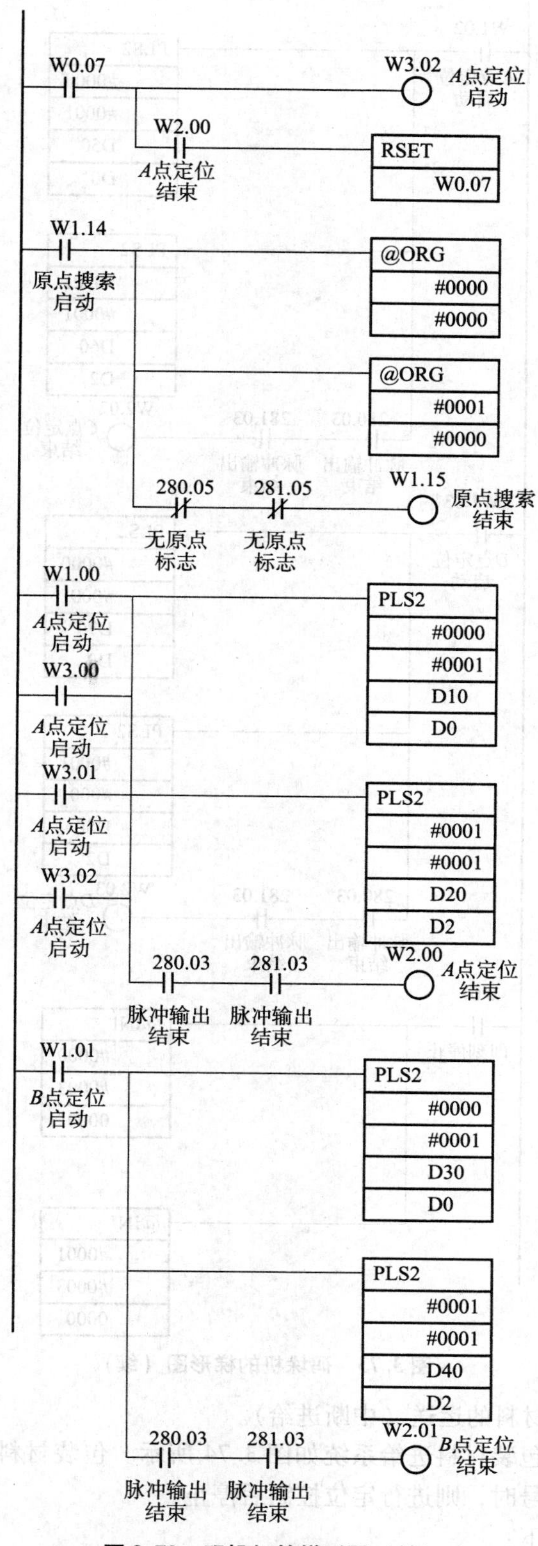

图 3.73　码垛机的梯形图（续）

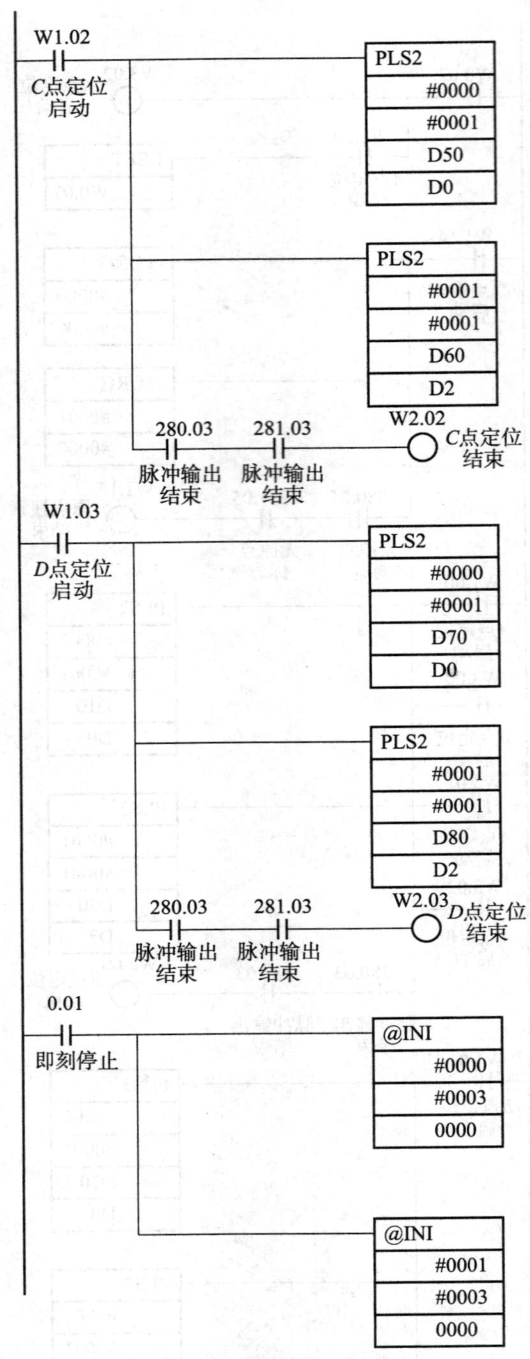

图 3.73　码垛机的梯形图（续）

【例 3.17】　包装材料的运送（中断进给）。

纵向枕形包装机的包装材料进给系统如图 3.74 所示。包装材料首先加速到某一速度进给，当标记传感器有信号时，则进行定位控制后停止。

动作的详细过程如下：

（1）按下启动按钮（1.04），利用速度控制将包装材料运送到初始位置；

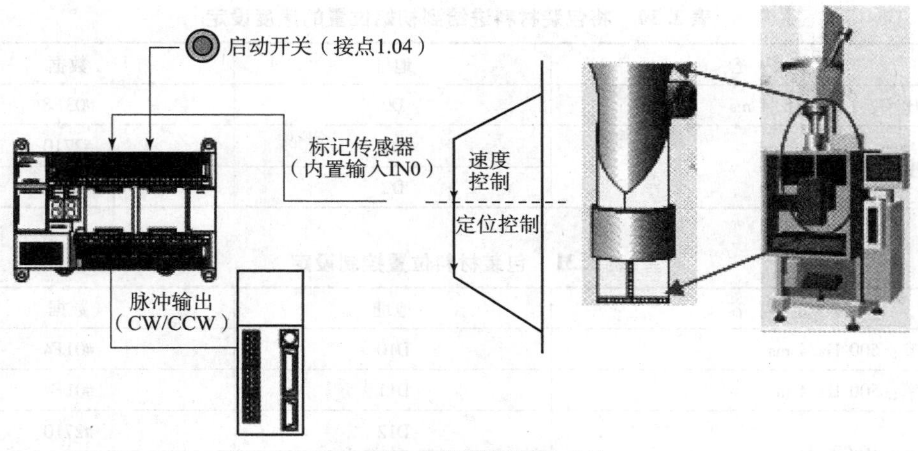

图 3.74　包装材料进给系统

（2）当标记传感器内置输入（IN0）有信号，则产生输入中断，执行定位指令（PLS2）；

（3）执行 PLS2 指令移动设定的位移量后停止。

包装材料的动作曲线如图 3.75 所示。

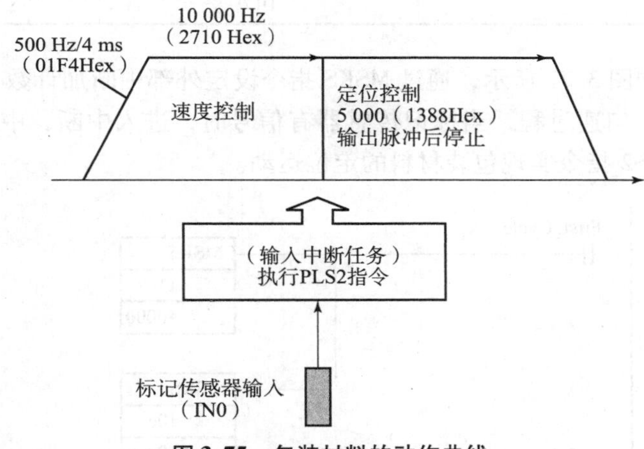

图 3.75　包装材料的动作曲线

PLC 的中断设定如图 3.76 所示，相关参数设定及其存储地址如表 3.30 和表 3.31 所示。

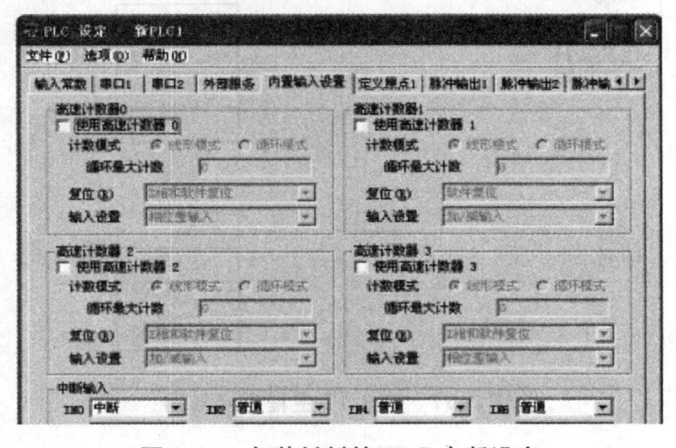

图 3.76　包装材料的 PLC 中断设定

表 3.30　将包装材料进给到初始位置的速度设定

设 定 内 容	地址	数据
加减速比率：1 000 Hz/4 ms	D0	#03E8
目标频率：10 000 Hz	D1	#2710
	D2	#0000

表 3.31　包装材料位置控制设定

设 定 内 容	地址	数据
加速比率：500 Hz/4 ms	D10	#01F4
减速比率：500 Hz/4 ms	D11	#01F4
目标频率：10 000 Hz	D12	#2710
	D13	#0000
脉冲输出量设定值：5 000 脉冲	D14	#1388
	D15	#0000
启动频率：0 Hz	D16	#0000
	D17	#0000

主程序梯形图如图 3.77 所示，通过 MSKS 指令设定外部中断加计数，通过 ACC 指令实现包装材料的加速 - 匀速过程，当标记传感器有信号时，进入中断，中断程序梯形图如图 3.78 所示，通过 PLS2 指令实现包装材料的定位运动。

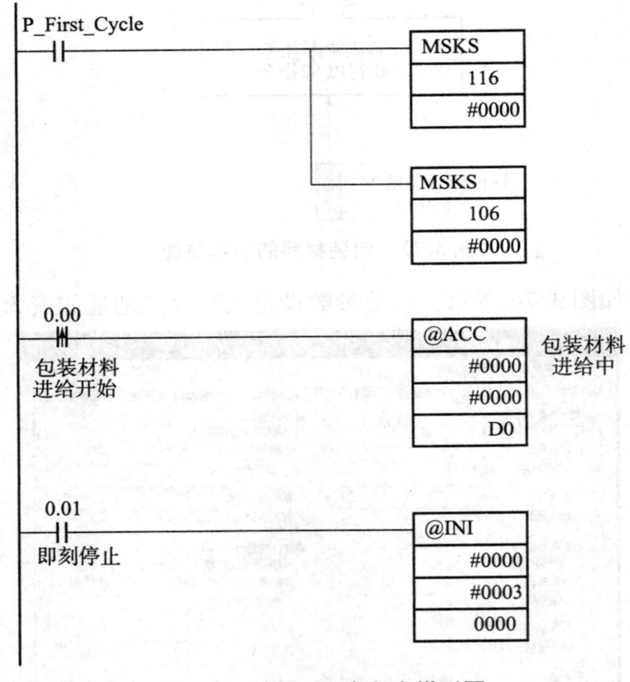

图 3.77　例 3.17 主程序梯形图

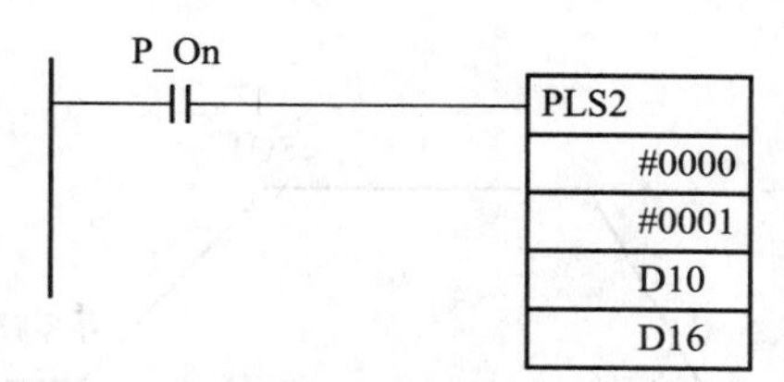

图 3.78　例 3.17 中断子程序梯形图

【例 3.18】　伺服电动机控制一个运动部件，速度曲线如图 3.79 所示，启动后，以加速比率 1 加速到目标频率，总位移对应的脉冲数为 P，在计算出的减速点以减速比率 1 减速到停止，30 s 后按照加速比率 2 反向加速到返回频率，遇到原点附近传感器 SQ1 时开始减速寻零，遇原点传感器 SQ2 时停止。

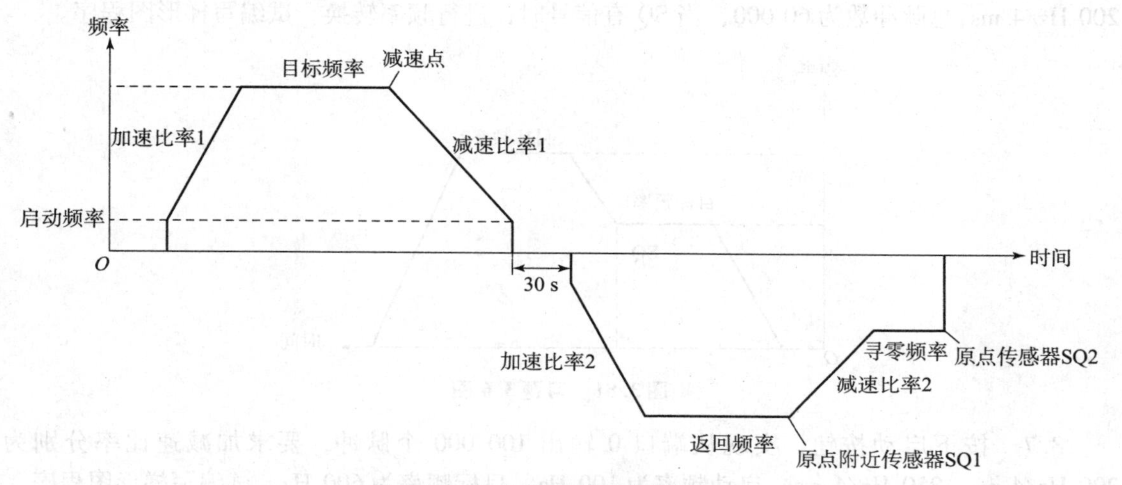

图 3.79　例 3.18 综合举例速度曲线

前进部分可以采用 ACC→ACC 指令组合或者 PLS2 指令，返回部分也可以有两种编程方法，即 ACC→ACC→INI 指令组合或者 ORG 指令。请读者根据要求设计梯形图。

思考与习题

3.1　PTO 与 PWM 输出的脉冲串有什么区别？

3.2　什么是绝对运动？什么是相对运动？

3.3　回零方式包括哪些？

3.4　启动按钮 0.00 接通时，从脉冲输出端口 1 输出 50 000 个脉冲，控制伺服电动机，要求加减速比率为 200 Hz/4 ms，目标频率为 500 Hz，0.00 断开时立即停止。试编写梯形图程序。

3.5　在图 3.80 中，目标频率为 800 Hz，寻零频率为 300 Hz，加减速比率为 150 Hz/4 ms，当启动按钮 0.02 接通时，伺服电动机按照图示曲线加速至目标频率后匀速，遇到 SQ1（0.03）时减速至寻零频率后低速寻零，遇到 SQ2（0.04）时立即停止。试编写梯形图程序。

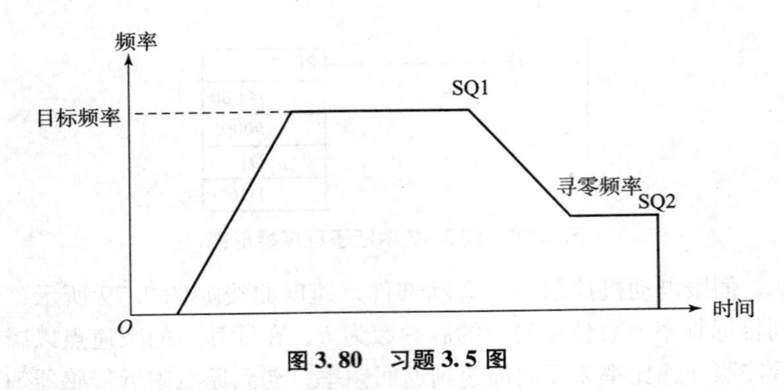

图 3.80　习题 3.5 图

3.6　在图 3.81 中，目标频率 1 为 800 Hz，目标频率 2 为 1 200 Hz，加减速比率为 200 Hz/4 ms，总脉冲数为 60 000，当 SQ 有信号时，进行频率转换。试编写梯形图程序。

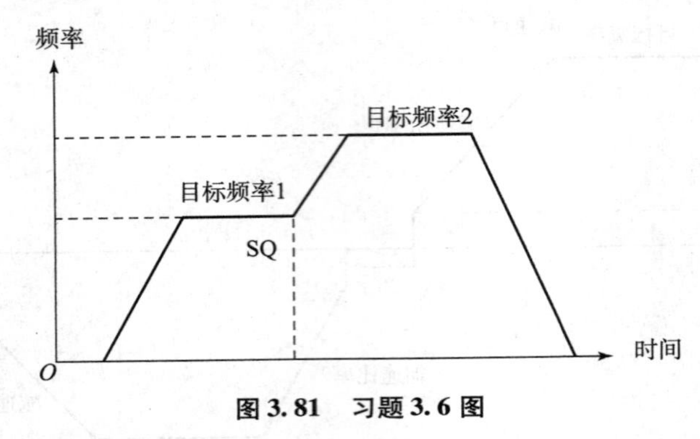

图 3.81　习题 3.6 图

3.7　按下启动按钮，实现从端口 0 输出 100 000 个脉冲，要求加减速比率分别为 200 Hz/4 ms、250 Hz/4 ms，启动频率为 100 Hz，目标频率为 600 Hz，试编写梯形图程序。

3.8　利用 PLC 设计一个步进电动机转速检测显示控制程序。

第 4 章　S7 - 200 的位置控制

4.1　S7 - 200 的中断处理

中断连接指令（ATCH）将中断事件（EVNT，由中断事件号指定）与中断例行程序号码（INT）相联系，多个中断事件可调用同一个中断程序，但一个中断事件不能同时指定调用多个中断程序。当把中断事件和中断程序连接后，自动允许中断。

如果采用禁止全局中断指令不响应所有中断，每个中断事件进行排队，直到采用允许全局中断指令时重新允许中断，如果不用允许全局中断指令，可能会使中断队列溢出。

可以用中断分离指令（DTCH）截断中断事件和中断程序之间的联系，以单独禁止中断事件。中断分离指令（DTCH）使中断回到不激活或无效状态。表 4.1 列出了不同类型的中断事件。

表 4.1　中断事件

事件号	中 断 描 述	事件号	中 断 描 述
0	上升沿：I0.0	17	HSC2：输入方向改变
1	下降沿：I0.0	18	HSC2：外部复位
2	上升沿：I0.1	19	PTO0：中断完成
3	下降沿：I0.1	20	PTO1：中断完成
4	上升沿：I0.2	21	定时器 T32，CT = PT 中断
5	下降沿：I0.2	22	定时器 T96，CT = PT 中断
6	上升沿：I0.3	23	端口 1：接收字符
7	下降沿：I0.3	24	端口 1：发送完成
8	端口 0：接收字符	25	端口 1：接收字符
9	端口 0：发送完成	26	端口 1：发送完成
10	定时中断 0	27	HSC0：输入方向改变
11	定时中断 1	28	HSC0：外部复位
12	HSC0：CV = PV（当前值 = 预设值）	29	HSC4：CV = PV（当前值 = 预设值）
13	HSC1：CV = PV（当前值 = 预设值）	30	HSC4：输入方向改变
14	HSC1：输入方向改变	31	HSC4：外部复位
15	HSC1：外部复位	32	HSC3：CV = PV（当前值 = 预设值）
16	HSC2：CV = PV（当前值 = 预设值）	33	HSC5：CV = PV（当前值 = 预设值）

中断允许（ENI）指令全局性启用所有附加中断事件进程。中断禁止（DISI）指令全局性禁止所有中断事件进程。RETI 从中断中主动返回。

在启动中断程序之前，应在中断事件和该事件发生时希望执行的中断程序之间，用 ATCH 指令建立联系。执行 ATCH 指令后，该中断程序在事件发生时被自动启动。

多个中断事件可以调用同一个中断程序，但是一个中断事件不能同时调用多个中断程序。中断被允许且中断事件发生时，将执行为该事件指定的最后一个中断程序。

在中断程序中不能使用 DISI、ENI、HDEF、LSCR 和 END 指令。相关的中断指令如图 4.1 所示。

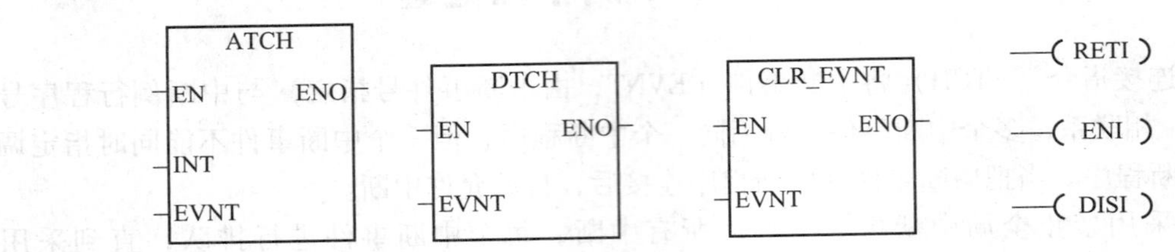

图 4.1 相关中断指令

ATCH（Attach Interrupt）为中断连接指令，用来建立中断事件（EVNT）和处理此事件的中断程序（INT）之间的联系。

DTCH（Detach Interrupt）为中断分离指令，用来断开中断事件（EVNT）与中断程序（INT）之间的联系，从而禁止单个中断事件。

CLR_EVNT（Clear Event）为清除中断事件指令，从中断队列中清除所有的中断事件，该指令可以用来清除不需要的中断事件。

RETI 为有条件中断返回指令。

ENI 为允许中断指令，在 ATCH 指令后面一定要有 ENI 指令。

DISI 为禁止中断指令。

【例 4.1】 定时中断，在中断程序中，将 VW200 中的数据自动加 1。

OB1 程序：

```
LD SM0.1
Call SBR0                ;中断初始化只有一次
SBR0 程序:
LD SM0.0
MOVB 100,SMB34             ;写入 100 ms 周期
ATCH  INT_0,10             ;中断事件 10 与 INT_0 关联
ENI
INT_0 程序:
LD   SM0.0
INCW  1,VW200
```

分析：SMB34 和 SMB35 分别定义了定时中断 0 和 1 的时间间隔，可以在 1 ~ 255 ms 之间以 1 ms 为增量进行设定。如果相应的定时中断事件被连接到一个中断服务程序，S7 - 200

就会获取该时间间隔值。本例程序使用的是定时中断 0。

4.2　S7 -200 的高速计数器

高速计数器用于对 S7 -200 扫描速率无法控制的高速事件进行计数。高速计数器的最高计数频率取决于用户使用的 CPU 类型。

S7 -200 CPU 具有集成的硬件高速计数器。CPU221 和 CPU222 支持 HSC0、HSC3、HSC4 和 HSC5，不支持 HSC1 和 HSC2。CPU224，CPU224XP 和 CPU226 全部支持 6 个 HSC0 到 HSC5 高速计数器。

CPU221 和 CPU222 可以使用 4 个 30 kHz 单相高速计数器或 2 个 20 kHz 的两相高速计数器，而 CPU224 和 CPU226 可以使用 6 个 30 kHz 单相高速计数器或 4 个 20 kHz 的两相高速计数器。

CPU224XP 有其中 2 路支持 200 kHz 单相高速计数器或 100 kHz 双相正交高速计数器。

各高速计数器不同的输入端有专用的功能，如时钟脉冲端、方向控制端、复位端、启动端等，这些功能占用情况是操作系统事先规定好的。

一般来说，设备有一个安装了增量轴式编码器的轴，轴旋转时，轴式编码器每圈提供一个确定的计数值和一个复位脉冲。来自轴式编码器的时钟（脉冲）和复位脉冲作为高速计数器的输入。

高速计数器装入预设值，在当前值等于预设值和有复位时产生中断。同时，一个新的预设值被装入，并重新设置下一个输出状态。当出现复位中断事件时，设置第一个预设值和第一个输出状态，这个循环又重新开始。

高速计数器定义指令 HDEF 用于选择特定的高速计数器（HSCx）的操作模式。模式选择定义高速计数器的时钟、方向、起始和复位功能。在执行 HDEF 指令前，必须把这些控制位设定到希望的状态。否则，计数器对计数模式的选择取缺省设置。一旦 HDEF 指令执行，就不能再更改计数器的设置，除非先进入 STOP 模式。

在进入 RUN 模式之后，对每一个高速计数器的 HDEF 指令只能执行一次。对一个高速计数器第二次执行 HDEF 指令时会引起运行错误，而且不能改变第一次执行 HDEF 指令时对计数器的设置。

高速计数器可以被配置为 12 种模式中的任意一种，但并不是所有计数器都能使用每一种模式。在正交模式下，可以选择一倍速或者四倍速计数速率。对于操作模式相同的计数器，其计数功能是相同的。

计数器共有 4 种基本类型：带有内部方向控制的单相计数器、带有外部方向控制的单相计数器、带有两个时钟输入的双相计数器和 A/B 双相正交计数器。具体介绍如下。

1. 带有内部方向控制的单相计数器

即只有一个脉冲输入端，通过高速计数器的控制字节的第 3 位（如 SM37.3）来控制做加计数或者减计数。若该位为 1，则为加计数；若该位为 0，则为减计数。带有内部方向控制的单相计数器如图 4.2 所示。“时钟”为输入的一路脉冲，内部方向控制 0 = 减计数器。

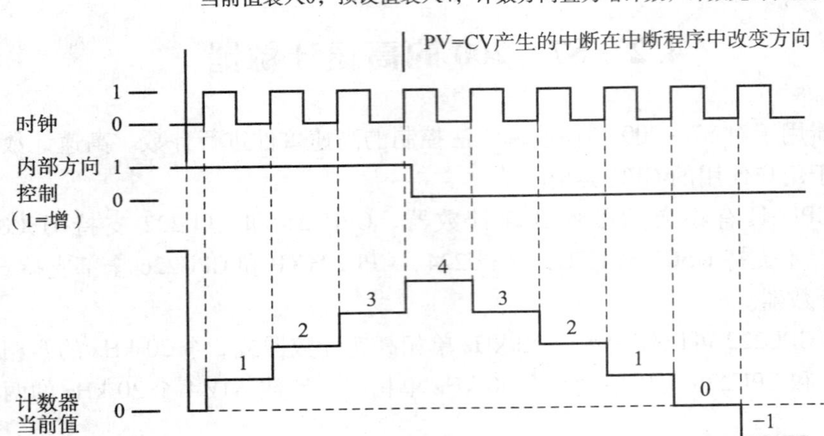

图 4.2　带有内部方向控制的单相计数器

2. 带有外部方向控制的单相计数器

即有一个脉冲输入端，有一个方向控制端，方向输入信号等于 1 时，为加计数；方向输入信号等于 0 时，为减计数。图 4.3 所示为外部方向控制的单相加/减计数器。

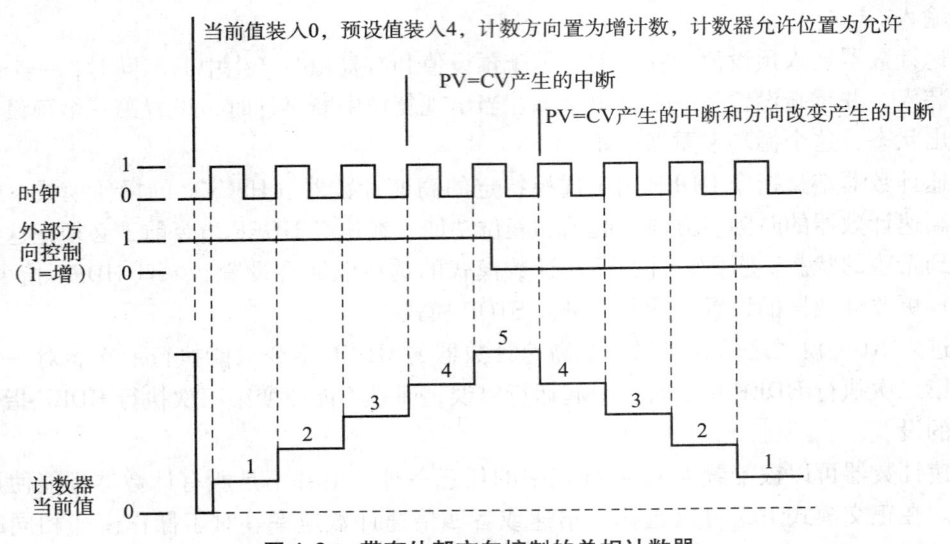

图 4.3　带有外部方向控制的单相计数器

上述两种计数方式属于前述的“脉冲 + 方向”模式，该计数方式可调用（双向的）当前值等于预设值中断和方向改变（内部外部均可以）的中断。

3. 双相脉冲输入的加/减计数器

即有两个脉冲输入端，一个是加计数脉冲，一个是减计数脉冲，计数值为两个输入端脉冲的代数和，如图 4.4 所示。该计数方式可调用当前值等于预设值中断和外部输入方向改变的中断。

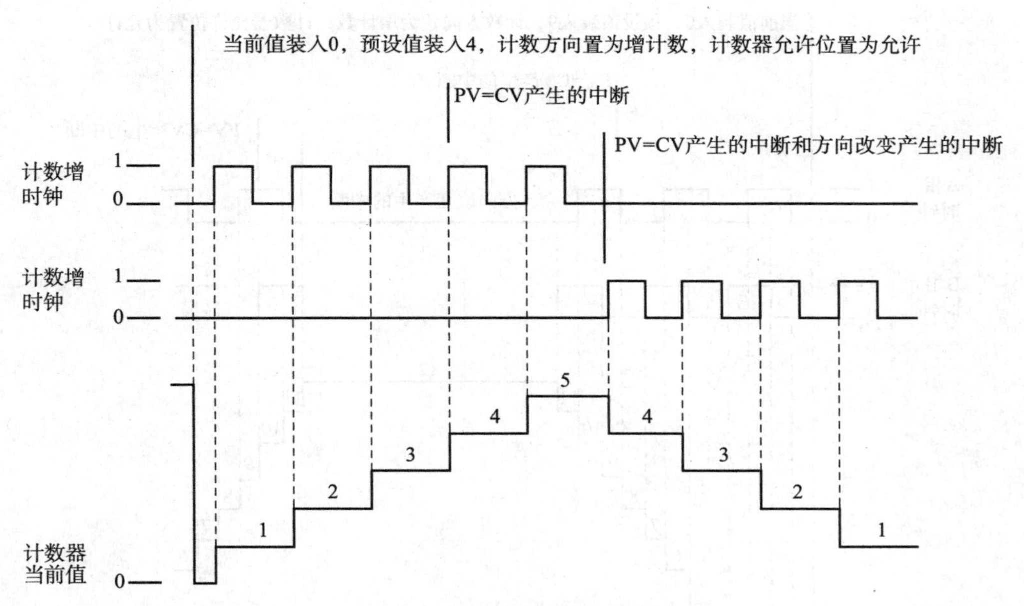

图 4.4　双相脉冲输入的加/减计数

4. A/B 双相正交计数器

即两路脉冲输入的双相正交计数器，有两个脉冲输入端，输入的两路脉冲 A 相、B 相，相位互差 90°（正交），A 相超前 B 相 90°时，为加计数；A 相滞后 B 相 90°时，为减计数。在这种计数方式下，可选择“1×”模式（一倍频，一个时钟脉冲计一个数）和“4×”模式（四倍频，一个时钟脉冲计四个数）。一倍频方式如图 4.5 所示，双相正交四倍频方式如图 4.6 所示，当双向进入 PV＝CV 时，均产生中断。

高速计数器的工作模式和输入端子的关系及说明如表 4.2 所示。

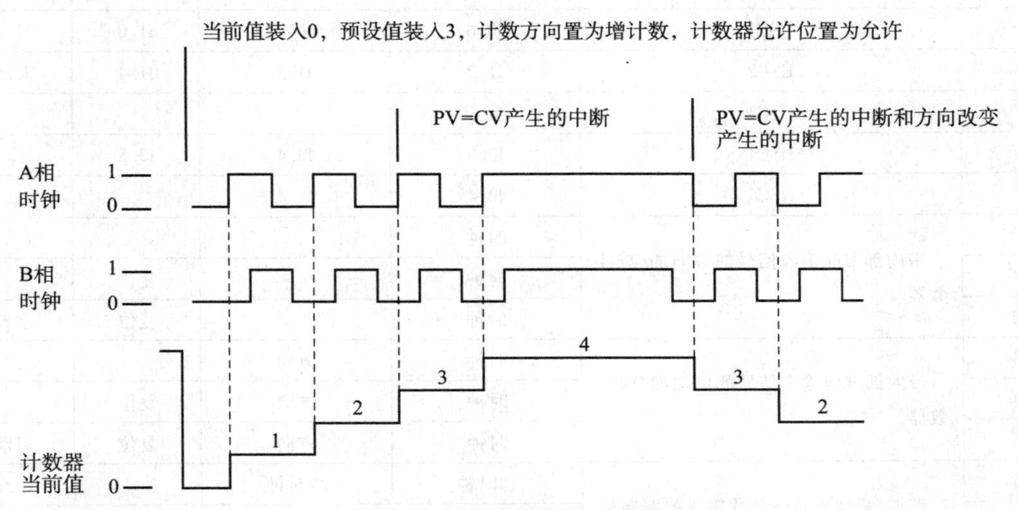

图 4.5　A/B 双相正交计数器

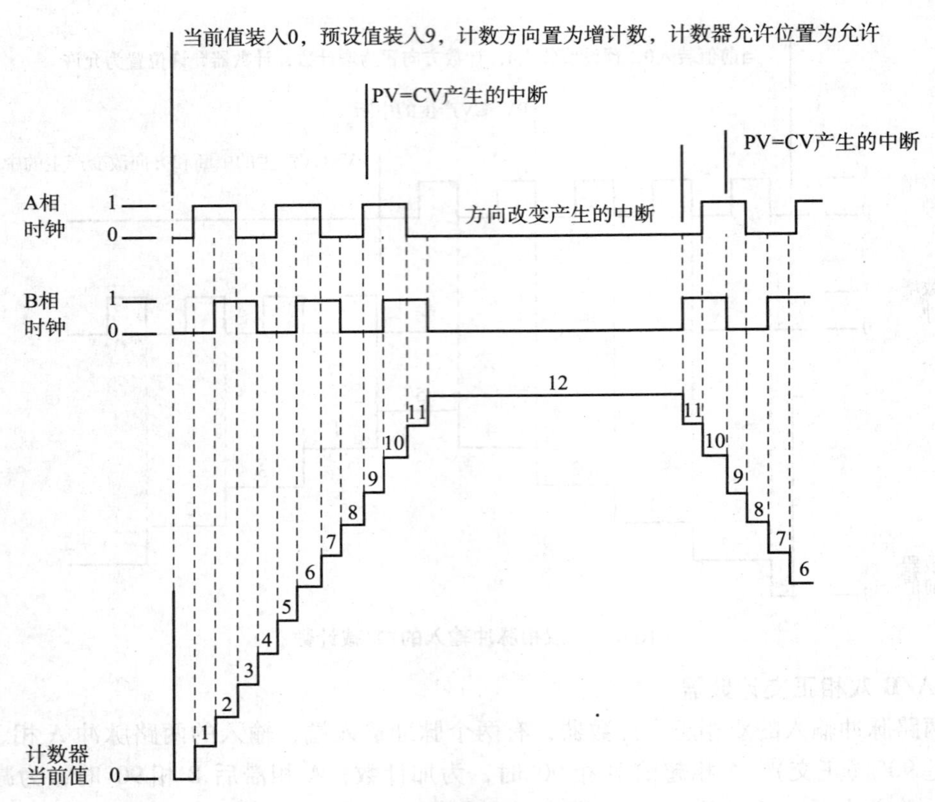

图 4.6　双相正交四倍频方式

表 4.2　高速计数器的工作模式和输入端子的关系及说明

模式	功能及说明	占用的输入端子及其功能			
	HSC0	I0.0	I0.1		
	HSC1	I0.6	I0.7	I1.0	I1.1
	HSC2	I1.2	I1.3	I1.4	I1.5
	HSC3	I0.1			
	HSC4	I0.3	I0.4	I0.5	
	HSC5	I0.4			
0	带内部方向输入信号的单向加/减计数器	时钟			
1		时钟		复位	
2		时钟		复位	启动
3	带内部方向输入信号的单向加/减计数器	时钟	方向		
4		时钟	方向	复位	
5		时钟	方向	复位	启动
6	带加/减计数时钟脉冲输入的双向计数器	加时钟	减时钟		
7		加时钟	减时钟	复位	
8		加时钟	减时钟	复位	启动

续表

模式	功能及说明	占用的输入端子及其功能			
9	A/B双相正交计数器	A相时钟	B相时钟		
10		A相时钟	B相时钟	复位	
11		A相时钟	B相时钟	复位	启动

表4.2给出了6个高速计数器HSC0~HSC5，可能的12种工作模式。但对具体的HSC而言，不是12种模式都是可选的。例如，从表中得知，只有HSC1、HSC2可以选择2、5、8、11模式。

模式12只在位置控制时用，获取输出脉冲数。模式12只有HSC0和HSC3支持，HSC0计数Q0.0输出的脉冲数。HSC3计数Q0.1输出的脉冲数。

对应于某个高速计数器及某种模式，对输入占用情况是固定的，这一点与CP1H PLC相同。

CP1H的工作模式设置是在"设置"界面中，S7-200是通过SM控制字完成。对于复位、启动，S7-200中是单独的输入信号完成，没有自动重启动功能。

高速计数器的使用步骤如下：

（1）用SM0.1对高速计数器初始化。

（2）在初始化程序中，根据希望的控制设置控制字（SMB37、SMB47、SMB57、SMB137、SMB147、SMB157）。

（3）执行HDEF指令，设置HSC的编号（0~5），设置工作模式（0~11）。如HSC的编号设置为1，工作模式输入设置为11，则为既有复位又有启动的正交计数工作模式。

（4）把初始值写入32位当前值寄存器（SMD38、SMD48、SMD58、SMD138、SMD148、SMD158）。如写入0，则清除当前值，用双字传送指令MOVD实现。

（5）把预设值写入32位预设值寄存器（SMD42、SMD52、SMD62、SMD142、SMD152、SMD162）。若写入预设值为16#00，则高速计数器处于不工作状态。

（6）为了捕捉当前值等于预设值的事件，将条件CV=PV中断事件（如事件13）与一个中断程序相联系。

（7）为了捕捉计数方向的改变，将方向改变的中断事件（如事件14）与一个中断程序相联系。

（8）为了捕捉外部复位，将外部复位中断事件（如事件15）与一个中断程序相联系。

（9）执行全局中断允许指令（ENI）允许HSC中断。

（10）执行HSC指令使S7-200对高速计数器进行启动。

（11）编写中断程序。

之后再按需要重复第（2）、（4）、（5）、（6）、（10）步。

对于实时要求不高的场合，可以在普通的子程序中读HSC的值进行判断。

定义了计数器和工作模式之后，还要设置高速计数器的有关控制字节，如表4.3所示。每个高速计数器均有一个控制字节，它决定了计数器的计数允许或禁用，将方向控制（仅限模式0、1和2）或对所有其他模式的初始化计数方向，装入初始值和预设值。

表 4.3　高速计数器的控制字节

HSC0	HSC1	HSC2	HSC3	HSC4	SHC5	说　明
SM37.0	SM47.0	SM57.0	—	SM147.0	—	0—复位信号高电平有效；1—低电平有效
—	SM47.1	SM57.1	—	—	—	0—启动信号高电平有效；1—低电平有效
SM37.2	SM47.2	SM57.2	—	SM147.2	—	0—四倍频有效；1—一倍频有效
SM37.3	SM47.3	SM57.3	SM137.3	SM147.3	SM157.3	0—减计数；1—加计数
SM37.4	SM47.4	SM57.4	SM137.4	SM147.4	SM157.4	写入计数方向：0—不更新；1—更新计数方向
SM37.5	SM47.5	SM57.5	SM137.5	SM147.5	SM157.5	写入预设值：0—不更新；1—更新预设值
SM37.6	SM47.6	SM57.6	SM137.6	SM147.6	SM157.6	写入当前值：0—不更新；1—更新当前值
SM37.7	SM47.7	SM57.7	SM137.7	SM147.7	SM157.7	HSC 允许：0—禁止 HSC；1—允许 HSC

HDEF（定义）之前必须先设定成需要的状态。HDEF 不能改变。高速计数器的状态字节如表 4.4 所示。

表 4.4　高速计数器的状态字节

HSC0	HSC1	HSC2	HSC3	HSC4	HSC5	说　明
SM36.5	SM46.5	SM56.5	SM136.5	SM146.5	SM156.5	当前计数方向：0—减计数；1—加计数
SM36.6	SM46.6	SM56.6	SM136.6	SM146.6	SM156.6	0—当前值不等于预设值；1—当前值等于预设值
SM36.7	SM46.7	SM56.7	SM136.7	SM146.7	SM156.7	0—当前值小于等于预设值；1—当前值大于预设值

每个高速计数器都有一个 32 位当前值和一个 32 位预设值，当前值和预设值均为带符号的整数值。

除控制字节以及预设值和初始值外，还可以使用数据类型 HC（高速计数器当前值）加计数器号码（0、1、2、3、4 或 5）读取每台高速计数器的当前值，如 HC0。当前值与预设值的存放地址如表 4.5 所示。

表 4.5　当前值与预设值的地址

高速计数器号	HSC0	HSC1	HSC2	HSC3	HSC4	HSC5
新当前值（仅装入）	SMD38	SMD48	SMD58	SMD138	SMD148	SMD158
新预设值（仅装入）	SMD42	SMD52	SMD62	SMD142	SMD152	SMD162
当前计数值（仅读出）	HC0	HC1	HC2	HC3	HC4	HC5

高速计数器指令有两条：高速计数器定义指令 HDEF 和高速计数器指令 HSC（启动或执行高速计数器）。两个指令的格式及说明如表 4.6 所示。

表 4.6　高速计数器的指令格式及说明

LAD	HDEF：EN　ENO；HSC；MODE	HSC：EN　ENO；N
STL	HDEF HSC，MODE	HSC N
功能说明	高速计数器定义指令 HDEF	高速计数器指令 HSC
操作数	HSC：高速计数器的编号，为常量（0～5）； MODE，工作模式，为常量（0～11）	N：高速计数器的编号，为常量（0～5）

下面列举一些关于高速计数器控制字的常见操作例子。

【例 4.2】　用高速计数器模式 12 作为高速脉冲计数（这样发出的脉冲数就不会丢失）。

在首次扫描时执行下列步骤：

（1）设置高速计数器相关控制位为 16#DB（1101，1011）；

（2）使用 HDEF 指令定义高速计数器模式 12；

（3）写入初始值为 0；

（4）执行 HSC 指令。

【例 4.3】　改变模式 0、1、2 或 12 的计数方向。

对具有内部方向（模式 0、1、2 或 12）的单相计数器 HSC1，改变其计数方向的步骤如下：

（1）向 SMB47 写入所需的计数方向：

SMB47＝16#90（1001，0000）　　；允许计数，置 HSC 计数方向为减

SMB47＝16#98（1001，1000）　　；允许计数，置 HSC 计数方向为增

（2）执行 HSC 指令。

【例 4.4】　写入新的初始值（任何模式下）。

在改变初始值时，迫使计数器处于非工作状态，当计数器被禁止时，它既不计数也不产生中断。

步骤如下：

（1）向 SMB47 写入新的初始值的控制字：

SMB47＝16#C0（1100，0000）　　；允许计数写入新的初始值

（2）向 SMD48（双字）写入所希望的初始值（若写 0 则清除）。

（3）执行 HSC 指令。

【例 4.5】　写入新的预设值（任何模式下）。

步骤如下：

（1）向 SMB47 写入允许写入新的预设值的控制位：

SMB47＝16#A0（1010，0000）　　；允许计数，写入新的预设值

（2）向 MD52（双字）写入所希望的预设值。

（3）执行 HSC 指令。

【例 4.6】　禁止 HSC（在任何模式下）。

以下步骤描述如何禁止 HSC1 高速计数器（任何模式下）。

（1）写入 SMB47 以禁止计数。

SMB47 = 16#00　；禁止计数

（2）执行 HSC 指令，以禁止计数。

还有一种方式是用向导生成高速计数器程序，以下为用向导产生的 HSC_ INIT 初始化程序：

```
LD   SM0.0
MOVB  16#F8,SMB37     ;设置控制位:增计数、复位有效逻辑 HIGH(高)、已使能
                      ;四倍频,加计数器
MOVD  +0,SMD38        ;装载 CV,装载地址也可,如:MOVD  VD1004,SMD38
MOVD  +0,SMD42        ;装载 PV
HDEF  0,7             ;HSC0,模式 7
ATCH  EXTERN_RESET:INT1,28    ;中断程序 EXTERN_RESET:HC0 的外部复位
ATCH  DIR_CHANGE:INT2,27    ;中断程序 DIR_CHANGE:HC0 的方向控制输入改变
ATCH  COUNT_EQ:INT3,12      ;中断程序 COUNT_EQ:HC0 的 CV = PV
ENI
HSC  0

COUNT_EQ 中断(多步中断的第一步):
LD  SM0.0
MOVB  16#E0,SMB37                 ;设置控制位:写入当前值、预设值
MOVD  +0,SMD38                    ;CV = 0
MOVD  +0,SMD42                    ;PV = 0
ATCH  HSC0_STEP2:INT5,12          ;中断程序 HSC0_STEP2:HC0 的 CV = PV
HSC  0
```

注：HDEF 不能第二次执行，但 HSC 可以；其他中断程序略。

多步中断时的最后一个程序：

```
COUNT_EQ 中断:
LD  SM0.0
MOVB  16#80,SMB37     ;设置控制位
HSC  0
```

【例 4.7】　预设值为 50，当前值与预设值相等时产生中断，加计数，四倍频，模式 11，采用 HSC1。梯形图如图 4.7 所示。

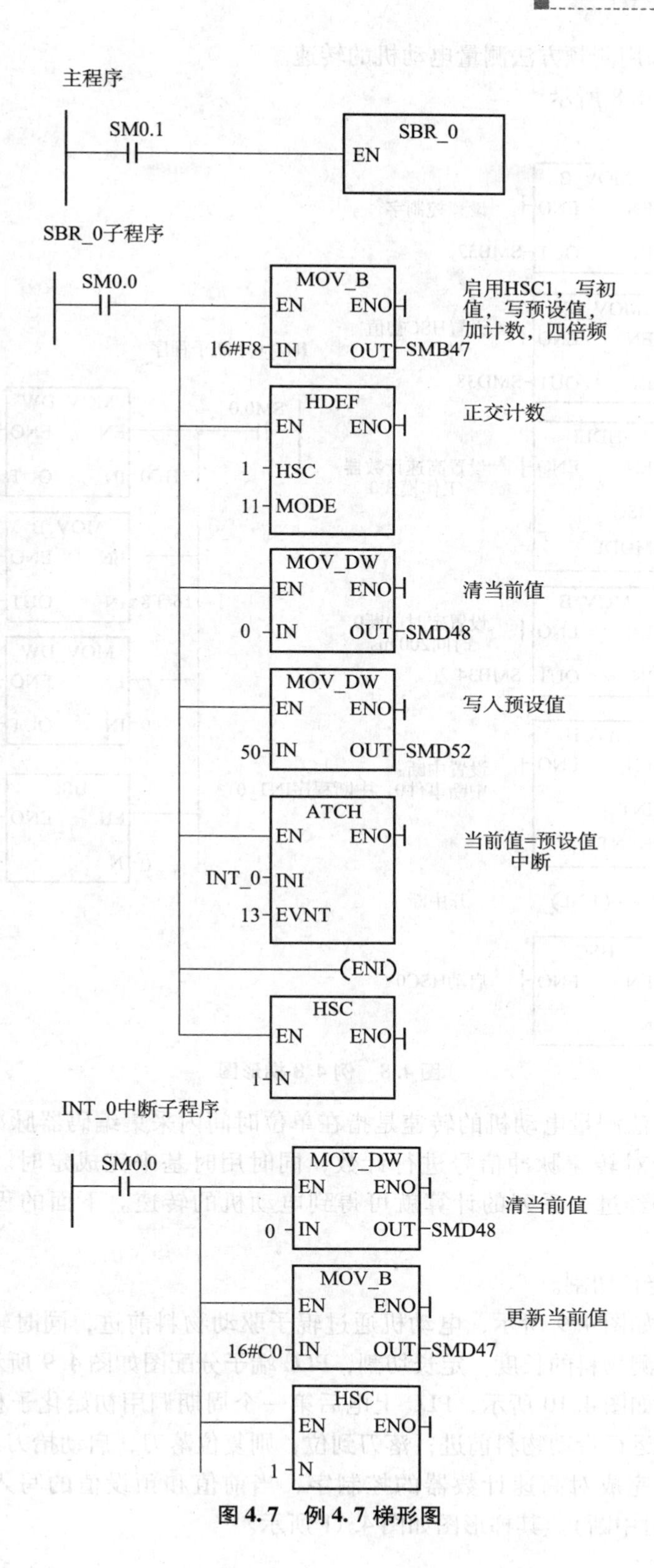
主程序
SM0.1
SBR_0
EN
SBR_0子程序
SM0.0
MOV_B
EN ENO
16#F8 IN OUT SMB47
启用HSC1，写初值，写预设值，加计数，四倍频
HDEF
EN ENO
1 HSC
11 MODE
正交计数
MOV_DW
EN ENO
0 IN OUT SMD48
清当前值
MOV_DW
EN ENO
50 IN OUT SMD52
写入预设值
ATCH
EN ENO
INT_0 INI
13 EVNT
当前值=预设值中断
(ENI)
HSC
EN ENO
1 N
INT_0中断子程序
SM0.0
MOV_DW
EN ENO
0 IN OUT SMD48
清当前值
MOV_B
EN ENO
16#C0 IN OUT SMD47
更新当前值
HSC
EN ENO
1 N

图4.7 例4.7梯形图

【例 4.8】 采用测频方法测量电动机的转速。

其梯形图如图 4.8 所示。

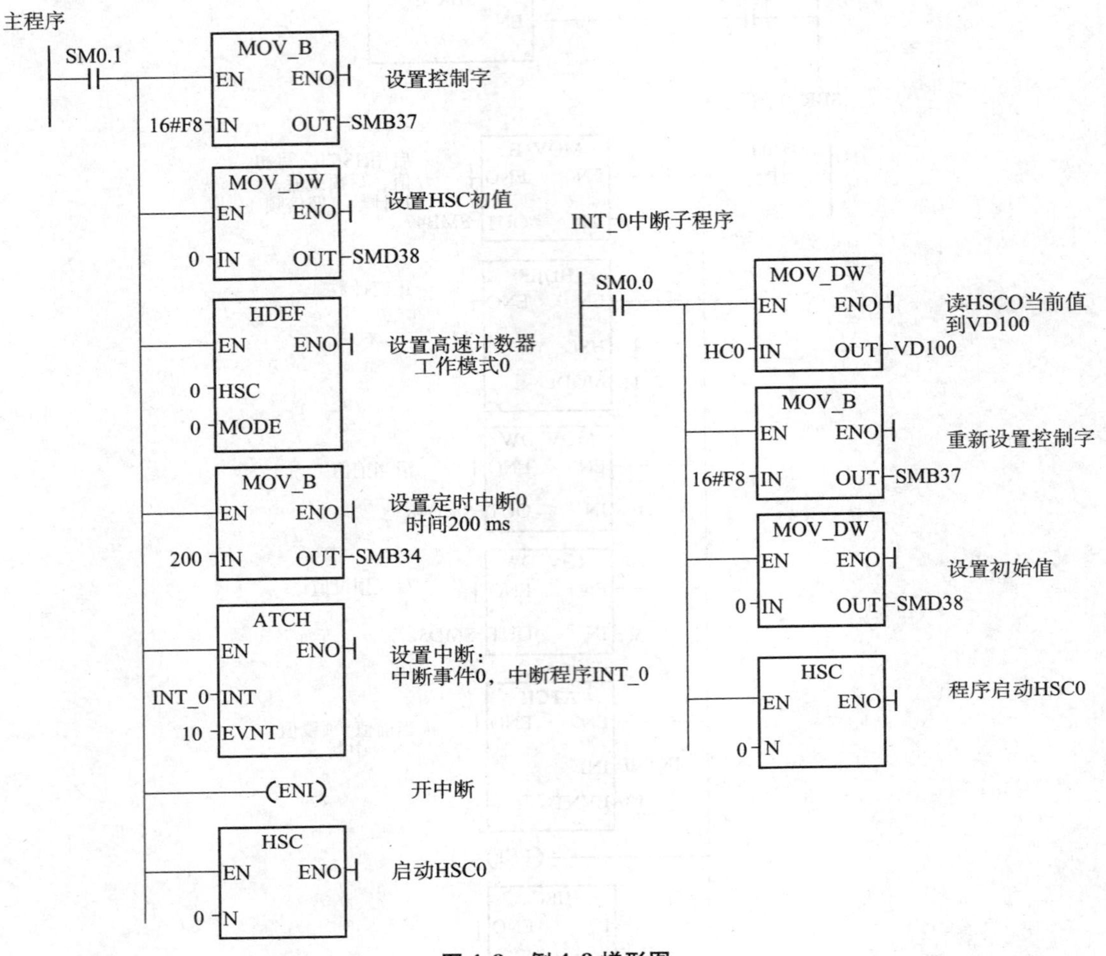

图 4.8 例 4.8 梯形图

分析：用测频法测量电动机的转速是指在单位时间内采集编码器脉冲的个数，因此可以选用高速计数器对转速脉冲信号进行计数，同时用时基来完成定时。知道了单位时间内的脉冲个数，再经过一系列的计算就可得到电动机的转速。下面的程序只是有关 HSC 的部分。

【例 4.9】 定长切割。

定长切割系统如图 4.9 所示，电动机通过辊子驱动物料前进，同时辊子同轴连接编码器，通过编码器检测物料的长度，定长切割，PLC 端子分配图如图 4.9 所示。

主程序梯形图如图 4.10 所示，PLC 上电后第一个周期调用初始化子程序，启动或者落刀到位，则电动机运行带动物料前进；落刀到位，则复位落刀，启动抬刀。

初始化子程序完成对高速计数器的控制字、当前值和预设值的写入，进行中断设置（当前值 = 预设值时中断）。其梯形图如图 4.11 所示。

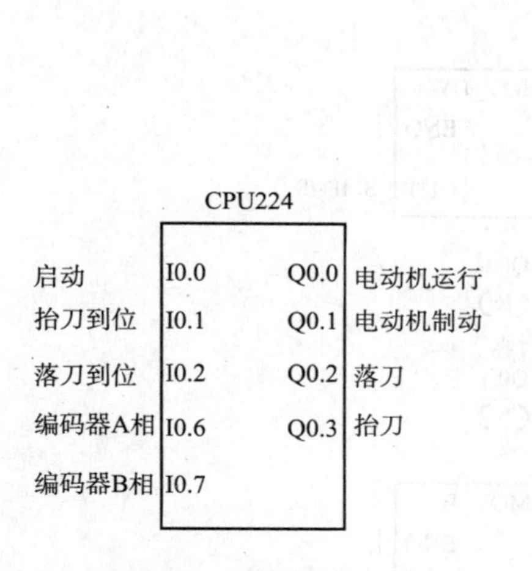

图 4.9 定长切割端子分配图

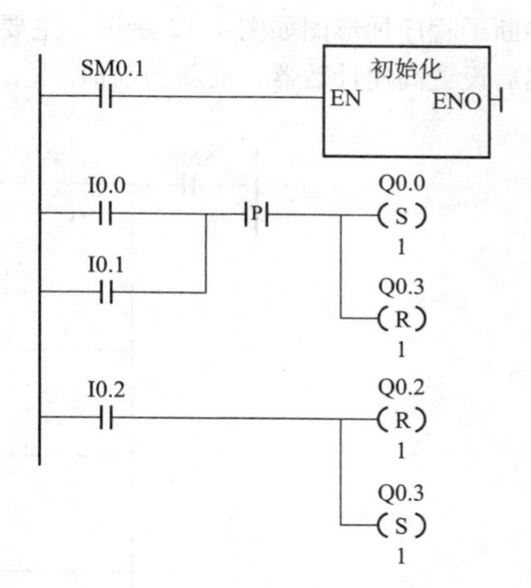

图 4.10 例 4.9 主程序梯形图

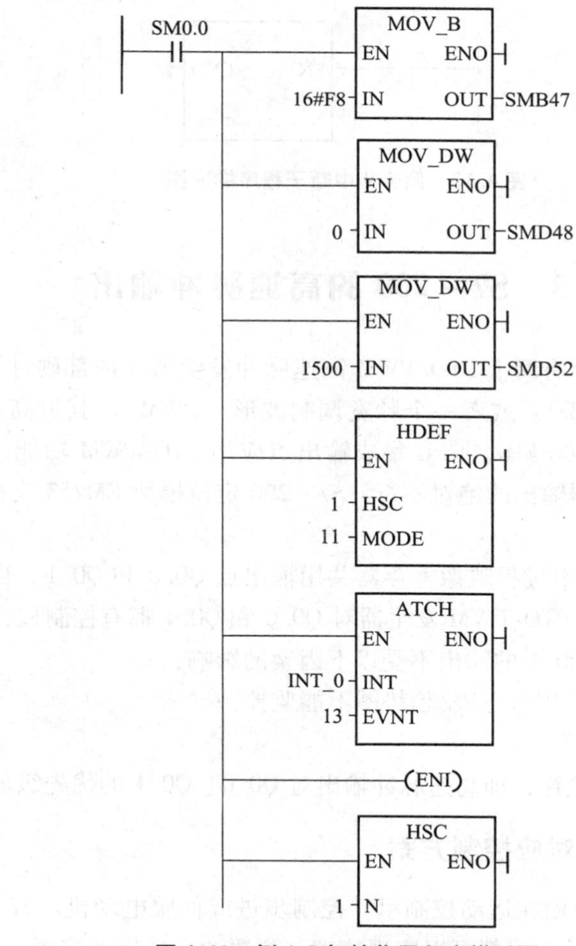

图 4.11 例 4.9 初始化子程序梯形图

中断子程序梯形图如图 4.12 所示。主要完成将当前值清零，电动机制动、落刀切割操作。然后设置高速计数器，更新当前值。

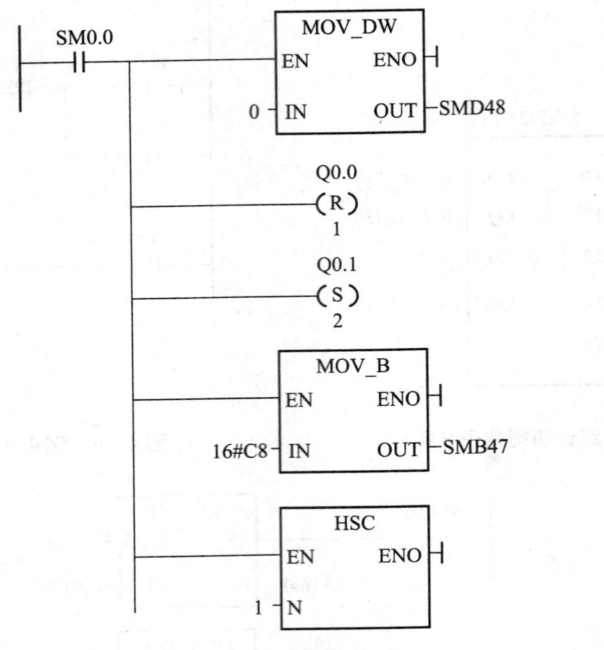

图 4.12　例 4.9 中断子程序梯形图

4.3　S7－200 的高速脉冲输出

S7－200 的 CPU 本体上有两个 PTO/PWM 高速脉冲发生器（内部硬件），它们每个都可以产生一个高速脉冲串（PTO）或者一个脉宽调制波形（PWM）。其最高频率可达 20 kHz，CPU 224XP 最高频率可达 100 kHz。CPU 集成输出点应用 PTO/PWM 功能，应选用 24 V DC 晶体管输出的 CPU，继电器输出的绝对不行。S7－200 定位模块 EM253 支持高达 200 kHz 脉冲的输出。

PTO/PWM 与数字量输出过程映像寄存器共用输出点 Q0.0 和 Q0.1。当在 Q0.0 或 Q0.1 上激活 PTO/PWM 功能时，PTO/PWM 发生器对 Q0.0 和 Q0.1 拥有控制权，同时普通输出点功能被禁止。这时 Q0.0、Q0.1 的输出不受以下因素的影响：

（1）过程映像区状态（用状态表/趋势图不能监控）；

（2）输出点强制值；

（3）立即输出指令的执行，即高速脉冲输出对 Q0.0、Q0.1 的优先级最高。

4.3.1　三种方式的对应控制方案

高速脉冲输出，一般应用在运动控制里，控制步进或伺服电动机。S7－200 提供 PWM、PTO 和 EM253 模块，这 3 种方式都可以实现速度、位置的开环运动控制。

西门子公司对 S7－200 的运动控制提供 3 种方法：脉冲输出指令 PLS、软件向导、运动控制库指令，三者的应用范围如表4.7所示。

表4.7 S7-200的三种运动控制方法

运动控制	脉冲输出指令 PLS	软件向导	运动控制库指令
PTO	√	√	√
PWM	√	√	—
EM253	—	√	—

通过向导方法快捷方便，编程工作少或没有，但不灵活。采用 PLS 指令方法，需要自己编写程序，修改起来更快些，但对于功能要求较完善的场合，编程工作量大。运动控制库指令是西门子公司利用基本的 PLS 指令为用户编好的功能集，对于常规的位置控制要求均能较好满足，库程序可在西门子网站上下载。

4.3.2 脉冲输出指令 PLS

PLS 指令会从系统存储器 SM 中读取数据，使程序按照其存储值控制 PTO/PWM 发生器。SMB67 控制 Q0.0 的 PTO0/PWM0，SMB77 控制 Q0.1 的 PTO1/PWM1。可以通过修改 SM 存储区（包括控制字节），然后执行 PLS 指令来改变 PTO 或 PWM 波形的特性。

使用 PLS 指令的步骤如下：

（1）在使能 PTO/PWM 操作之前，要将 Q0.0、Q0.1 过程映像寄存器清零；

（2）设置控制字节 SMB67/SMB77；

（3）写入 PTO/PWM 相关的系统寄存器；

（4）连接中断事件（19/20）和中断程序，允许中断（可选）；

（5）执行 PLS 指令。

可以在任意时刻禁止 PTO/PWM 输出，方法是首先将控制字节中的使能位（SM67.7/SM77.7）清零，然后执行 PLS 指令。

注意：使能 PTO/PWM 功能时，由于不经过过程映像区 Q0.0 或 Q0.1，所以不能在状态表中监控其状态。

Q0.0、Q0.1 状态字节说明如表4.8所示，Q0.0、Q0.1 控制字节说明如表4.9所示，PTO/PWM 其他重要的 SM 如表4.10所示。

表4.8 PTO/PWM 状态字 SMB66/SMB76

Q0.0	Q0.1	状　态　位	
SM66.4	SM76.4	PTO 包络是否被中止（增量计算错误）：	0—无错；1—中止
SM66.5	SM76.5	用户是否中止了 PTO：	0—不中止；1—中止
SM66.6	SM76.6	PTO/PWM 管线上溢/下溢：	0—无上溢；1—上溢/下溢
SM66.7	SM76.7	PTO 是否空闲：	0—在进程中；1—PTO 空闲

表 4.9 PTO/PWM 控制字 SMB67/SMB77

Q0.0	Q0.1	控制字节	
SM66.0	SM77.0	PTO/PWM 更新周期：	0—无更新；1—更新周期请求
SM66.1	SM77.1	PWM 更新脉宽时间：	0—无更新；1—更新脉宽请求
SM66.2	SM77.2	PTO/PWM 更新脉冲计数值：	0—无更新；1—更新脉冲计数请求
SM66.3	SM77.3	PTO/PWM 时间基准：	0—1 μs；1—1 ms
SM66.4	SM77.4	PWM 更新方法：	0—异步；1—同步
SM66.5	SM77.5	PTO 单个/多个段操作：	0—单个；1—多个
SM66.6	SM77.6	PTO/PWM 模式选择：	0—PTO；1—PWM
SM66.7	SM77.7	PTO/PWM 启用：	0—禁止；1—启用

表 4.10 PTO/PWM 其他重要的 SM

Q0.0	Q0.1	PTO/PWM 其他寄存器	
SMW68	SMW78	PTO/PWM 周期数值范围：	2 ~ 65 535
SMW70	SMW80	PWM 脉宽数值范围：	0 ~ 65 535
SMW72	SMW82	PTO 脉冲计数器数值范围：	1 ~ 4 294 967 296
SMW166	SMW176	进行中的段数（仅在多段 PTO 操作中）	
SMW168	SMW178	P 包络线的起始位置，用从 V0 开始的字节偏移表示（仅在多段 PTO 操作中）	
SMW170	SMW180	线性包络线状态字节	
SMW171	SMW181	线性包络结果寄存器	
SMW172	SMW182	手动模式频率寄存器	

如需要对管线中脉冲特性进行周期、脉宽和脉冲数的修改，在修改前需要将控制字（SMB67/SMB77）相应的系统存储器位（0 ~ 2）置 1，然后再将修改值写入到相应的系统存储器里，最后执行 PLS 指令使之更新。

时基是指周期值和脉冲宽度的时间单位，可以选择毫秒或微秒为单位。

PWM 的更新方法包括同步更新和异步更新。如果不需要改变 PWM 发生器的时间基准，就可以进行同步更新。利用同步更新，波形特性的变化发生在周期边沿，提供平滑转换，其典型操作是当周期时间保持常数时变化脉冲宽度，无须改变时基。如果需要改变 PWM 发生器的时间基准，就要使用异步更新。异步更新会造成 PWM 功能被瞬时禁止，和 PWM 波形不同步。这会引起被控设备的振动。由于这个原因，建议选择一个适合于所有周期时间的时间基准，采用 PWM 同步更新。

使用 PLS 指令的关键是设置好 SMB67（SMB77）。要实现加减速，还必须用多管线的方式，在 V 中设置表格，16 字节/管线，才能走出包络。计算形成表格的工程较烦琐，得到表格后也很方便。

4.3.3 PTO 工作模式

单段管线：每次用系统存储器 SM 设定参数后输出一个脉冲串。一旦启动了起始 PTO 段，就必须按照第二个波形的要求改变系统存储器，并再次执行 PLS 指令。第二个脉冲串的属性在管线中一直保持到第一个脉冲串发送完成。在管线中一次只能存储一段脉冲串的属性。当第一个脉冲串发送完成时，接着输出第二个波形，此时管线可以用于下一个新的脉冲串。重复这个过程可以再次设定下一个脉冲串的特性。注意：只能有一个脉冲串在排队等待。

多段管线：CPU 自动从 V 存储区的包络表中读出多个脉冲串的特性并按顺序发送脉冲。包络表使用 8 字节保存一个脉冲串的属性，包括一个字长的起始周期，一个字长的周期增量和一个双字长的脉冲个数。选择多段操作，必须将包络表 V 存储器中的起始地址装入到 SMW168/SMW178。在包络表中的所有周期值必须使用同一个时间基准，而且在包络运行时不能改变。

要完成一个电动机的加速、匀速和减速三阶段，需要在包络表里设置三段包络，如表 4.11 所示。

表 4.11　多段管线包络表参数

字节偏移量	包络段数	描　述
0		段数总数（1～255）
1	#1	初始周期（2～65 535 时间基准单位）（W）
3		每个周期的周期增量（有符号值）（－32 768～32 767 时间基准单位）（W）
5		脉冲数（1～4 294 967 295）（DW）
9	#2	初始周期（2～65 535 时间基准单位）（W）
11		每个周期的周期增量（有符号值）（－32 768～32 767 时间基准单位）（W）
13		脉冲数（1～4 294 967 295）
17	#3	初始周期（2～65 535 时间基准单位）（W）
19		每个周期的周期增量（有符号值）（－32 768～32 767 时间基准单位）（W）
21		脉冲数（1～4 294 967 295）（DW）

【例 4.10】　在图 4.13 中，假定需要 4 000 个脉冲达到定位要求，启/停频率是 2 kHz，匀速阶段最高脉冲频率是 10 kHz。计算各段的包络表参数。

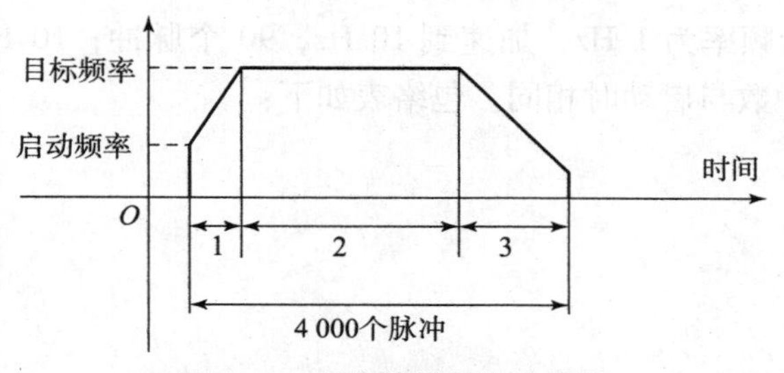

图 4.13　多段管线包络表参数

由于包络表中的值是用周期表示的，而不是用频率表示，因此需要把给定的频率值转换成周期值。

多段管线包络表参数如下：

（1）加速阶段：

初始周期＝1/初始频率＝1/2 000＝500（μs）

周期增量 =（结束周期 - 初始周期）/该段脉冲数

　　=（（1/10 000）×1 000 000 - 500）/200 = -2

脉冲数 =200

（2）匀速阶段：

初始周期 = 1/1000 =100（μs）

周期增量 =（100 - 100）/3 400 =0

脉冲数 =3 400

（3）减速阶段：

初始周期 = 1/10 000 =100（μs）

周期增量 =（结束周期 - 初始周期）/该段脉冲数

　　=（（1/2 000）×1 000 000 - 100）/400 =1

脉冲数 =400

具体的参数存放如表 4.12 所示。

表 4.12　包络参数存放表

字节偏移量	包络段数	描　述	
VB500	3	段数总数	
VW501	500	初始周期	段 1
VW503	-2	每个周期的周期增量	
VD505	200	脉冲数	
VW509	100	初始周期	段 2
VW511	0	每个周期的周期增量	
VD513	3 400	脉冲数	
VW517	100	初始周期	段 3
VW519	1	每个周期的周期增量	
VD521	400	脉冲数	

【例 4.11】　起始频率为 1 Hz，加速到 10 Hz，90 个脉冲；10 Hz 时发送 820 个脉冲；停止阶段时发送的脉冲数与启动时相同。包络表如下：

```
//VB500   3
//VW501   1000
//VW503   -10
//VD505   90

//VW509   100
//VW511   0
//VD513   820

//VW517   100
```

//VW519　10

//VD521　90

【例 4.12】　起始频率为 1 Hz，加速到 10 Hz，9 个脉冲；10 Hz 时发送 100 个脉冲；停止阶段时发送的脉冲数与启动时相同，控制字 SMB67 写为 A8。

包络表如下：

VB500　3

VW501　1000

VW503　－100

VD505　9

VW509　100

VW511　0

VD513　100

VW517　100

VW519　100

VD521　9

控制字节 SMB67、SMB77 常用数值如表 4.13 所示。

表 4.13　控制字节 SMB67、SMB77 常用数值

控制寄存器（十六进制）	执行 PLS 指令的结果							
	允许	模式选择	PTO 段操作	PWM 更新方法	时基	脉冲数	脉冲宽度	周期
16#81	YES	PTO	单段		1 μs/周期			装入
16#84	YES	PTO	单段		1 μs/周期	装入		
16#85	YES	PTO	单段		1 μs/周期	装入		装入
16#89	YES	PTO	单段		1 ms/周期			装入
16#8C	YES	PTO	单段		1 ms/周期	装入		
16#8D	YES	PTO	单段		1 ms/周期	装入		装入
16#A0	YES	PTO	多段		1 μs/周期			
16#A8	YES	PTO	多段		1 ms/周期			
16#D1	YES	PWM		同步	1 μs/周期			装入
16#D2	YES	PWM		同步	1 μs/周期		装入	
16#D3	YES	PWM		同步	1 μs/周期		装入	装入
16#D9	YES	PWM		同步	1 ms/周期			装入
16#DA	YES	PWM		同步	1 ms/周期		装入	
16#DB	YES	PWM		同步	1 ms/周期		装入	装入

【例 4.13】　用限位开关实现正反转控制，在主程序中触发限位，改写控制字。I0.3 为

启动按钮，I0.0 为正限位，I0.1 为反限位，I0.2 为停止，采用高速脉冲 0，脉冲 + 方向控制，Q0.0 输出脉冲，Q0.1 为方向控制，周期为 1 500 ms。

将周期写入 SMW68，脉冲写入 SMD72，由于是用限位开关控制，所以脉冲可以写入较大的数值。控制字的各位选择如下：

// X.7：使能；X.6：0 = PTO；X.5：0 = 单段操作；X.4：0 = 异步更新；X.3：时基1 ms；

// X.2：1 = 写入新脉冲计数；X.1：1 = PWM 脉宽更新；X.0：1 = 写入新周期。

地址分配如表 4.14 所示。

表 4.14　地址分配表

含义	输入地址	含义	输出地址
正转启动	I0.0	脉冲	Q0.0
反转启动	I0.1	方向	Q0.1
停止	I0.2		

控制梯形图如图 4.14 所示，由于 Q0.1 并没有被使用为高速脉冲输出 1，所以可以用作常规的方向控制。另外，该例子中的速度改变是在普通的周期扫描程序内实现的，如有更高要求，采用中断的方式（参见例 4.14），二者都是可以的。

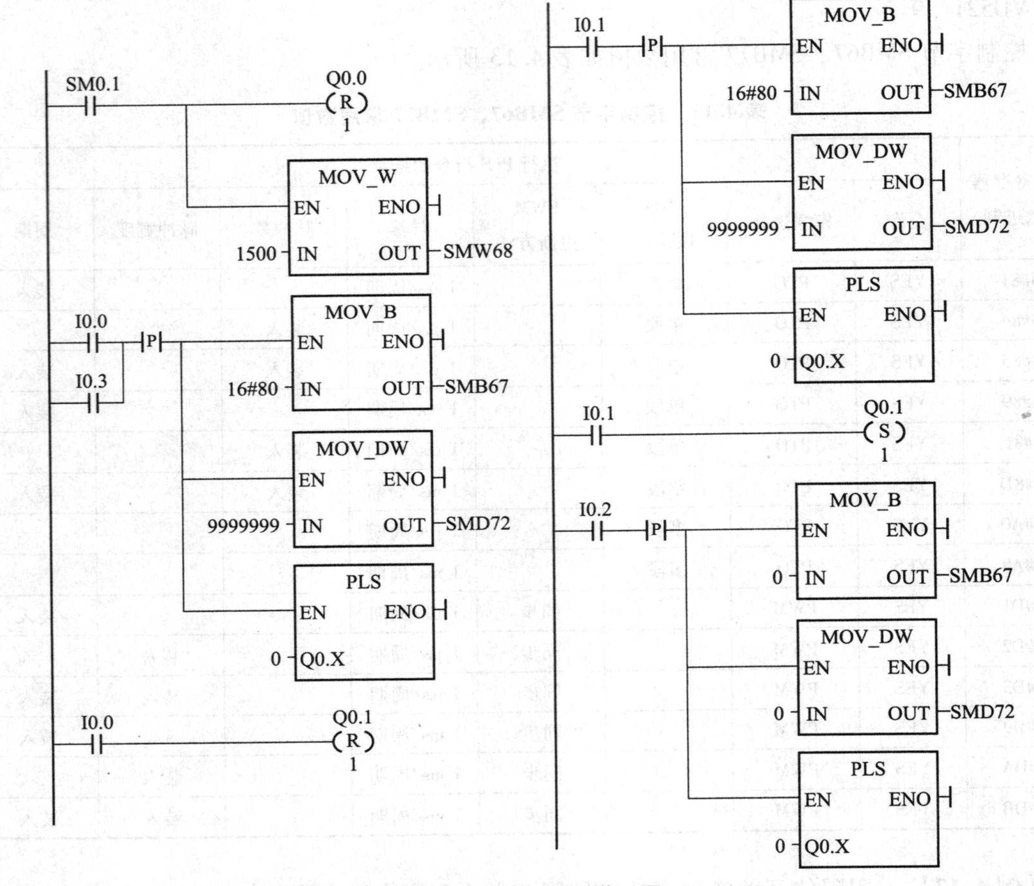

图 4.14　例 4.13 梯形图

【例 4.14】　单管段，双周期切换，通过中断切换周期。

程序包括主程序、子程序和中断程序。主程序主要完成中断设置和启停控制，中断程序负责变换周期。

图 4.15 为主程序，I0.0 为负责控制启停的开关，I0.0 闭合时，Q0.0 发脉冲，同时启动定时中断，I0.0 断开时，禁发脉冲，同时关中断，停止。

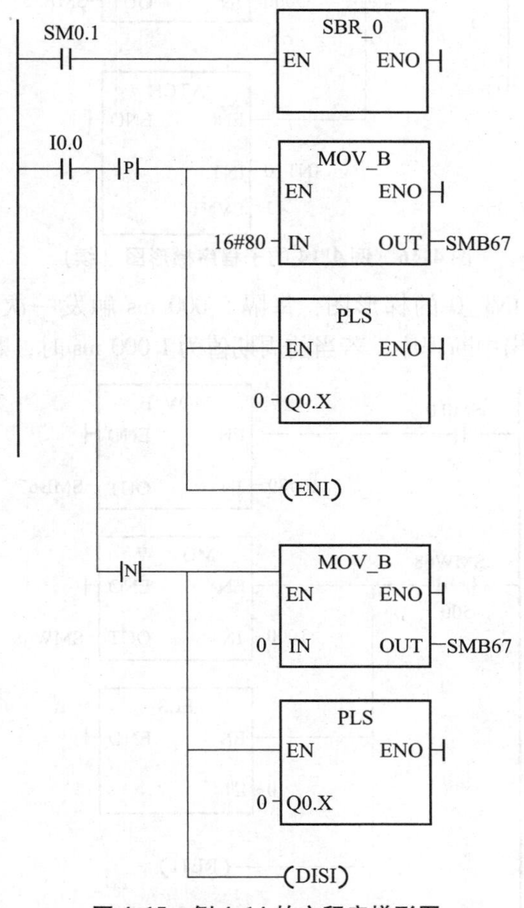

图 4.15　例 4.14 的主程序梯形图

图 4.16 为子程序 SBR_0 梯形图程序，将周期赋值 500 ms，脉冲数赋值 10，高速脉冲 0 输出，同时进行定时中断 1 设置。

图 4.16　例 4.14 的子程序梯形图

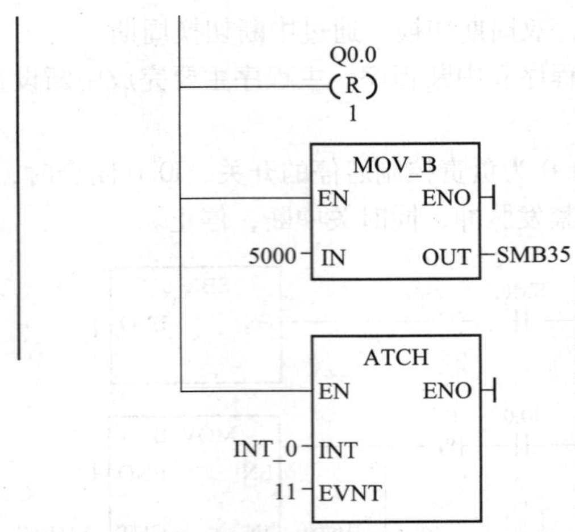

图 4.16　例 4.14 的子程序梯形图（续）

图 4.17 为中断程序 INT_0 的梯形图，每隔 5 000 ms 触发一次中断。若当前周期值为 500 ms，则赋值 1 000，跳出中断程序；若当前周期值为 1 000 ms 时，赋值 500，跳出中断程序。

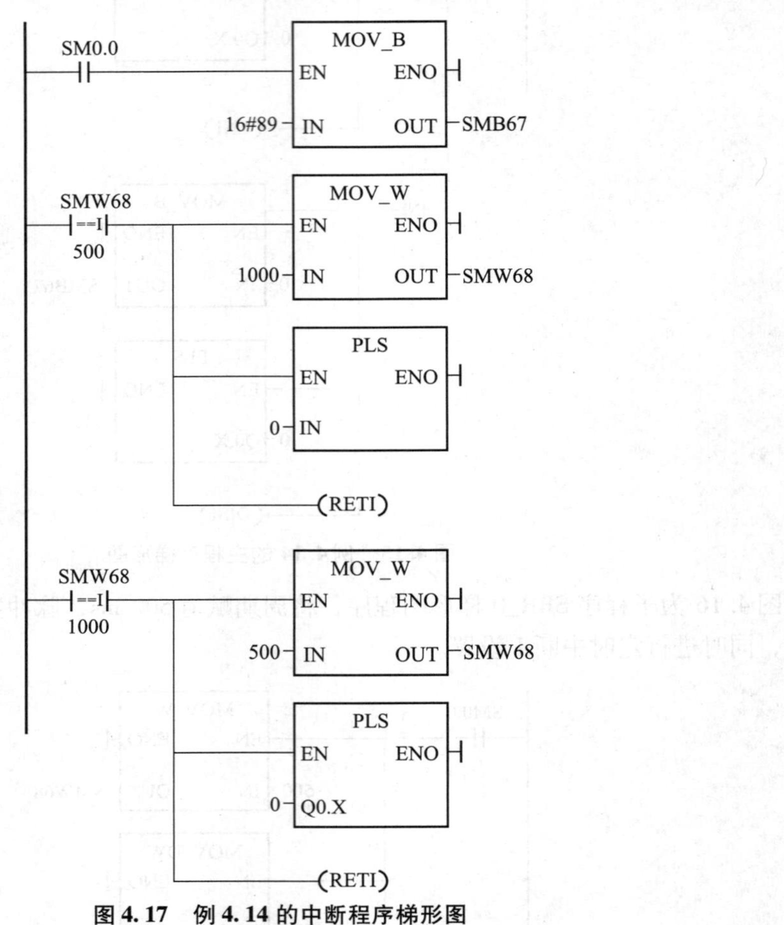

图 4.17　例 4.14 的中断程序梯形图

【**例 4.15**】　多管段控制，同时用高速计数器的模式 12 功能，记录发出的脉冲数。起始频率为 1 Hz，加速到 10 Hz，9 个脉冲；10 Hz 时发送 100 个脉冲；停止阶段时发送的脉冲数与启动时相同，SMB67 写为 A8。

主程序如图 4.18 所示，主要完成 PTO 控制字的设定、包络表起始地址的设定并调用高速计数器的初始化子程序，M0.0 为启动条件。

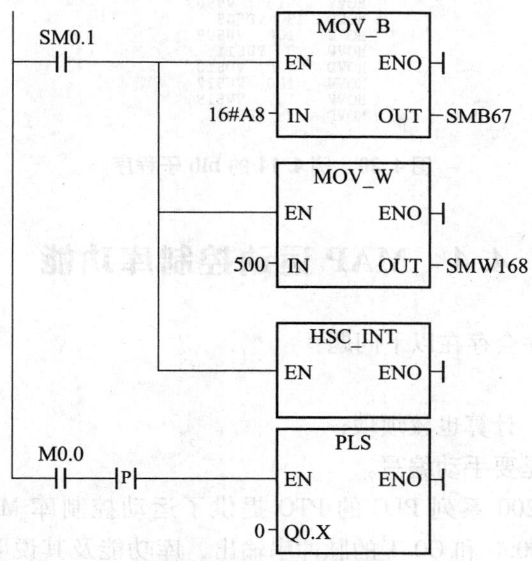

图 4.18　例 4.15 的主程序

图 4.19 为高速计数器初始化子程序，包括控制字的设定、当前值与预设值的赋值以及工作模式的设定等。图 4.20 为包络表赋值子程序语句表，起始地址为 VB500。

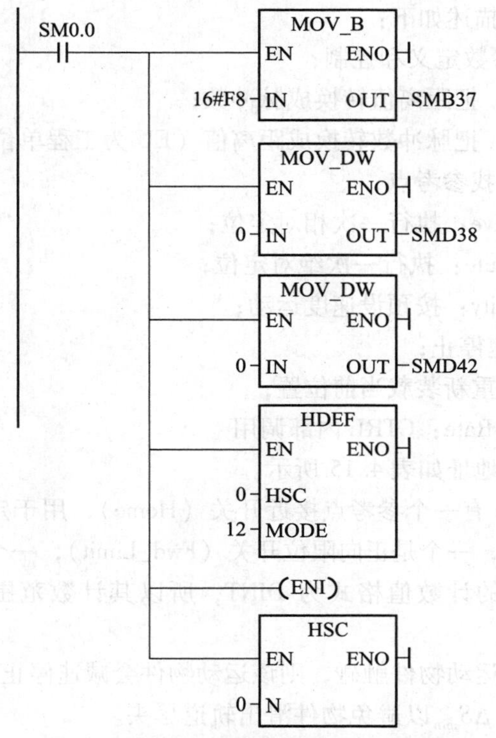

图 4.19　例 4.15 的 HSC_INT 子程序

```
子程序注释
网络 1    网络标题
LD      SM0.0
MOVB    3, VB500
MOVW    1000, VW501
MOVW    -100, VW503
MOVD    9, VD505
MOVW    100, VW509
MOVW    0, VW511
MOVD    100, VD513
MOVW    100, VW517
MOVW    100, VW519
MOVD    9, VD521
```

图 4.20　例 4.14 的 blb 子程序

4.4　MAP 运动控制库功能

用 PLS 手动编写程序会存在以下问题：

（1）可能会有抖动；

（2）即便多管道时，计算也较烦琐；

（3）回零问题等还是要手动编写。

西门子公司为 S7 - 200 系列 PLC 的 PTO 提供了运动控制库 MAP SERV Q0.0 和 MAP SERV Q0.1，分别用于 Q0.0 和 Q0.1 的脉冲串输出，库功能及其说明可在西门子的网站 http://cache.automation.siemens.com/dnl/TA/TA1MTQ3NQAA_26513850_FAQ/MAP_SERV.zip 下载。库功能在 STEP7 - Micro/Win 中通过“添加/删除库”命令添加，这两个库可同时应用于同一项目。

运动控制库各个指令描述如下：

（1）Q0_X_CTRL：参数定义和控制；

（2）Scale_EU_Pulse：把距离值转换成脉冲数；

（3）Scale_Pulse_EU：把脉冲数转换成距离值（EU 为工程单位）；

（4）Q0_x_Home：寻找参考点；

（5）Q0_x_MoveRelative：执行一次相对定位；

（6）Q0_x_MoveAbsolute：执行一次绝对定位；

（7）Q0_x_MoveVelocity：按预设速度运动；

（8）Q0_x_Stop：减速停止；

（9）Q0_x_LoadPos：重新装载当前位置；

（10）Q0_x_Compute_Rate：CTRL 内部调用 。

运动控制库指令占用地址如表 4.15 所示。

在图 4.21 的系统中，有一个参考点接近开关（Home），用于定义绝对位置 C_Pos 的零点。有两个边界限位开关，一个是正向限位开关（Fwd_Limit），一个是反向限位开关（Rev_Limit）。绝对位置 C_Pos 的计数值格式为 DINT，所以其计数范围为（ - 2 147 483 648 ~ +2 147 483 647）。

如果一个限位开关被运动物件触碰，则该运动物件会减速停止，因此，限位开关的安装位置应当留出足够的裕量 ΔS_{min} 以避免物件滑出轨道尽头。

表 4.15　运动控制库指令占用地址

名　称	MAP SERV Q0.0	MAP SERV Q0.1
脉冲输出	Q0.0	Q0.1
方向	Q0.2	Q0.3
参考点开关	I0.0	I0.1
高速计数器	HC0	HC3
高速计数器预设值	SMD42	SMD142
PTO 手动速度	SMD172	SMD182

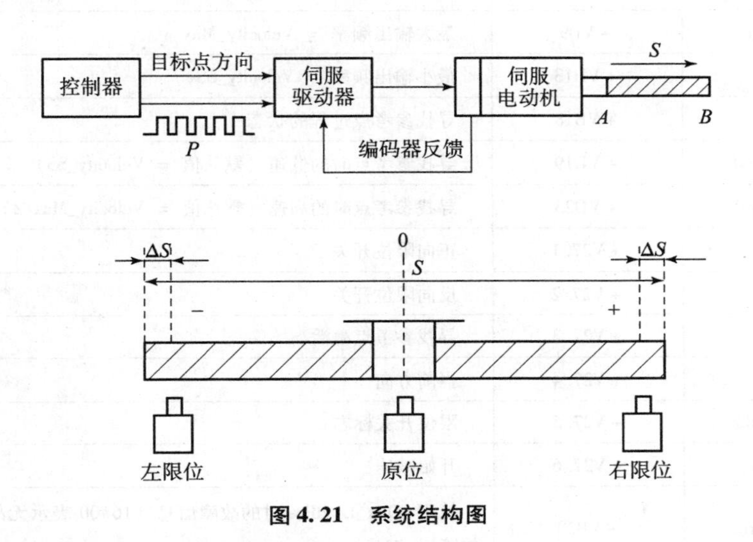

图 4.21　系统结构图

为了可以使用该库，必须为该库分配 68 字节的全局变量（可以看作可以访问背景数据块），如图 4.22 所示。

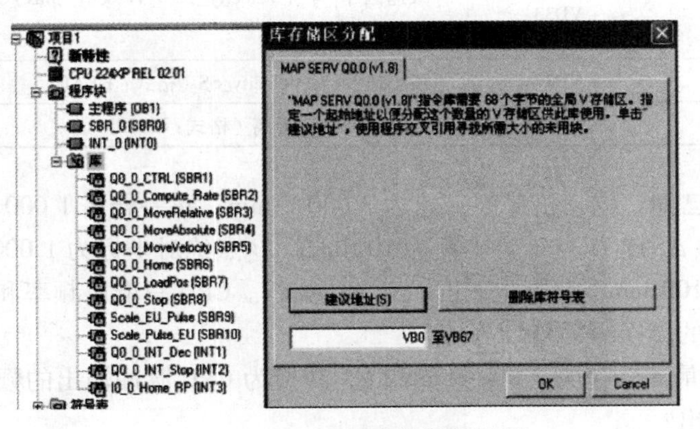

图 4.22　MAP 运动控制库界面

表 4.16 是使用该库时所用到的最重要的一些变量（以相对地址表示）。

表 4.16　重要的库变量

符号名	相对地址	注　释
Disable_Auto_Stop	+V0.0	默认值=0 意味着当运动物件已经到达预设地点时，即使尚未减速到 Velocity_SS，依然停止运动；默认值=1 时则减速至 Velocity_SS 时才停止
Dir_Active_Low	+V0.1	方向定义，默认值为 0，方向输出为 1 时表示正向
Final_Dir	+V0.2	寻找参考点过程中的最后方向，默认为 0
Tune_Factor	+VD1	调整因子（默认值=1.0）
Ramp_Time	+VD5	Ramp time = accel_dec_time（加减速时间）
Max_Speed_DI	+VD9	最大输出频率 = Velocity_Max
SS_Speed_DI	+VD13	最小输出频率 = Velocity_SS
Homing_State	+VB18	寻找参考点过程的状态
Homing_Slow_Spd	+VD19	寻找参考点时的低速（默认值 = Velocity_SS）
Homing_Fast_Spd	+VD23	寻找参考点时的高速（默认值 = Velocity_Max/2）
Fwd_Limit	+V27.1	正向限位开关
Rev_Limit	+V27.2	反向限位开关
Homing_Active	+V27.3	寻找参考点激活
C_Dir	+V27.4	当前方向
Homing_Limit_Chk	+V27.5	限位开关标志
Dec_Stop_Flag	+V27.6	开始减速
PTO0_LDPOS_Error	+VB28	使用 Q0_x_LoadPos 时的故障信息（16#00 表示无故障，16#FF 表示故障）
Target_Location	+VD29	目标位置
Deceleration_factor	+VD33	减速因子 = （Velocity_SS - Velocity_Max）/accel_dec_time（格式：REAL）
SS_Speed_real	+VD37	最小速度 = Velocity_SS（格式：REAL）
Est_Stopping_Dist	+VD41	计算出的减速距离（格式：DINT）

【例 4.16】　已知：电动机最高转速为 3 000 r/min；每一转需 1 000 个脉冲（ΔP）；丝杠一圈位移 5 mm（ΔS）。A 点绝对坐标为 100 mm，B 点绝对坐标为 1 000 mm。加减速时间 $\Delta T=1$ s；匀速 $v=100$ mm/s；停止速度 $v_{ss}=10$ mm/s。CPU 只能以频率和脉冲数为单位，它们与工程单位之间的转换需另外计算。

（1）若电动机最高转速为 3 000 r/min 时，转换为 CPU 脉冲输出的频率是多少？CPU 能否满足这个频率输出？

（2）速度为 100 mm/s 时对应多少脉冲频率？

（3）位移为 900 mm 时对应多少个脉冲？

答：

（1）电动机 $\Delta P=1\ 000$，即一转需接收 1 000 个脉冲：如电动机运行在最高转速为

3 000 r/min，即每分钟要接收 3 000 × 1 000 = 3 000 000 个脉冲，也即每秒接收 50 000 个脉冲，所以，频率 = 50 kHz，只有 CPU224XP 能满足。

（2）因为 ΔS = 5 mm，100 mm/5 mm = 20 圈。即 100 mm/s 对应 20 r/s，即 20 × 1 000 = 20 kHz。

（3）因为 ΔS = 5 mm，对应 1 000 个脉冲，所以 900 mm 对应 900/5 × 1 000 = 180 000 个脉冲。

计算公式：$x = \Delta P/\Delta S \times$（输入的工程单位）

其逆运算可调用 Scale_EU_Pulse 库程序，如图 4.23 所示。

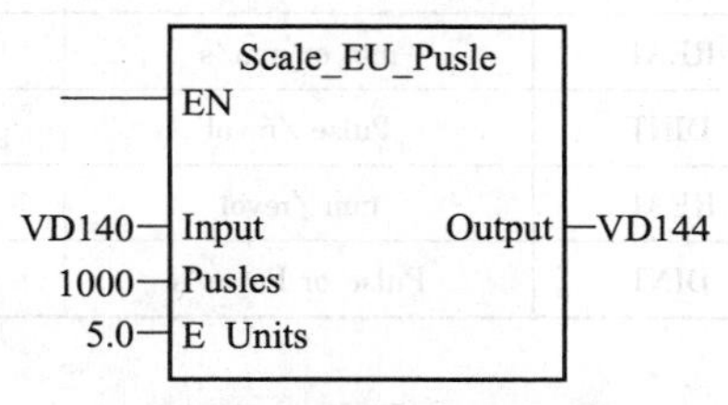

图 4.23　Scale_EU_Pulse 库

下面介绍一些常用的库函数。

1. Q0_x_CTRL

Q0_x_CTRL 库函数用于传递全局参数，每个扫描周期都需要被调用，如图 4.24 所示。

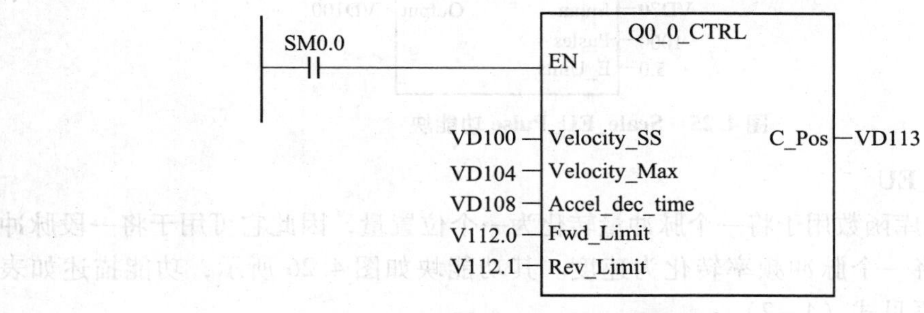

图 4.24　Q0_x_CTRL 库

Q0_x_CTRL 库函数的输入参数包括：

（1）Velocity_SS：启动/停止频率，是加速过程的起点和减速过程的终点，DINT 型，单位为 Pulse/sec。

（2）Velocity_Max：是最大脉冲频率，受限于电动机最大频率和 PLC 的最大输出频率，DINT 型，单位为 Pulse/sec。

在程序中若输入超出（Velocity_SS，Velocity_Max）范围的脉冲频率，将会被 Velocity_SS 或 Velocity_Max 所取代，自动保护。

（3）Accel_dec_time：最大加减速时间，是由 Velocity_SS 加速到 Velocity_Max 所用的时间（或由 Velocity_Max 减速到 Velocity_SS 所用的时间，两者相等），范围被规定为 0.02 ~ 32.0 s，但最好不要小于 0.5 s。REAL 型，单位为 sec（秒）。

超出 Accel_dec_time 范围的值还是可以被写入块中，但是会导致定位过程出错！

（4）Fwd_Limit：BOOL 型，正向限位开关。

（5）Rev_Limit：BOOL 型，反向限位开关。

Q0_x_CTRL 库函数的输出为：

C_Pos，DINT，Pulse，当前绝对位置

2. Scale_EU_Pulse

Scale_EU_Pulse 库函数用于将一个位置量转化为一个脉冲量，因此它可用于将一段位移转化为脉冲数，或将一个速度转化为脉冲频率。Scale_EU_Pulse 库函数功能块如图 4.25 所示，其功能描述见表 4.17。数值关系如式（4－1）。

表 4.17　Scale EU Pulse 库函数参数

参数	类型	格式	单位	意　义
Input	IN	REAL	mm or mm/s	欲转换的位移或速度
Pulses	IN	DINT	Pulse /revol	电动机转一圈所需要的脉冲数
E_Units	IN	REAL	mm /revol	电动机转一圈所产生的位移
Output	OUT	DINT	Pulse or Pulse/s	转换后的脉冲数或脉冲频率

$$Output = \frac{Pulses}{E\_Units} \cdot Input \tag{4-1}$$

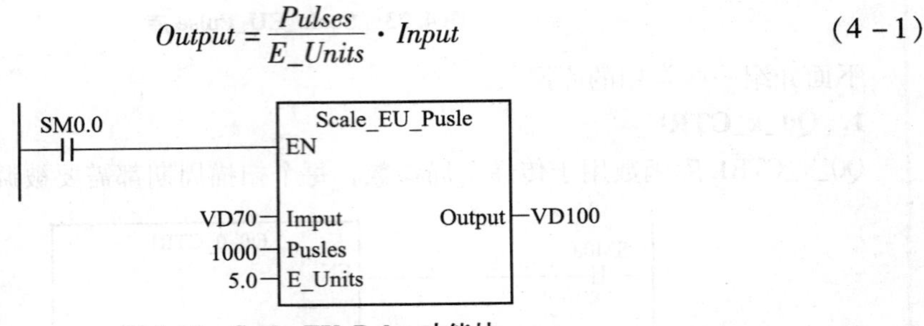

图 4.25　Scale_EU_Pulse 功能块

3. Scale_Pulse_EU

Scale_Pulse_EU 库函数用于将一个脉冲量转化为一个位置量，因此它可用于将一段脉冲数转化为位移，或将一个脉冲频率转化为速度。其功能块如图 4.26 所示，功能描述如表 4.18 所示，数值关系见式（4－2）。

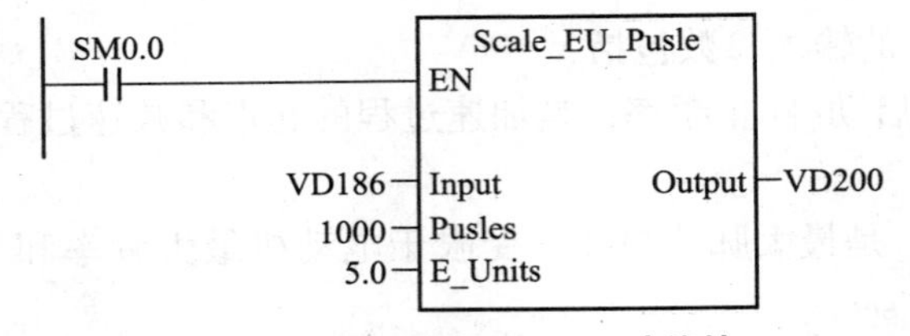

图 4.26　Scale_Pulse_EU 功能块

表 4.18　Scale_Pulse_EU 库函数参数

参数	类型	格式	单位	意　义
Input	IN	REAL	Pulse or Pulse/s	欲转换的脉冲数或脉冲频率
Pulses	IN	DINT	Pulse /revol	电动机转一圈所需要的脉冲数
E_Units	IN	REAL	mm /revol	电动机转一圈所产生的位移
Output	OUT	DINT	mm or mm/s	转换后的位移或速度

$$Output = \frac{E\_Units}{Pulses} \cdot Input \tag{4-2}$$

4. Q0_0_Home

Q0_0_Home 库函数用于寻找参考点，其功能块如图 4.27 所示，库函数参数如表 4.19 所示。在寻找过程的起始，电动机首先以 Start_Dir 的方向，Homing_Fast_Spd 的速度开始寻找；在碰到 Limit_switch（Fwd_Limit 或 Rev_Limit）后，减速至停止，然后开始相反方向的寻找；当碰到参考点开关（input 10.0；Q0_1_Home 时为 I0.1）的上升沿时，开始减速到 Homing_Slow_Spd。如果此时的方向与 Final_Dir 相同，则在碰到参考点开关下降沿时停止运动，并且将计数器 HC0 的计数值设为"Position"中所定义的值。

如果当前方向与 Final_Dir 不同，则必然要改变运动方向，这样就可以保证参考点始终在参考点开关的同一侧（具体是哪一侧取决于 Final_Dir）。

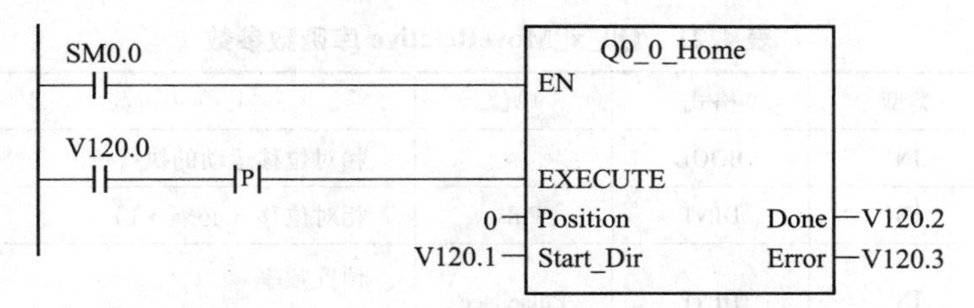

图 4.27　Q0_0_Home 功能块

表 4.19　Q0_0_Home 库函数参数

参数	类型	格式	单位	意　义
EXECUTE	IN	BOOL		寻找参考点的执行位
Position	IN	DINT	Pulse	参考点的绝对位移
Start_Dir	IN	BOOL		寻找参考点的起始方向（0 = 反向，1 = 正向）
Done	OUT	BOOL		完成位（1 = 完成）
Error	OUT	BOOL		故障位（1 = 故障）

找参考点的状态可以通过全局变量"Homing_State"来监测，如表 4.20 所示。

表 4.20　Homing_State 的回零状态

VB18	意　义
0	参考点已找到
2	开始寻找
4	在相反方向，以速度 Homing_Fast_Spd 继续寻找过程（在碰到限位开关或参考点开关之后）
6	发现参考点后，开始减速过程
7	在方向 Final_Dir，以速度 Homing_Slow_Spd 继续寻找过程（在参考点已经在 Homing_Fast_Spd 的速度下被发现之后）
10	故障（在两个限位开关之间并未发现参考点）

5. Q0_x_MoveRelative

Q0_x_MoveRelative 功能块用于让轴按照指定的方向，以指定的速度，运动指定的相对位移。其功能块如图 4.28 所示，功能描述如表 4.21 所示。

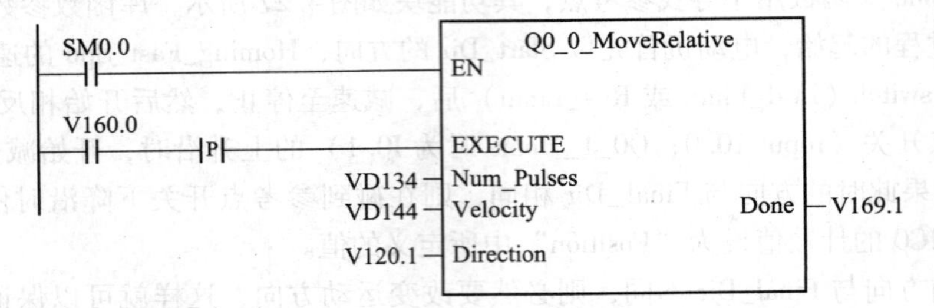

图 4.28 Q0_x_MoveRelative 功能块

表 4.21 Q0_x_MoveRelative 库函数参数

参数	类型	格式	单位	意　义
EXECUTE	IN	BOOL		相对位移运动的执行位
Num Pulses	IN	DINT	Pulse	相对位移（必须 >1）
Velocity	IN	DINT	Pulse/sec	预置频率（Velocity_SS≤Velocity≤Velocity_Max）
Direction	IN	BOOL		预置方向（0 = 反向，1 = 正向）
Done	OUT	BOOL		完成标志位，1 = 完成

6. Q0_x_MoveAbsolute

Q0_x_MoveAbsolute 功能块用于让轴以指定的速度，运动到指定的绝对位置。其功能块如图 4.29 所示，功能描述如表 4.22 所示。

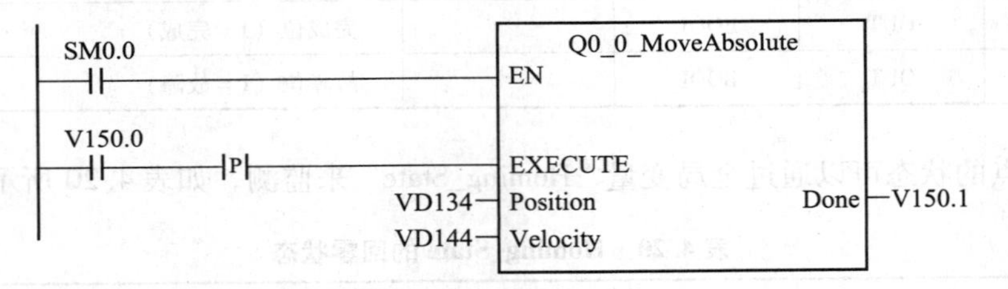

图 4.29 Q0_x_MoveAbsolute 功能块

表 4.22 Q0_x_MoveAbsolute 库函数参数

参数	类型	格式	单位	意　义
EXECUTE	IN	BOOL		绝对位移运动的执行位
Position	IN	DINT	Pulse	绝对位移
Velocity	IN	DINT	Pulse/sec	预置频率（Velocity_SS≤Velocity≤Velocity_Max）
Done	OUT	BOOL		完成标志位，1 = 完成

7. Q0_x_MoveVelocity

Q0_x_MoveVelocity 功能块用于让轴按照指定的方向和频率运动，在运动过程中可对频率进行更改。其功能块如图 4.30 所示，功能描述如表 4.23 所示。

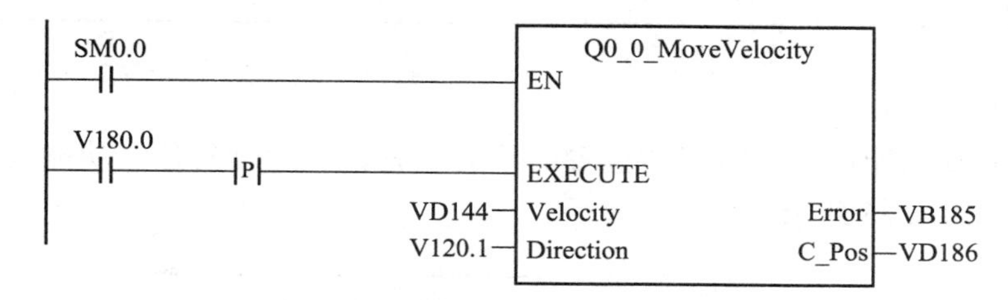

图 4.30　Q0_x_MoveVelocity 功能块

表 4.23　Q0_x_MoveVelocity 库函数参数

参数	类型	格式	单位	意　义
EXECUTE	IN	BOOL		执行位
Velocity	IN	DINT	Pulse/sec	预置频率（Velocity_SS≤Velocity≤Velocity_Max）
Direction	IN	BOOL		预置方向（0 = 反向，1 = 正向）
Error	OUT	BYTE		故障标识（0 = 无故障，1 = 立即停止，3 = 执行错误）
C_Pos	OUT	DINT	Pulse	当前绝对位置

Q0_x_MoveVelocity 功能块只能通过 Q0_x_Stop 功能块来停止轴的运动，如图 4.31 所示。

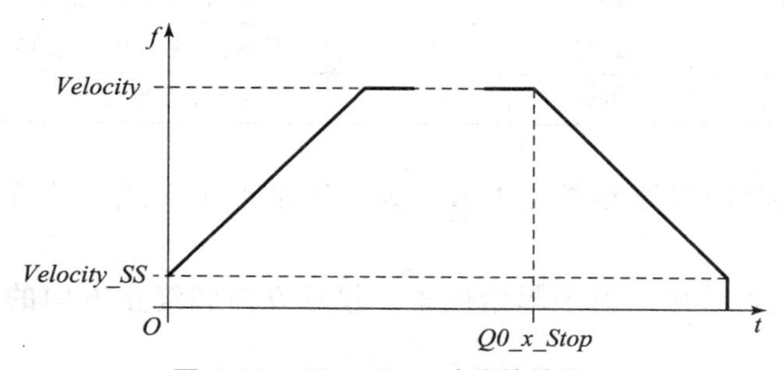

图 4.31　Q0_x_Stop 功能块的作用

8. Q0_x_Stop

Q0_x_Stop 功能块用于使轴减速直至停止。功能块如图 4.32 所示，功能描述如表 4.24 所示。

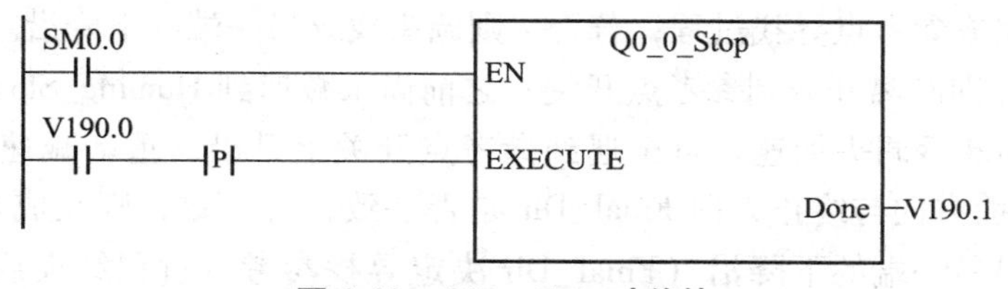

图 4.32　Q0_x_Stop 功能块

表 4.24　Q0_x Stop 库函数参数

参数	类型	格式	单位	意　义
EXECUTE	IN	BOOL		执行位
Done	OUT	BOOL		完成标志位，1 = 完成

9. Q0_x_LoadPos

Q0_x_LoadPos 功能块用于将当前位置的绝对位置设置为预置值。功能块如图 4.33 所示，功能描述如表 4.25 所示。

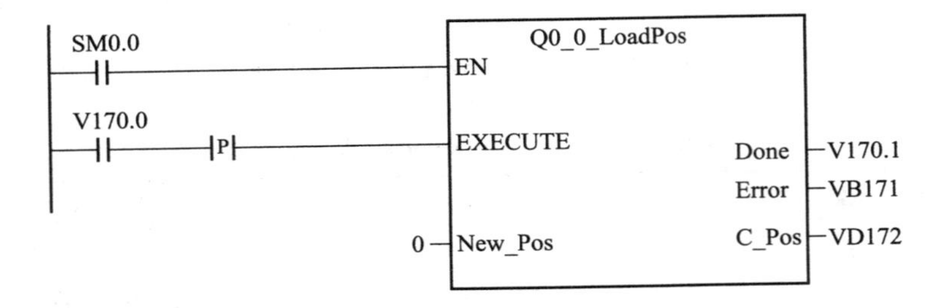

图 4.33　Q0_x_LoadPos 功能块

表 4.25　Q0_x_LoadPos 库函数参数

参数	类型	格式	单位	意　义
EXECUTE	IN	BOOL		设置绝对位置的执行位
New_ Pos	IN	DINT	Pulse	预置绝对位置
Done	OUT	BOOL		完成标志位，1 = 完成
Error	OUT	BYTE		故障标志位，0 = 无故障
C_Pos	OUT	DINT	Pulse	当前绝对位置

注意：使用该块将使得原参考点失效，为了清晰地定义绝对位置，必须重新寻找参考点。

在寻找参考点的过程中，由于起始位置、起始方向和终止方向的不同会出现很多种情况。

一个总的原则就是：从起始位置以起始方向 Start_Dir 开始寻找，碰到参考点之前若碰到限位开关，则立即调头开始反向寻找，找到参考点开关的上升沿（即刚遇到参考点开关）即减速到寻找低速 Homing_Slow_Spd，若在检测到参考点开关的下降沿（即刚离开遇到参考点开关）之前已经减速到 Homing_Slow_Spd，则比较当前方向与终止方向 Final_Dir 是否一致，若一致，则完成参考点寻找过程；若否，则调头找寻另一端的下降沿。若在检测到参考点开关的下降沿（即刚离开遇到参考点开关）之前尚未减速到 Homing_Slow_Spd，则在减速到 Homing_Slow_Spd 后调头加速，直至遇到参考点开关上升沿，重新减速到 Homing_Slow_Spd，最后判断当前方向与终止方向 Final_Dir 是否一致，若一致，则完成参考点寻找过程；若否，则调头找寻另一端的下降沿（Final_Dir 决定寻找参考点过程结束后，轴停在参考点开关的哪一侧）。

S7－200 没有采用零脉冲回零，而是采用参考点开关的一边。

当 Start_Dir＝0，Final_Dir＝0 时，寻找参考点的过程如图 4.34 所示。

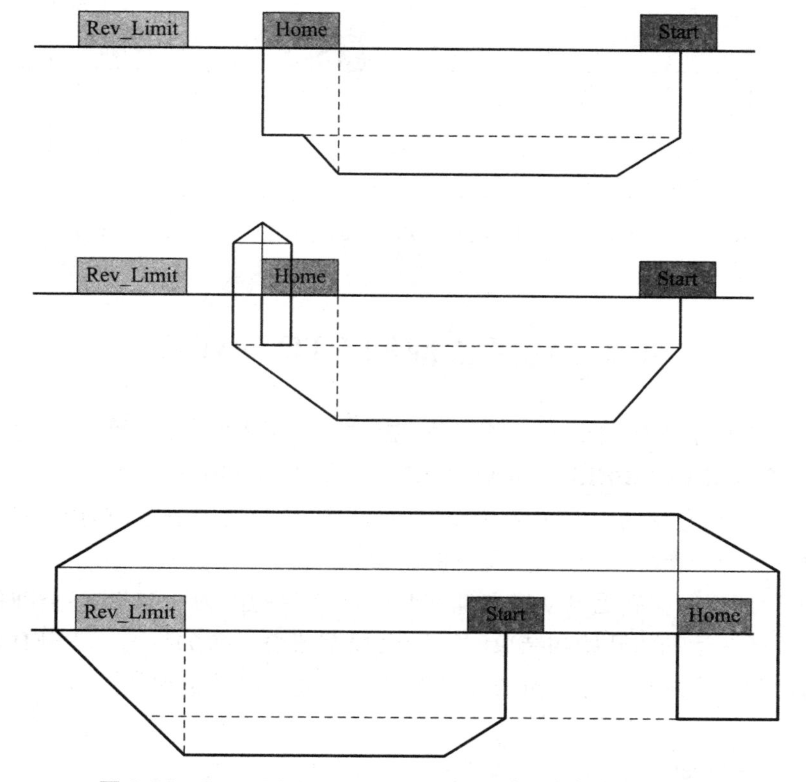

图 4.34　Start_Dir＝0，Final_Dir＝0 时寻找参考点的过程

当 Start_Dir＝0，Final_Dir＝1 时，寻找参考点的过程如图 4.35 所示。

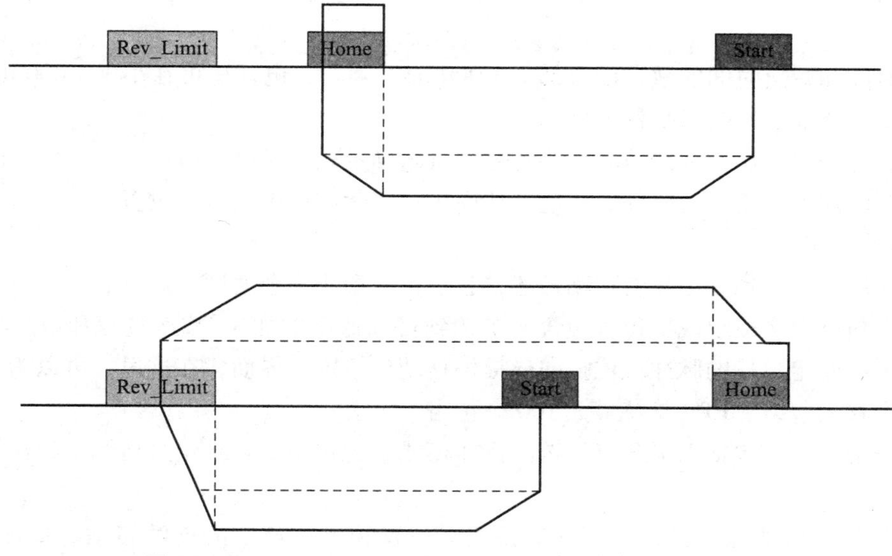

图 4.35　Start_Dir＝0，Final_Dir＝1 时寻找参考点的过程

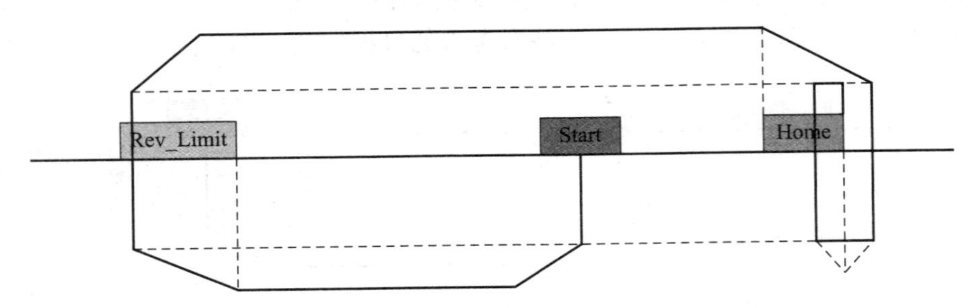

图 4.35　Start_Dir = 0，Final_Dir = 1 时寻找参考点的过程（续）

4.5　向导生成的 PTO/PWM

借助位控向导组态 PTO 输出时，需要用户提供一些基本信息，下面一一进行介绍。

1. 最大速度（MAX_SPEED）和启动/停止速度（SS_SPEED）

MAX_SPEED：是允许的操作速度的最大值，它应在电动机力矩能力的范围。驱动负载所需的力矩由摩擦力、惯性以及加速/减速时间决定。

SS_SPEED：该数值应满足电动机在低速时驱动负载的能力，如果 SS_SPEED 的数值过低，电动机和负载在运动的开始和结束时可能会摇摆或颤动。如果 SS_SPEED 的数值过高，电动机会在启动时丢失脉冲，并且负载在试图停止时会使电动机超速。通常，SS_SPEED 值是 MAX_SPEED 值的 5% ~15% 。

2. 加速和减速时间

加速时间 ACCEL_TIME：电动机从 SS_SPEED 速度加速到 MAX_SPEED 速度所需的时间。

减速时间 DECEL_TIME：电动机从 MAX_SPEED 速度减速到 SS_SPEED 速度所需要的时间。

加速时间和减速时间的缺省设置都是 1 000 ms。通常，电动机可在小于 1 000 ms 的时间工作。这 2 个值设定时要以毫秒为单位。

注意：电动机的加速和减速时间要经过测试来确定。开始时，应输入一个较大的值。逐渐减少这个时间值直至电动机开始失速，从而优化实际应用中的这些设置。

3. 移动包络

一个包络是一个预先定义的移动描述，它包括一个或多个速度，影响着从起点到终点的移动。一个包络由多段组成，每段包含一个达到目标速度的加速/减速过程和以目标速度匀速运行的一串固定数量的脉冲。位控向导提供移动包络定义界面，在这里，可以为应用程序定义每一个移动包络。PTO 支持最大 100 个包络。

定义一个包络，包括以下几点：选择操作模式；为包络的各步定义指标；为包络定义一个符号名。

（1）选择包络的操作模式：PTO 支持相对位置和单一速度的连续转动，如图 4.36 所示，相对位置模式指的是运动的终点位置是从起点侧开始计算的脉冲数量。单速连续转动则不需要提供终点位置，PTO 一直持续输出脉冲，直至有其他命令发出，例如到达原点要求停发脉冲。

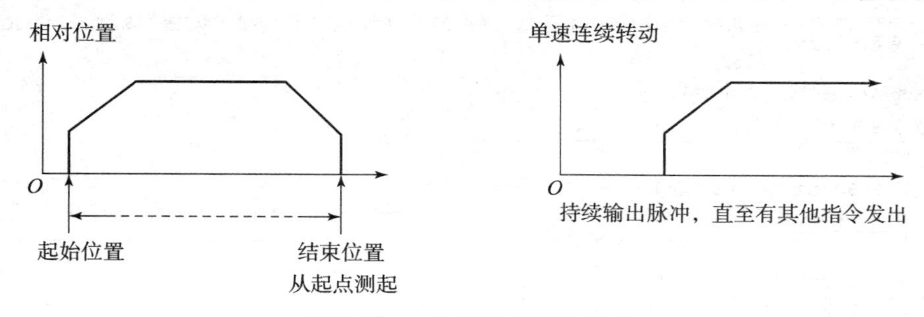

图 4.36　一个包络的操作模式

（2）包络中的步：一个步是工件运动的一个固定距离，包括加速和减速时间的距离。PTO 每一包络最大允许 29 个步。每一步包括目标速度和结束位置或脉冲数目等几个指标。图 4.37 所示为一步、两步、三步和四步包络。注意一步包络只有一个常速段，两步包络有两个常速段，依次类推。步的数目与包络中常速段的数目一致。

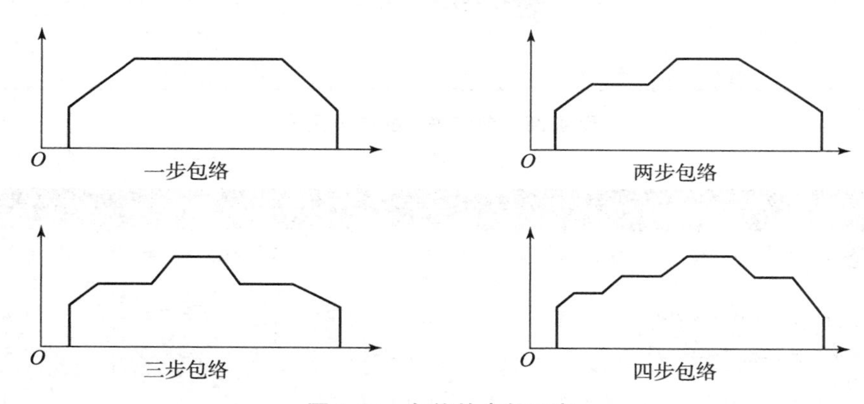

图 4.37　包络的步数示意

假设步进电动机的运动包络如表 4.26 所示。

表 4.26　步进电动机的运动包络

运动包络	站　点	脉冲量	移动方向
1	供料站→加工部　　470 mm	85 600	
2	加工站→装配部　　286 mm	52 000	
3	装配站→分拣部　　235 mm	42 700	
4	分拣站→高速回零前　　925 mm	168 000	DIR
5	低速回零	单速返回	DIR

进行向导参数设置，如图 4.38 和 4.39 所示。

①PTOx_RUN 子程序（运行包络）：命令 PLC 执行存储于配置/包络表的特定包络中的运动操作，如图 4.40 所示。

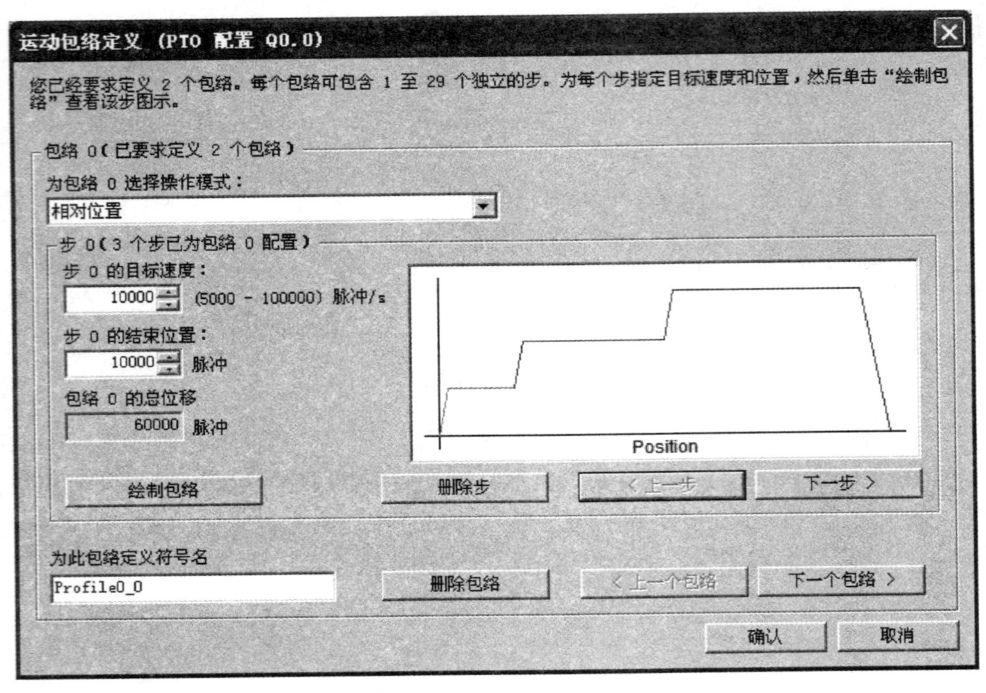

图 4.38　包络表 1 的向导设置

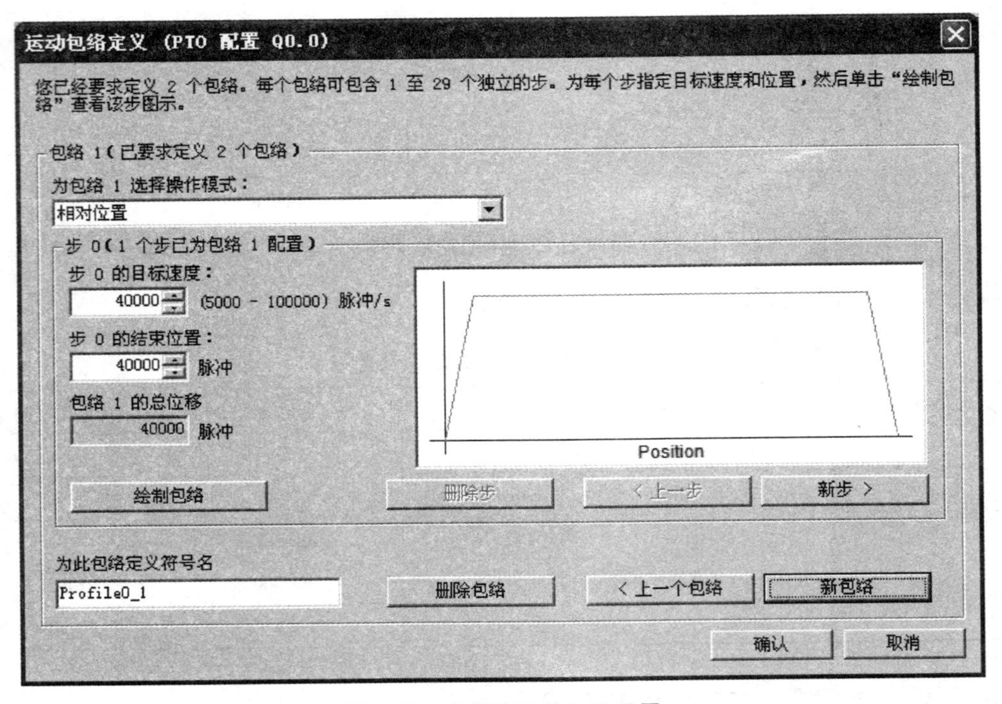

图 4.39　包络表 2 的向导设置

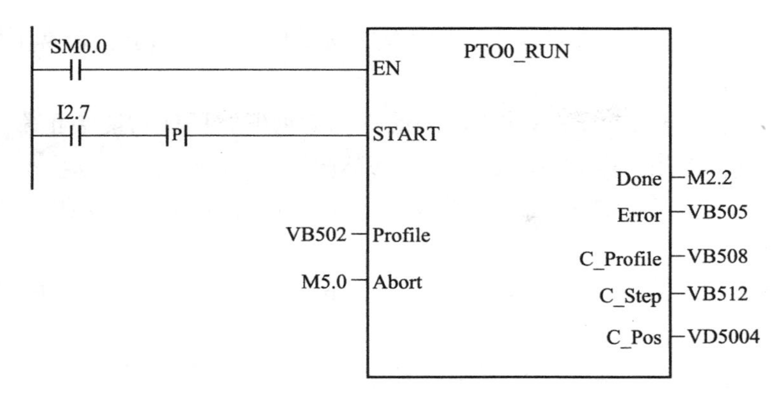

图 4.40　PTOx_RUN 子程序

参数含义如下：

EN：启用此子程序的使能位。在“完成”位发出子程序执行已经完成的信号前，请确定 EN 位，保持开启。

START：包络执行的启动信号。对于在 START 参数已开启且 PTO 当前不活动时的每次扫描过程中，此子程序会激活 PTO。为了确保仅发送一个命令，请使用上升沿以脉冲方式开启 START 参数。

Profile（包络）：包含为此运动包络指定的编号或符号名。

Abort（终止）：开启时位控模块停止当前包络并减速至电动机停止。

Done（完成）：当模块完成本子程序时，此参数 ON。

Error（错误）：包含本子程序的结果。

C_Profile：包含位控模块当前执行的包络。

C_Step：包含目前正在执行的包络步骤。

②PTOx_CTRL 子程序：（控制）启用和初始化与步进电动机或伺服电动机合用的 PTO 输出。请在用户程序中只使用一次，并且请确定在每次扫描时得到执行，即始终使用 SM0.0 作为 EN 的输入，如图 4.41 所示。

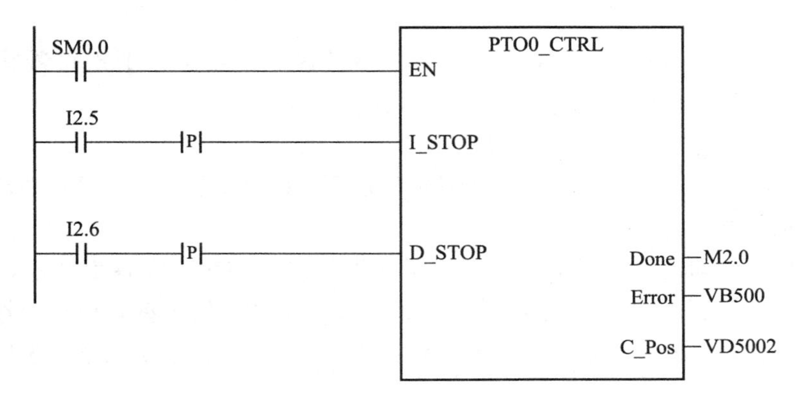

图 4.41　PTOx_CTRL 子程序

参数含义如下：

I_STOP（立即停止）：开关量输入。当此输入为低时，PTO 功能会正常工作。当此输入变为高时，PTO 立即终止脉冲的发出。

D_STOP（减速停止）：开关量输入。当此输入为低时，PTO 功能会正常工作。当此输入变为高时，PTO 会产生将电动机减速至停止的脉冲串。

Done（完成）：开关量输出。当“完成”位被设置为高时，它表明上一个指令也已执行。

Error（错误）：包含本子程序的结果。当“完成”位为高时，错误字节会报告无错误或有错误代码的正常完成。

C_Pos：如果 PTO 向导的 HSC 计数器功能已启用，C_Pos 参数包含用脉冲数目表示的模块；否则此数值始终为零。

③PTOx_MAN 子程序（手动模式）：将 PTO 输出置于手动模式。程序块如图 4. 42 所示。这允许电动机启动、停止和按不同的速度运行。当 PTOx_MAN 子程序已启用时，任何其他 PTO 子程序都无法执行。

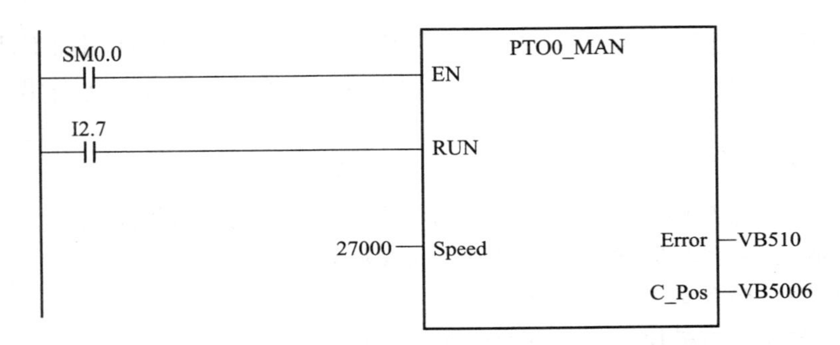

图 4. 42　PTOx_MAN 子程序

参数含义如下：

RUN（运行/停止）：命令 PTO 加速至指定速度（Speed（速度）参数）。可以在电动机运行中更改 Speed 参数的数值。停用 RUN 参数命令 PTO 减速至电动机停止（对于点动的，撒手即停）。

Speed：当 RUN 已启用时，Speed 参数确定着速度。速度是一个用每秒脉冲数计算的 DINT（双整数）值。可以在电动机运行中更改此参数。

Error（错误）：包含本子程序的结果。

C_Pos：如果 PTO 向导的 HSC 计数器功能已启用，C_Pos 参数包含用脉冲数目表示的模块；否则此数值始终为零。

【例 4. 17】　自动化生产线中，上下料机械手被广泛使用，在各生产模块之间传输工件，需要实现位置控制。输送单元以西门子 S7 – 200（晶体管输出型）PLC 为控制中心，向松下 MINAS – A5 伺服驱动器发出方向和定量的脉冲信号，伺服电动机通过滚珠丝杠，实现物料传送。

分析：机械手的输入/输出及任务说明如图 4. 43 所示，正常情况下，机械手运行在 L 长度范围内，当遇到允许送料信号时，左行 L 距离，等待允许放料信号，机械手放料、回退、抓料等待。伺服系统自动实现启停的加减速。SQ1、SQ2为系统的超程限位，遇超程情况，反向手动拉回。由于选用相对编码器，开机工作时，需要回参考点操作，完成之后方可工作，SQ0为参考点信号。

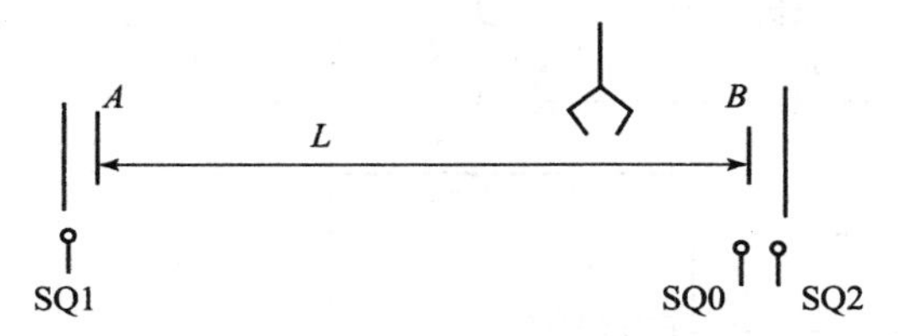

图4.43 机械手的工作过程示意

机械手的控制信号地址分配表如表4.27所示。

表4.27 I/O地址分配

输　入	地　址	输　出	地　址
左限位SQ1	I0.1	脉冲	Q0.0
右限位SQ2	I0.2	方向	Q0.1
参考点输入SQ0	I0.0	抓料	Q0.3
回参考点按钮	I0.3	放料	Q0.4
正向点动按钮	I0.4		
反向点动按钮	I0.5		
允许抓料信号	I0.6		
允许放料信号	I0.7		

机械手的原理图如图4.44所示。

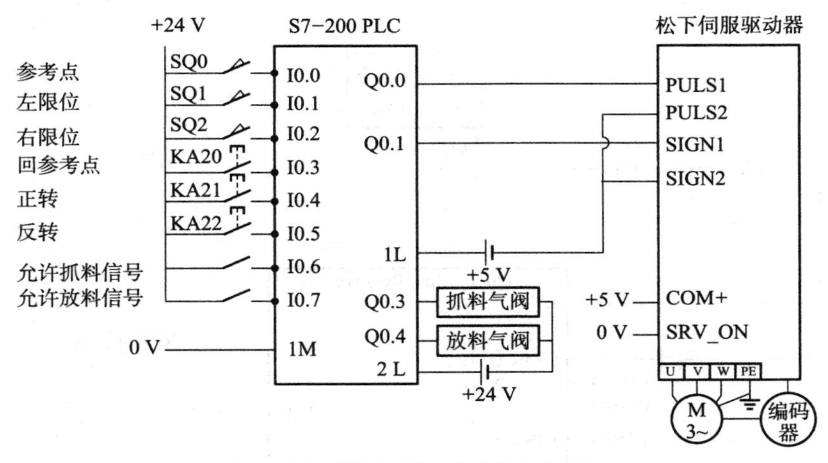

图4.44 机械手位置控制的原理图

需要重新设置伺服驱动器中的设置：Pr0.07默认为1（正脉冲+负脉冲），需要改为3（为脉冲序列+符号）。

程序实现如图4.45所示。

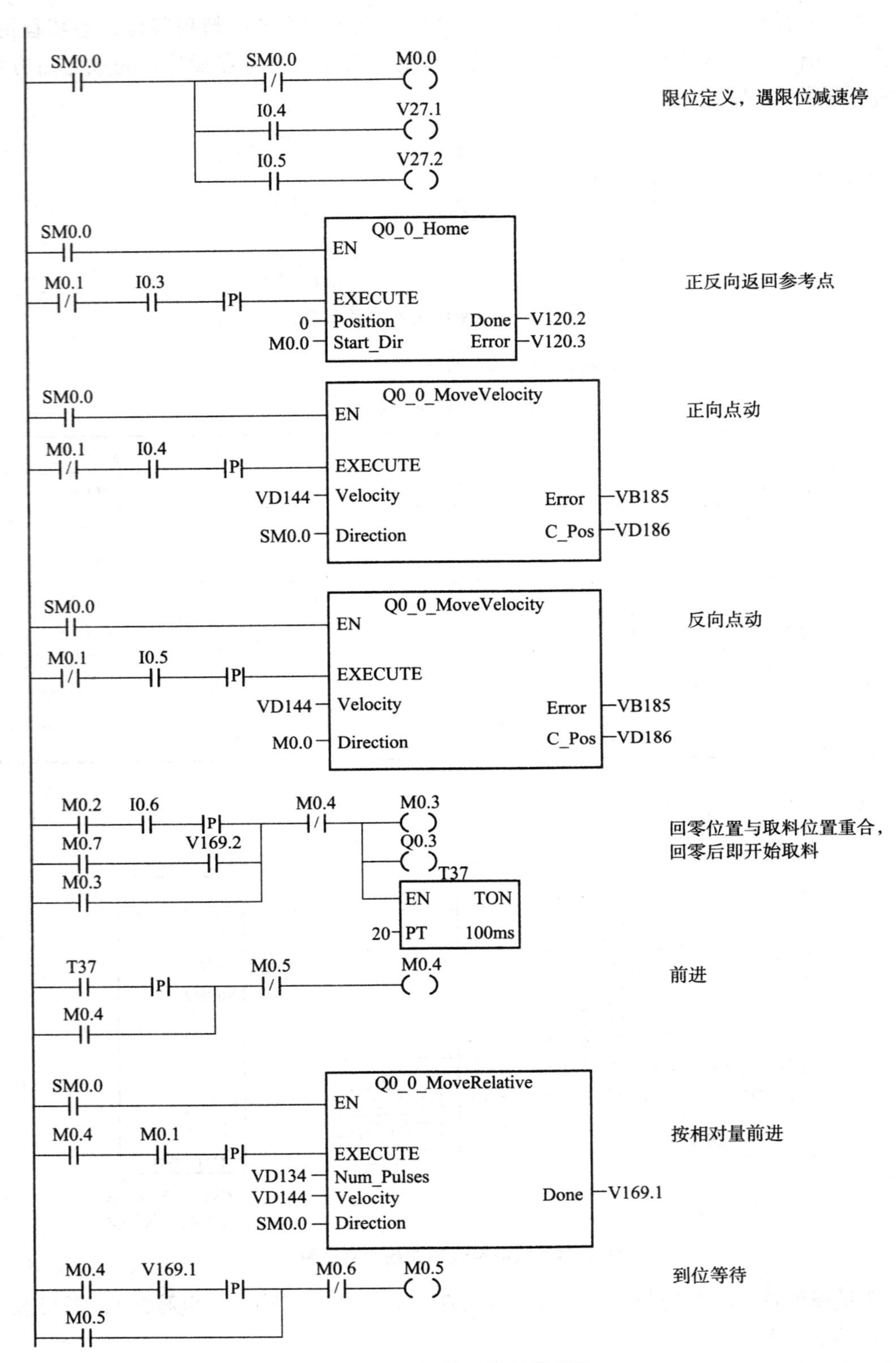

图 4.45　机械手控制梯形图

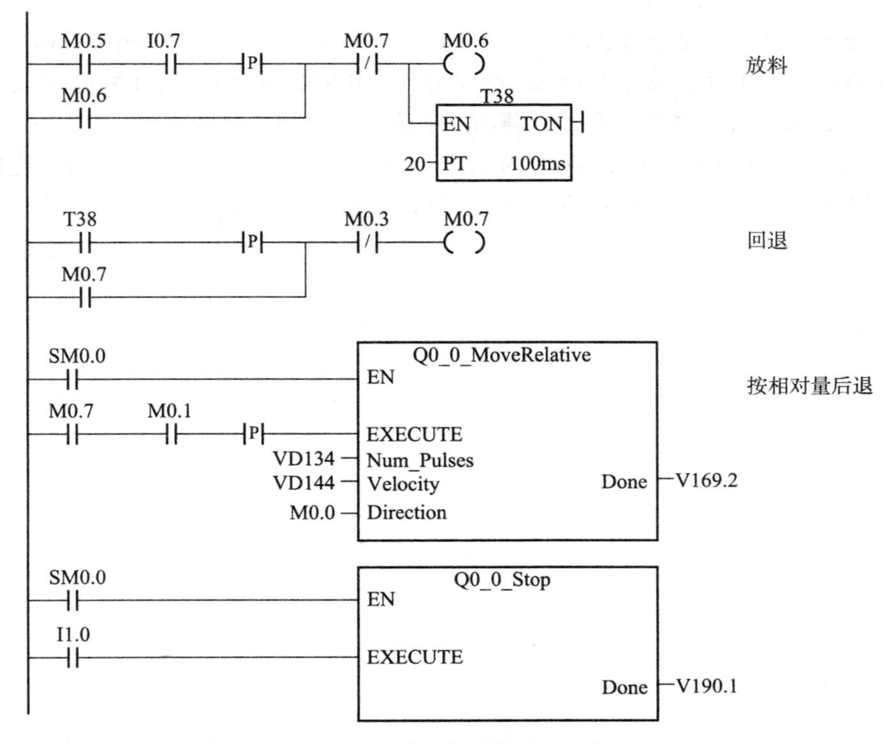

图 4.45 机械手控制梯形图（续）

该控制过程本质还是逻辑+位置控制，在顺序功能（SFC）逻辑中配合运动控制，当参考点完成后，等待取料，取料完成后，向前行进固定距离（经调试，可以以脉冲数直接表示距离），等待放料命令，放料完成后，回退并重复此循环。步骤标志位含义如下：

S1 取料，延时 2 s 结束；

S2 向前行进定长；

S3 到位开始等待；

S4 有 I0.7 允许放料信号，放料 2 s 结束；

S5 回退。

思考与习题

4.1 S7-200 中，高速计数器的基本类型有哪些？

4.2 简述高速计数器的工作模式和输入端子的关系。

4.3 简述高速计数器的控制字节的含义。

4.4 简述高速计数器的使用步骤。

4.5 S7-200 高速脉冲方法有哪 3 种？

4.6 何为管段？简述单管段、多管段的实现步骤。

4.7 简述 PLS 指令的使用方法。

4.8 简述 MAP 运动控制库的功能。

4.9　运动控制库功能库如何处理回零方式？

4.10　用 S7－200 编程，通过调用子程序 0 来对 HSC1 进行编程，设置 HSC1 以方式 11 工作，其控制字（SMB47）设为 16#F8；预设值（SMD52）为 50。当计数值完成（中断事件编号 13）时通过中断服务程序 0 写入新的当前值（SMD50）16#C8。

4.11　用 S7－200 编程，配置 HC4 为模式 7，CV＝4，PV＝100，增计数，连接中断程序 COUNT_EQ 到事件 29（HC4 的 CV＝PV）。开放中断和启动计数器。

参 考 文 献

[1] 王冬青，谭春. 欧姆龙 CP1H PLC 原理及应用 [M]. 北京：电子工业出版社，2009.
[2] 陈忠平. 欧姆龙 CP1H 系列 PLC 完全自学手册 [M]. 北京：化学工业出版社，2013.
[3] 霍罡. 欧姆龙 CP1H PLC 应用基础与编程实践 [M]. 北京：机械工业出版社，2014.
[4] 肖明耀. 欧姆龙 CP1H 系列 PLC 应用技能实训 [M]. 北京：中国电力出版社，2011.
[5] 向晓汉，向定汉. 欧姆龙 CP1L/1H 系列 PLC 完全精通教程 [M]. 北京：化学工业出版社，2015.
[6] 骆德汉. 可编程控制器与现场总线网络控制 [M]. 北京：科学出版社，2005.
[7] 蔡杏山. 零起步轻松学欧姆龙 PLC 技术 [M]. 北京：人民邮电出版社，2011.